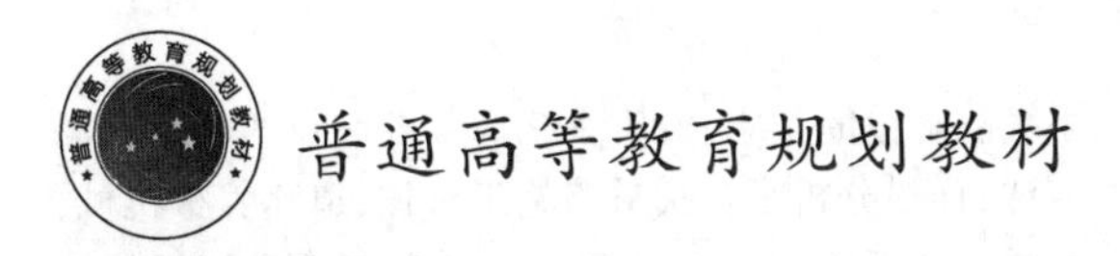

工程机械液压系统分析及故障诊断

（第二版）

张 奕 编著

人民交通出版社股份有限公司
China Communications Press Co.,Ltd.

内 容 提 要

本书共分七章。分别阐述了液压传动技术、液压系统故障诊断技术、液压系统污染控制技术的基本概念和基本原理；介绍了液压系统的性能评价及分析的方法；详尽分析了包括道路施工机械、道路养护机械、土方机械、起重运输机械等在内的二十余种典型工程机械液压系统的工作原理，并对每种机型液压系统的特点进行了归纳和总结；给出了液压元件的常见故障诊断与排除的方法，列举了工程机械液压系统故障分析的工程实例；介绍了液压系统污染控制的基本内容以及污染控制与液压系统故障诊断之间的关系。

本书可作为高等学校相关专业的教材，也可作为广大的工程机械生产、售后服务、使用、维修和管理人员的实用参考书。

图书在版编目（CIP）数据

工程机械液压系统分析及故障诊断/张奕编著. —2 版. —北京：人民交通出版社股份有限公司，2017. 6

ISBN 978-7-114-13754-9

Ⅰ. ①工… Ⅱ. ①张… Ⅲ. ①工程机械—液压系统—系统分析②工程机械—液压系统—故障诊断 Ⅳ. ①TU607

中国版本图书馆 CIP 数据核字(2017)第 074395 号

书　　名：工程机械液压系统分析及故障诊断（第二版）
著 作 者：张　奕
责任编辑：曹　静　李　良
出版发行：人民交通出版社股份有限公司
地　　址：(100011)北京市朝阳区安定门外外馆斜街 3 号
网　　址：http://www.ccpcl.com.cn
销售电话：(010)59757973
总 经 销：人民交通出版社股份有限公司发行部
经　　销：各地新华书店
印　　刷：北京市密东印刷有限公司
开　　本：787 × 1092　1/16
印　　张：14.25
字　　数：329 千
版　　次：2008 年 1 月　第 1 版
2017 年 6 月　第 2 版
印　　次：2024 年 1 月　第 2 版　第 3 次印刷　累计第 9 次印刷
书　　号：ISBN 978-7-114-13754-9
定　　价：32.00 元

PREFACE 第二版前言

工程机械液压系统分析与故障诊断技术是在了解和掌握工程机械液压系统工作原理的基础上,根据系统运行过程中的状态,确定其全体或局部是否正常,以便及时发现故障、查明原因,并预报故障发展趋势的技术。

故障症状的多样性、产生的突发性、机理和成因的复杂性以及危害的严重性,使得液压系统的故障诊断比较困难,需要具备专门的专业知识和方法。

本书的第一版编写于2007年,在长安大学工程机械学院开设多年的"工程机械液压系统分析及故障诊断"课程所用讲义的基础上,结合编著者多年来从事工程机械液压技术的教学、科研工作的实践编写而成。2008年1月由人民交通出版社出版发行,出版近十年来,承蒙读者厚爱,在阅读和使用过程中提出了许多宝贵的意见和建议。同时,工程机械液压系统的技术水平近十年来也取得了很大进步和发展,迫切需要将这些新技术充实到本教材中。

在本书第二版的编写过程中对重点章节进行了较大幅度地调整,重新规划了第三章的结构,删减了一些过时的机型,并根据当前工程机械液压系统的技术发展增加了新的内容。为使本书篇幅更加紧凑,删去了原书的第八章,将其中部分内容整合到其他相关的章节中。

本书第二版共分七章。分别阐述了液压传动技术、液压系统故障诊断技术、液压系统污染控制技术的基本概念和基本原理;介绍了液压系统的性能评价及分析的方法;详尽分析了包括道路施工机械,道路养护机械、土方机械、起重运输机械等在内的二十余种典型工程机械液压系统的工作原理,并对每种机型液压系统的特点进行了归纳和总结;给出了液压元件常见故障诊断与排除的方法,列举了工程机械液压系统故障分析的实例;介绍了液压系统污染控制的基本内容以及污染控制与液压系统故障诊断之间的关系。

编著者在编写过程中力求使本书从工程实际出发,注重本书的实用性,做到内容完整、分析详尽,便于读者自学。书中有不少内容来自编著者实际工作经验的总结和提炼。

长安大学工程机械学院曹学鹏和张宏兵两位年轻教师在本书第二版的编写过程中提供了大量有用的素材,在此深表谢意。

由于时间仓促,加之编著者水平有限,谬误之处在所难免,敬请读者批评指正。

编著者

2017 年 3 月

PREFACE 前　言

《工程机械液压系统分析及故障诊断》是在了解和掌握工程机械液压系统工作原理的基础上,根据系统运行过程中的技术状态,确定其全体或局部是否正常,以便及时发现故障、查明原因,并预报故障发展趋势的技术。

故障症状的多样性、产生的突发性、机理和成因的复杂性以及危害的严重性使得液压系统的故障诊断比较困难,需要具备专门的专业知识和方法。

20 世纪 90 年代中期,为了满足公路交通行业对工程机械制造、使用和维修人才的迫切需求,长安大学(原西安公路学院)在工程机械专业的本科、专科以及各类相关的技术培训班上开设了《工程机械液压系统分析及故障诊断》这门专业课。为满足授课的需要,由本书的编著者统稿,组织任课教师编写了《工程机械液压系统分析及故障诊断》讲义。十年来,该讲义深受使用者的欢迎;《工程机械液压系统分析及故障诊断》也成为长安大学的一门特色课程。

本书是在参考国内外文献和《工程机械液压系统分析及故障诊断》讲义的基础上,结合编著者多年来从事工程机械液压技术的教学、科研工作的实践经验编写而成。本书力求从工程实际出发,注重实用性。书中有不少内容来自编著者实际工作经验的总结和提炼。

本书的第 1、2、4、5 章以及第 3 章的 3.1、3.2、3.3 部分是在《工程机械液压系统分析及故障诊断》讲义的基础上改编而成,对原有内容删繁就简,并根据当前工程机械液压系统的技术发展增加了新的内容。第 3 章的 3.4 ~ 3.8 部分以及第 6、7、8 章则为新编著的内容。

本书共分 8 章,分别阐述了液压传动技术、液压系统故障诊断技术、液压系统污染控制技术的基本概念和基本原理;介绍了液压系统的性能评价及分析方法;详尽分析了包括路面筑养护机械、土方机械、起重运输机械在内的 20 余种典型工程机械液压系统的工作原理,并对每种机型液压系统的特点进行了归纳和总结;给出了液压元件常见故障诊断与排除的方法以及工程机械液压系统故障分析的实例;概括了工程机械液压系统故障诊断与维修技术的发展趋势等。

本书密切结合工程实际,内容完整、分析详尽,便于自学。本书既可作为高等院校、大中专学校相关专业的教材,又可作为广大的工程机械生产、售后服务、使用、维修和管理人员的实用参考书。

本书由中国工程机械学会副理事长、液压技术分会理事长龙水根教授和西安建筑科技大学博士生导师谷立臣教授共同主审。赵铁栓、宋建安为本书的大部分插图绘制了初稿;苏浩为本书全部插图的最终完成做了大量的工作;在此深表谢意。

由于时间仓促,加之编者的水平有限,谬误之处在所难免,敬请读者批评指正。

编著者

2017 年 5 月

CONTENTS 目　　录

第一章 绪 论

1.1 液压传动的概念

1.1.1 传动的概念及类型

在工程机械上,传动是指能量或动力由发动机向工作机构的传递。通过各种不同的传动方式,可将发动机的转动变为工作机构各种不同的运动,例如车轮的转动、转台的回转、挖掘机动臂的升降等。因此,传动装置就是设于发动机和工作机构之间,起传递动力和进行控制作用的装置。传动的类型有多种,按照传动所采用的机件或工作介质的不同可分为机械传动、电力传动、气压传动和液体传动等。

机械传动:通过齿轮、齿条、皮带、链条等机件传递动力和进行控制的一种传动方式。它是发展最早、应用最为普遍的传动类型。

电力传动:利用电力设备,通过调节电参数来传递动力和进行控制的一种传动方式。

气压传动:以压缩空气为工作介质进行能量传递和控制的一种传动方式。

液体传动:以液体为工作介质进行能量传递和控制的一种传动方式。按其工作原理的不同又可分为液力传动和液压传动。液力传动的工作原理是基于流体力学的动量矩原理,主要是以液体动能来传递动力,故又称为动力式液体传动;液压传动是基于流体力学的帕斯卡原理,主要利用液体静压能来传递动力,故也称容积式液体传动或静液传动。

1.1.2 液压传动的工作原理

图1-1为液压传动原理图。假设在面积为 A_1 的单柱塞泵的活塞1上作用一个大小为 F_1 的力,则柱塞泵输出的油液压力为:

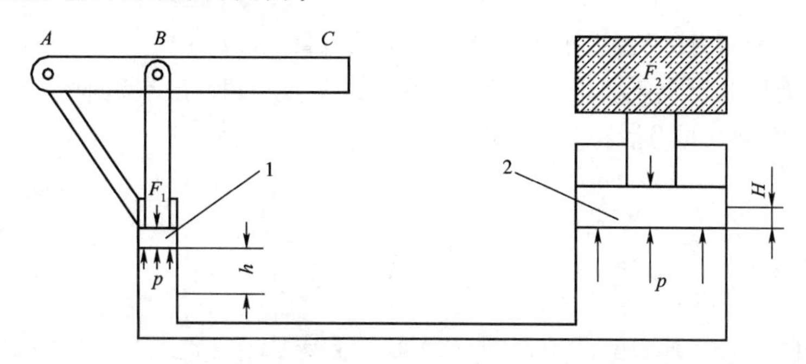

图1-1 液压传动原理图

1、2-活塞;A、B-铰接点;C-施力点

$$p = \frac{F_1}{A_1} \tag{1-1}$$

根据帕斯卡原理,此压力将以同样大小传给作用面积为 A_2 的液压缸的活塞 2 上,因而,液压缸可以产生的推力

$$F_2 = pA_2 = F_1 \frac{A_2}{A_1} \tag{1-2}$$

由式(1-2)力传递基本方程式可以看出:如果 A_2 很大,A_1 很小,则只需很小的 F_1 力便能获得很大的推力 F_2。可见,这是一个力的放大机构,即液压传动具有增力效应,其增大倍率为 A_2/A_1,这是液压传动的一个重要特征。

力 F_1 之所以能够从活塞 1 传递到活塞 2,是通过处于两个活塞之间的密封容器内的受力液体进行的。处于密封容器内的受压液体可以像齿轮、齿条等固体传动机件一样传递动力。

由式(1-2)还可看出:F_2 越大,即外负载越大,液压缸油腔中的压力 p 也就越大,这说明系统中的压力大小是由外负载决定的。

假如活塞 1 在 F_1 的作用下,在 t 时间内向下移动一段距离 h,则柱塞泵排出油液的体积为 hA_1;而活塞 2 一定要向上移动一段距离 H,在活塞与缸(泵)体滑动面间完全密封及液体不可压缩情况下,有:

$$A_1 h = A_2 H \tag{1-3}$$

此式两端除以时间 t,整理后得:

$$v_2 = v_1 \frac{A_1}{A_2} \tag{1-4}$$

式中:v_1、v_2——活塞 1、2 的运动速度。

由于 $A_1/A_2 < 1$,则 $v_1 > v_2$,由此可见,这又是一个速度变换机构,其速度的变换和传递是靠液体容积变化相等的原则进行的。

由式(1-4)得:

$$v_1 A_1 = v_2 A_2 = Q \tag{1-5}$$

$$v_1 = \frac{Q}{A_1} \tag{1-6}$$

或

$$v_2 = \frac{Q}{A_2}$$

式中:Q——流入液压缸的流量,也是柱塞泵排出的流量。

式(1-6)表明,液压缸活塞速度正比于流入液压缸的流量,反比于活塞面积。

显而易见,单位时间内活塞 1、2 所做的功(即功率)分别为:

$$N_1 = v_1 F_1 = \frac{Q}{A_1} pA_1 = pQ$$

和

$$N_2 = v_2 F_2 = \frac{Q}{A_2} pA_2 = pQ$$

由此看出:$N_1 = N_2$,其表明液压传动符合能量守恒定律。压力与流量的乘积就是功率,这个概念以后要经常用到。

综上所述,可归纳出液压传动的基本特征是:以液体为传动介质,靠处于密闭容器内的

液体静压力来传递动力，其静压力的大小取决于外负载；负载速度的传递是按液体容积变化相等的原则进行的，其速度大小取决于流量。

1.1.3 液压传动系统及其组成

液压传动系统是根据机械生产工艺循环和生产能力的要求，用管路将有关的液压元件合理、有机地连接起来，形成一个整体，用以完成规定的传动职能。

图 1-2 是推土机的液压系统。推土机的液压系统由液压泵 1、液压缸 2、换向阀 3、安全阀 4、滤油器 5 及油箱 6 等组成。发动机带动液压泵从油箱中吸油，并以较高的压力输出，即液压泵把发动机的机械能变为液体的压力能。液压缸活塞杆的伸缩使推土机铲刀升降，即把液压油的压力能变为铲刀的机械能。换向阀的作用是控制液流的方向，它共有 P、A、B、O 四个油口分别与液压泵、液压缸上下腔及油箱相通，阀杆有四个操作位置对应于推土机的四种工作状态，阀杆处于中立位置Ⅰ时，在换向阀内部 P 口与 O 口相通，A 口、B 口被封闭，此时液压泵输出的油液不通过液压缸而直接回油箱，液压泵卸荷，液压缸活塞保持在一定位置；阀杆在位置Ⅱ时，换向阀内部 P 口与 B 口相通，A 口与 O 口相通，液压泵输出的油液经换向阀进入液压缸下腔，液压缸活塞杆缩回，提升铲刀，液压缸上腔的油经换向阀回油箱；阀杆在位置Ⅲ时，液压泵输出的油液进入液压缸上腔，使铲刀下降，液压缸下腔的油经换向阀回油箱；阀杆在位置Ⅳ时，换向阀内部四个口全通，此时铲刀处于浮动状态。在阀杆处于位置Ⅱ或Ⅲ时，如果液压缸活塞杆上升或下降到极限位置，液压缸内的压力便急剧上升，可能造成油管破裂等事故，为此设置了安全阀 4，以限制系统内的最高压力。当系统压力高于某一限定值时，安全阀开启，液压泵出口的油液通过安全阀直接回油箱。油箱的作用主要是储存液压油并散热。滤油器的作用是滤去工作油液中的杂质以减少对液压元件的磨损。

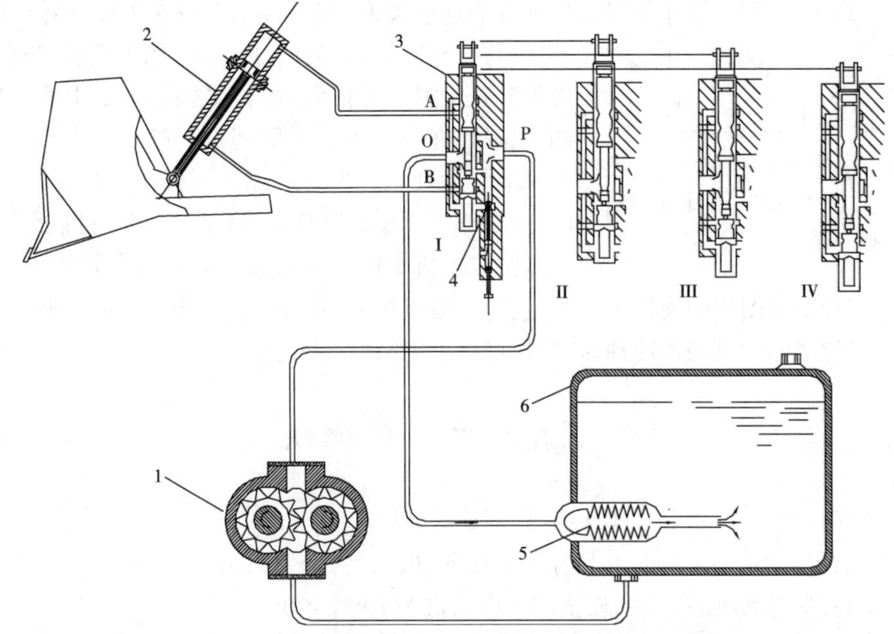

图 1-2 推土机的液压系统结构简图

1-液压泵；2-液压缸；3-换向阀；4-安全阀；5-滤油器；6-油箱

由上面的例子可以看出，液压传动系统由以下几部分组成：

(1)动力元件——各种液压泵，用来将原动机的机械能转换成工作液体的压力能。

(2)执行元件——各类液压缸和液压马达，它们的作用是把工作液体的压力能转变为机械能，推动负载运动。液压缸完成直线运动，液压马达完成旋转运动。

(3)控制元件——各类压力、流量、方向控制阀等。通过它们控制和调节液压系统中液压油的压力、流量和流向，以保证执行元件所要求的输出力、运动速度和方向。

(4)辅助元件——包括液压油箱、管路、滤油器、蓄能器、冷却器、加热器、压力表、温度计等。它们对保证液压系统正常、可靠、稳定地工作是不可缺少的。

(5)工作介质——也称工作液体，是传递能量的媒介。它的性质对液压系统的正常工作有直接的重要影响。

1.2 液压传动系统的图形符号

液压系统由许多元件组成，如果用各元件的结构图来表达整个液压系统，则绘制起来非常复杂，而且往往难于将其原理表达清楚，因而工程实践中常以各种符号表示元件的职能，将各元件的符号用管路连接起来组成液压系统图以表示液压传动及控制系统的原理。图1-3 是用图形符号表示图 1-2 所示推土机的液压系统图。

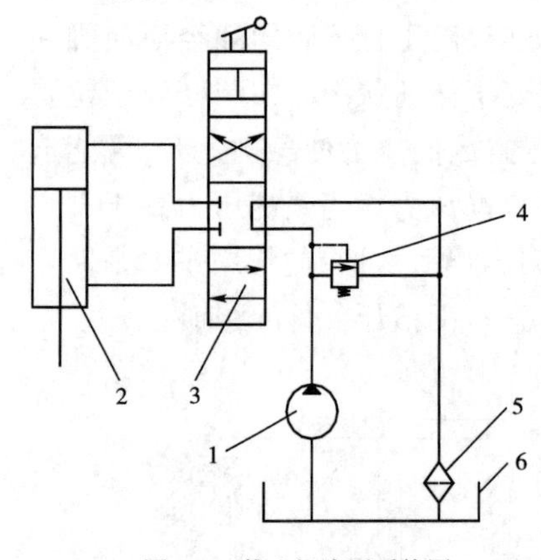

图 1-3 推土机液压系统图

1-液压泵；2-液压缸；3-换向阀；4-安全阀；5-滤油器；6-油箱

现行的液压系统图形符号只表示元件的职能和连接通路，不表示元件的具体结构和参数，也不表示从一个工作状态转到另一个工作状态的过渡过程。系统图只表示各元件的连接关系，但不表示系统布置的具体位置或元件在机器中的实际安装位置。系统图中的符号通常以元件的静止位置或零位置表示，例如图 1-2 中的换向阀有四个位置，在系统图中一般则以其静止位置即不操作时的中立位置表示。当需要标明元件的名称、型号和参数时，一般在系统图的零件表中说明，必要时可标注在元件符号旁边。对于标准中没有规定的图形符号，可以根据标准的原则和所列图例的规律进行派生，当无法直接引用或派生时，或者有必要特别说明系统中某一元件的结构及动作原理时，允许局部采用结构简图表示。

1.3 液压传动的优缺点

液压传动与其他传动形式相比，有许多独特的优点：

(1)能容量大，即较小质量和尺寸的液压元件，可传递较大的功率。如液压马达的外形尺寸约为同功率电动机的 12%，质量约为电动机的 10% ~20%。

(2)惯性小，启动、制动迅速，运动平稳，冲击小，换向迅速。

(3)能在运行过程中进行无级调速，调速方便，调速范围较大，可达 100:1 至 2000:1。

(4)简化整机结构,减少零件数目,减轻整机质量。如斗容量为 $1m^3$ 的机械式挖掘机,零件总数为1500多件,机重41t,而相同斗容量的全液压挖掘机,零件总数为700多件,机重23t。

(5)易于实现低速大转矩;易于实现直线往复运动以便直接驱动工作装置;各液压元件间用管道连接,因而安装位置自由度大,易于总体布置。正是由于这个原因,目前工程机械上几乎全部采用液压传动。

(6)操纵方便,省力,控制、调节简单,易于实现自动化。与电气元件相配合,易于实现复杂的控制操作。

(7)由于系统充满油液,对各液压元件有自润滑作用;又由于液压系统容易实现过载保护,因而有利于延长元件的使用寿命。

(8)易于实现标准化、系列化和通用化,便于设计,制造和维修。

液压传动与其他传动形式相比,也存在着下面一些缺点:

(1)由于存在泄漏及油的可压缩性,因而不能用于高精度的定比传动。

(2)油的黏度随温度升降而变化,从而影响传动系统的工作性能,因而不宜在高温及低温下工作。

(3)能量损失较大,因而效率较低。

(4)对油液的污染比较敏感,要求有良好的防护和过滤设施。

(5)液压元件制造精度要求高,造价高。

(6)故障诊断及排除比较困难,要求操作维修人员有较高的专业水平。

第二章　液压系统的分析方法

2.1　液压系统的分类及其性能特点

液压传动系统由液压泵、执行元件、各类液压阀及辅助元件组成。按照油液的循环方式，系统中液压泵的数目、类型以及向执行元件的供油方式的不同，可将液压系统进行分类。

2.1.1　开式系统与闭式系统

在液压传动系统中，根据油液循环的方式不同，可分为开式循环系统和闭式循环系统两大类。

1）开式循环系统（简称开式系统）

如图2-1所示，液压泵自油箱吸油，经换向阀供给液压缸或液压马达对外做功，液压缸或液压马达的回油流回油箱。在该系统中，油箱是工作介质的吞、吐及储存场所，这种系统称之为开式循环系统。

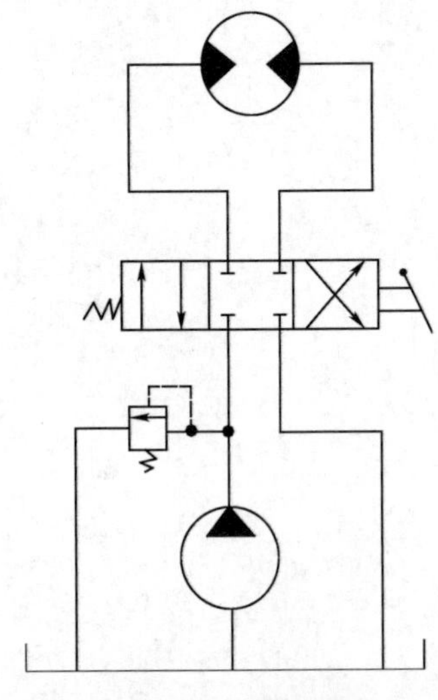

图2-1　开式循环系统

在开式系统中，油箱除作为油液循环的起点和终点外，还具有散热、冷却及沉淀杂质的作用，因此需要有较大容积的油箱才能满足要求。又由于油箱中的油与空气的接触面较大，会使溶于油中的空气量增多，导致工作机构运动的不平稳以及其他不良后果。为了保证工作机构运动的平稳性，在系统的回路上将设置背压阀，从而引起附加的能量损失，使油温升高。

开式系统的液压泵一般采用定量泵或单向变量泵，为避免产生吸空现象，对自吸能力差的液压泵，通常将其工作转速限制在额定转速的75%以内，或增设一个辅助泵。

开式系统通过操纵换向阀使执行元件换向，故换向时（如图2-1中的换向阀由左位经中位到右位的过程中）容易产生压力冲击。

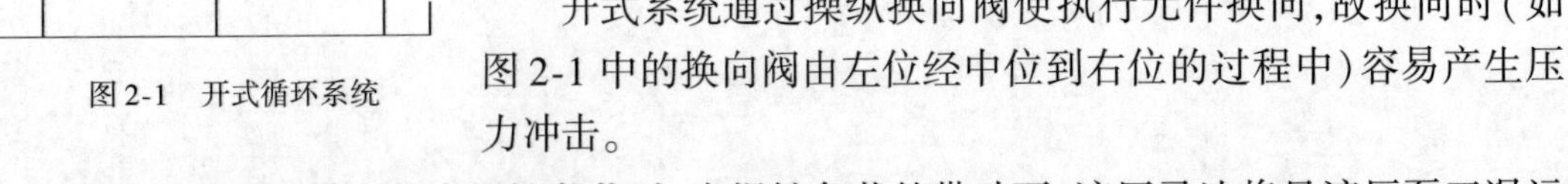

开式系统如果带有较大惯性负载时，在惯性负载的带动下，液压马达将呈液压泵工况运行，如果此时换向阀在中位，则原来的回油管中将产生很高的压力，使液压马达急剧制动，为了限制其产生过大的制动力，需在液压马达进出油管之间设双向溢流阀。

由上述可见，开式系统在换向及制动过程中惯性运动的能量消耗在节流发热中（能耗制动）。特别是起重机在重物下放时，液压马达作液压泵工况运转，为防止超速下降，必须在回油管设节流阀，进行能耗限速。这将造成大量的能量损失并使油液发热。但由于开式系统结构简单，因此仍为大多数工程机械所采用。

2）闭式循环系统（简称闭式系统）

如图2-2所示，液压泵A和液压马达B的进出油管首尾相接，形成一个闭合回路。当操纵液压泵A的变量机构时，便可调节液压马达B的速度或使液压马达B换向，这就是闭式系统。为防止液压系统过载，设置由4个止回阀和1个过载阀组成的双向安全阀，系统压力由过载阀3调定。为了补充油液的泄漏，还必须设置补油泵C，其供油压力由溢流阀6调定（应比液压马达所需背压略高），补油泵C的供油量应略高于系统的泄漏量。

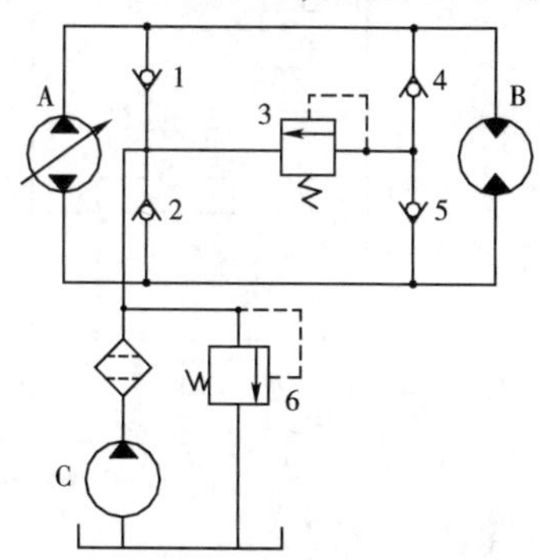

图2-2 闭式系统

1、2、4、5-止回阀；3-过载阀；6-溢流阀；A-双向变量液压泵；B-液压马达；C-补油泵

由上述可见，闭式系统比开式系统的结构复杂。一般需采用双向变量泵，成本较高。由于油液仅在闭合回路内循环，因而温升较高。但它也具有如下一些优点。

（1）闭式系统中油液基本在闭合回路内循环，与油箱交换的流量仅为系统的泄漏量，因而补油系统的油箱容积较小，结构紧凑。

（2）闭式系统回油有背压，因而空气不易渗入系统。又由于油箱容积小，油液与空气接触面小，从而使油中空气含量较小。因此，闭式系统运转平稳。

（3）闭式系统中液压马达的回油直接流到液压泵的入口，液压泵在回油压力下吸油，因而对液压泵的自吸能力要求低。而开式系统对液压泵的自吸能力要求较高。

（4）闭式系统是通过改变液压泵的变量机构来实现换向和调速的，因而调速和制动比较平缓，且调速与制动中能量消耗小。

闭式系统中的执行元件一般为液压马达。例如大型液压挖掘机、液压起重机中的回转系统、振动压路机的行走系统、全液压稳定土拌和机的行走系统与转子系统中的执行元件均为液压马达，一般可采用闭式系统。

在发热量较大的闭式系统中，为了降低油液温升改善散热状况，需将部分低压油排回油箱加以冷却，并需增大补油量，这就形成了所谓“半闭式循环”系统，如图2-3a）所示。两个溢流阀组成双向安全阀，两个止回阀组成补油阀，两个液控止回阀组成低压选择阀（也可用图2-3b）所示液控换向阀组成）。辅助液压泵经补油阀向系统低压管补充冷油。高压管的控制油（图中虚线所示）顶开液控止回阀，则低压管路的热油经液控止回阀、背压阀到冷却器冷却后流回油箱。为了冷却液压泵壳体，将低压溢流阀的溢流冷油引入泵壳，再经冷却器流回油箱。辅助液压泵的补油压力由溢流阀调定（一般为0.6～1MPa，当用低速大转矩液压马达时取大值）。背压阀的设定压力比低压溢流阀略低0.1～0.2MPa，辅助液压泵的流量一般可按主泵的流量的20%～30%来选择。

现在许多生产厂家将闭式系统中的各个阀集成到液压泵和液压马达当中，使用时只需要将闭式液压泵和液压马达用两根软管对接，再接好吸油管和泄油管就可以了，使用非常方便。但是，这种闭式系统看不出其他内部连接管道，判断故障时一定要注意根据原理图逐项排除。

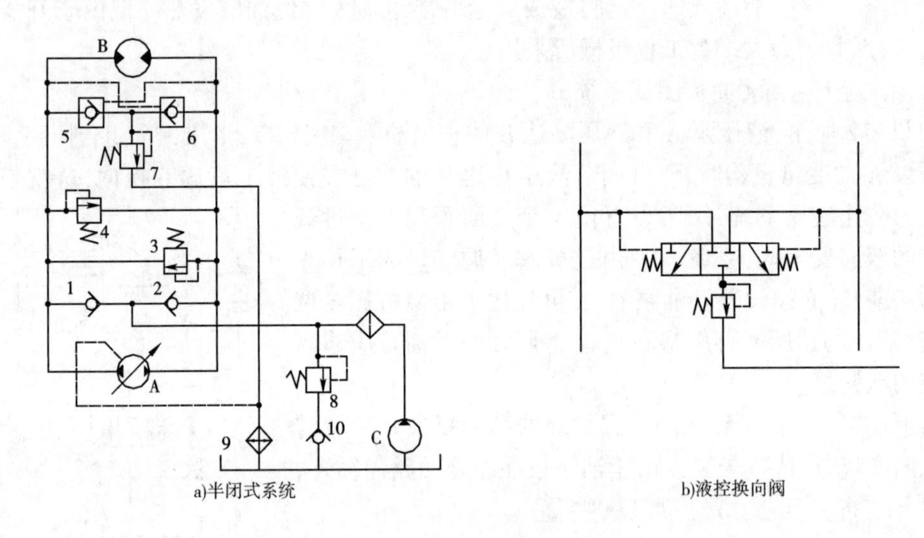

a)半闭式系统　　b)液控换向阀

图 2-3　半闭式系统

1、2、10-止回阀；3、4-溢流阀；5、6-液控止回阀；7-背压阀；8-低压溢流阀；9-冷却器；A-主泵；B-双向液压马达；C-辅助液压泵

2.1.2　单泵系统和多泵系统

1)单泵系统

由一台液压泵向一个或多个执行元件供油的液压系统，称为单泵系统。单泵系统适用于下列场合。

(1)不需要进行多种复合动作的工程机械，如推土机、铲运机等铲土运动机械的液压系统。

(2)功率较小且工作变动不太频繁的工程机械，如起重质量较小的汽车起重机、斗容在 $0.4m^3$ 以下的小型挖掘机、高空作业车、叉车等多执行机构的液压系统。

图 2-4 所示小型轮式挖掘机液压系统就是一个单泵系统。其发动机功率为 29.4kW(40马力)，斗容量为 $0.2 \sim 0.3m^3$，其行走部分为机械传动。

2)多泵系统

对有些工程机械，如液压挖掘机、汽车起重机等，在工作中既需要两个执行元件实现复合动作，又要能够对这两个执行元件进行单独调节。采用单泵系统显然不能满足要求。为了更有效地利用发动机功率和提高工作性能，就必须采用双泵或多泵系统。图 2-5 是采用双泵的挖掘机液压系统简图。图中液压泵 A 向动臂液压缸、斗杆液压缸、回转液压马达及左行走液压马达供油，组成一个回路；液压泵 B 向铲斗液压缸、动臂液压缸、斗杆液压缸及右行走液压马达供油，组成另一个回路，故称双泵双回路系统。这两个回路互不干扰，可以各自独立地进行工作，保证进行复合动作，提高了生产率和发动机功率的利用率。在挖掘机工作的一个周期中，由于动臂和斗杆存在着单独动作的可能，为提高生产率，采用了双泵合流的方式，即两个动臂换向阀 2、3 的阀芯串联，两个斗杆换向阀 4、5 的阀芯串联，可实现动臂和斗杆的快速运动，从而进一步提高了生产率和发动机功率的利用率。这种双泵液压系统在中小型液压挖掘机和起重机中已被广泛应用。

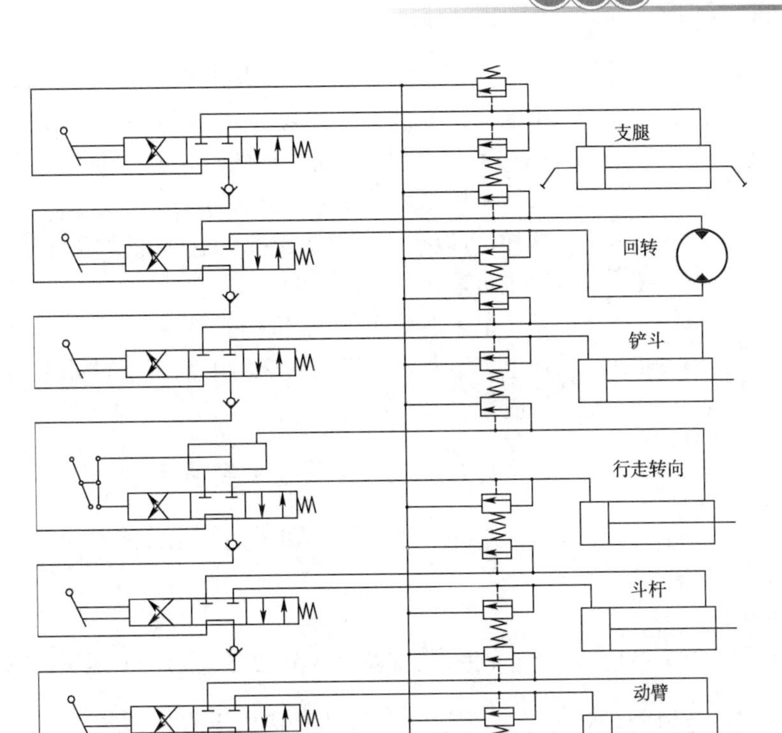

图 2-4 单泵系统

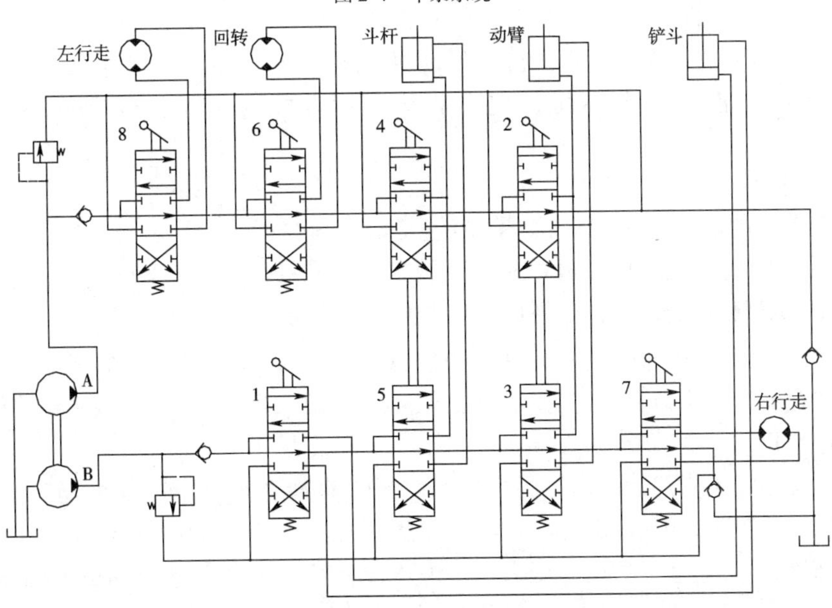

图 2-5 双泵双回路系统

1-铲斗换向阀;2、3-动臂换向阀;4、5-斗杆换向阀;6-回转换向阀;7-右行走换向阀;8-左行走换向阀;A、B-液压泵

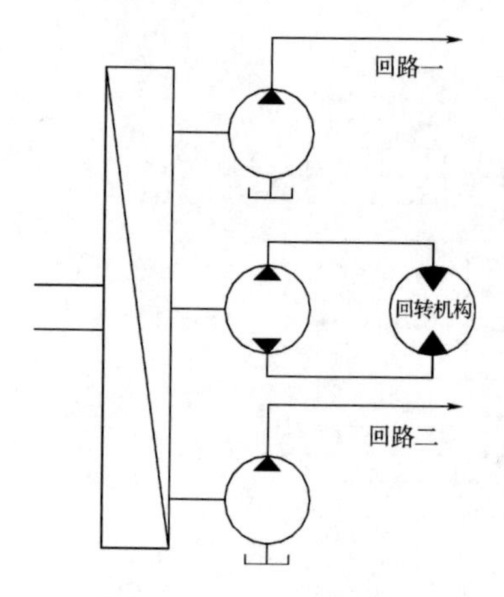

图 2-6　三泵液压系统原理图

为了进一步改进液压挖掘机和液压起重机的性能，在大型液压挖掘机和液压起重机中有时还可采用三泵系统。图 2-6 为三泵液压系统原理图。这种三泵液压系统的特点是回转机构采用独立的闭式系统，另外二个回路为开式系统。这样，可以按照主机的工况，把不同的回路组合在一起，以获得主机最佳的工作性能。

由于在多回路、多执行元件系统中采用多泵供油系统，在生产率和发动机的功率利用率提高的同时，还使机器的操作简便、动作灵活、可靠。

2.1.3　定量系统和变量系统

按所用液压泵类型的不同，液压系统可分为定量系统和变量系统。

1）定量系统

采用定量泵的液压系统，称为定量系统，如图 2-4、图 2-5 所示。液压泵的输入功率是按理论功率 $N=\frac{p_{\max}Q}{450}$ 选取的。对定量泵而言，当发动机转速为定值时，流量 Q 也为定值。而压力是根据工作循环中需要克服的最大阻力确定的，因此液压系统工作时，液压泵输出功率随外负载的变化而改变。在一个工作循环中，液压泵达到满功率的情况是很少的。据统计，在挖掘机液压系统中定量泵功率的平均利用率约为 54% ~60%（参见图 2-7）。

液压系统中液压泵的理论功率与发动机有效功率之比约为 0.8 ~1.2。对于定量泵，其功率比值可取在 1 以上，但应小于发动机的功率储备，以免突然过载时造成发动机熄火而影响正常工作。定量系统对发动机功率的利用率不高，但由于定量系统结构简单，造价低廉，所以应用比较广泛。

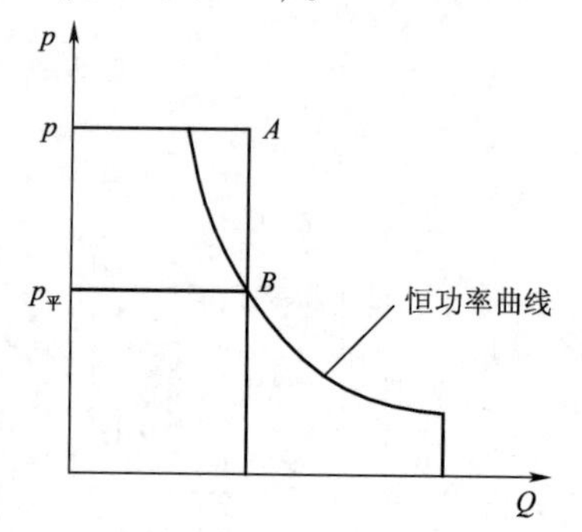

图 2-7　定量系统与变量系统功率利用对比

2）变量系统

采用变量泵的液压系统，称为变量系统，变量系统中所采用的泵为叶片泵或柱塞泵，且以柱塞泵居多。变量系统比较复杂，价格较高，操纵方式多样，尤其是电液比例技术的应用，使液压系统流量和功率的调节更加方便、准确。在变量系统中，变量泵的输出流量可以根据负载需要来调整，按需供油，系统的效率较高。因此，虽然变量系统价格较高，仍然得到广泛应用。

变量系统中较为常用的液压泵为恒功率控制的轴向柱塞变量泵，泵的功率特性曲线如图 2-8 所示。从图 2-8 中可以看出，功率调节器中控制活塞右侧有液压油压力作用，控制活塞左侧有弹簧力作用，当泵的出口压力低于弹簧设置的预压紧力时，弹簧未被压缩，液压泵的摆角处于最大角度，此时泵的排量为最大。随着液压泵出口压力的增高，弹簧被压缩，液压泵的摆角随着减小，排量也就随之减少。液压泵在出口压力和弹簧设置的预压紧力相平衡时的位置,称为调节起始位置。调节起始位置时,作用在功率调节器中控制活塞上的压力称为起调压力。当液压泵出口压力大于起调压力时,由于调节器中弹簧被压缩后产生的力与其行程有近似于双曲线的变化关系,因而在转速恒定时,液压泵出口压力与流量之积也呈近似于双曲线的变化。这样液压泵在调节范围之内始终保持恒功率的工作特性。由于液压泵的工作压力是随外载荷的大小而变化的,因此,可使工作机构的速度随外载荷的增大而减小,或随外载荷的减小而增大,使发动机功率在液压泵调节范围之内得到充分利用。

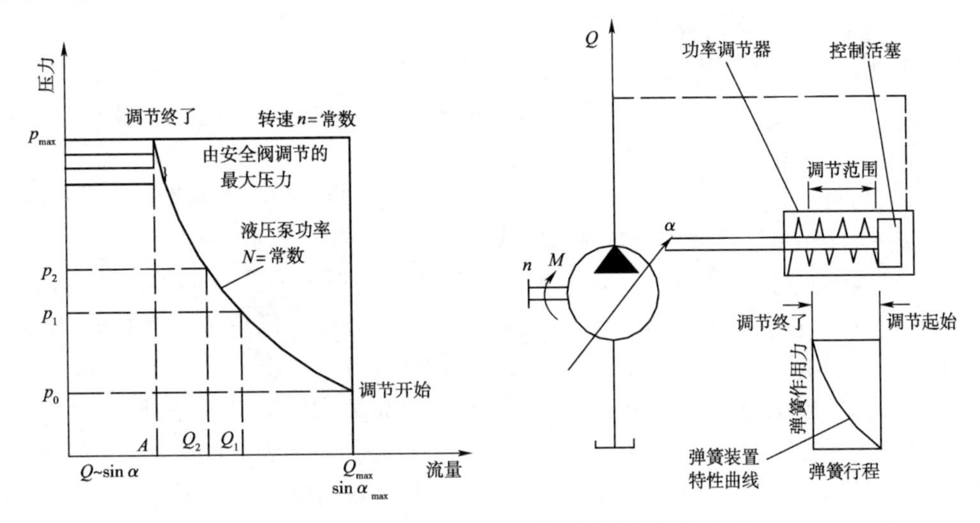

图 2-8 恒力率控制变量泵的功率特性曲线

变量泵的起调压力 p_0 是由弹簧的刚度和液压系统的要求决定的。调节终了压力 p_{max} 是由液压系统的安全阀调定。起调压力对应的摆角为最大,调节终了压力对应的摆角为最小。

变量泵的优点是在调节范围之内,可以充分利用发动机的功率,缺点是结构和制造工艺复杂,成本高。

2.1.4 串联系统与并联系统

在液压系统中,当一台液压泵给两个或两个以上执行元件供油时,就会出现并联、串联、串并联等不同的组合方式。

1)并联系统

图 2-9 所示为多缸并联系统,即各液压缸的进油路经过换向阀直接和液压泵的供油路相通,而各液压缸另一腔的回油又经过换向阀和系统总回油相通,因此液压泵输出的压力油可以同时供给各并联液压缸工作。

并联系统各分支油路的流量总和等于液压泵的输出流量;并联系统各分支油路连接点处 A 的压力相同(见图 2-10)。各分支油路流量受各分支路外载荷的影响以图 2-10 为例分析说明。

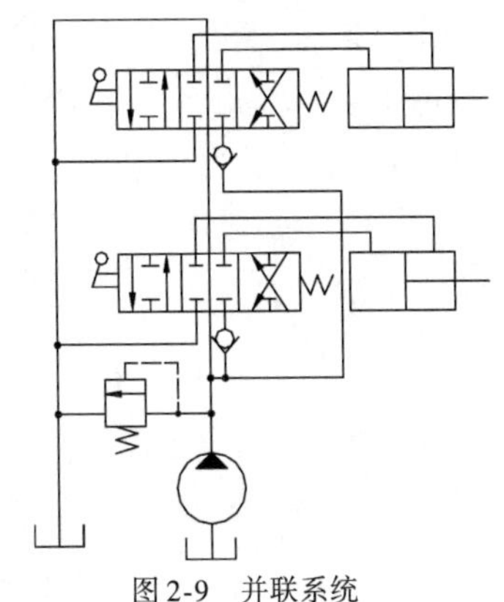

图 2-9 并联系统

由图 2-10 可得系统中压力、流量、液阻之间的关系式为：

$$p = p_1 + R_1 Q_1^2 = p_2 + R_2 Q_2^2$$

$$Q = Q_1 + Q_2$$

式中：p——液压泵出口压力，令 A 点至液压泵出口处压力损失为零，即 A 点处的压力也为 p；

p_1、p_2——液压缸 1、2 的进油腔压力；

Q——液压泵的输出流量；

Q_1、Q_2——进入液压缸 1、2 的流量；

R_1、R_2——两分支管路上的液阻；

图 2-10 中 P_1、P_2 为作用在液压缸 1、2 上的外载荷。讨论以下几种情况：

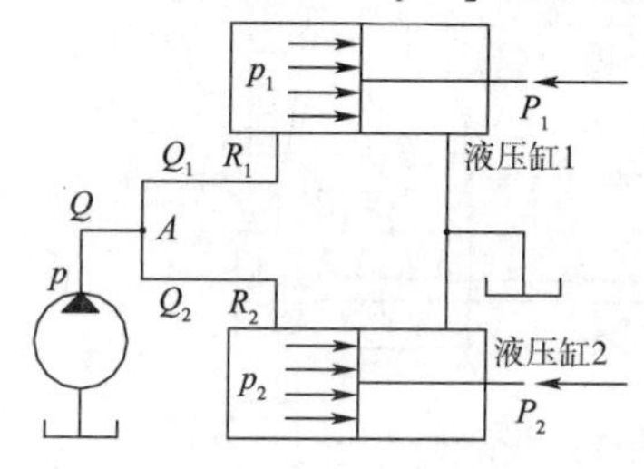

图 2-10 并联系统分析图

当 $R_1 = R_2$，$p_1 = p_2$ 时，则 $Q_1 = Q_2$，进入两液压缸的流量相等。

当 $R_1 = R_2$，$p_1 > p_2$ 时，则 $Q_1 < Q_2$，外载荷大的液压缸进入的流量小，外载荷小的液压缸进入的流量大。

当 $p_1 > (p_2 + R_2 Q_2^2)$ 时，则 $Q_1 = 0$，$Q_2 = Q$，液压泵输出流量此时全部进入液压缸 2，这时液压泵出口油压力 $p = p_2 + R_2 Q_2^2$。

当 $p_1 > (p_2 + R_2 Q_2^2)$ 时，一方面液压泵输出的全部流量进入液压缸 2，另一方面，如果液压缸 1 的分支管路中没有装置止回阀，液压缸 1 的油将在外载荷的推动下进入液压缸 2。这时需在进油管上设置止回阀，以防止液压缸内油液的倒流现象发生。由上述分析可知：

(1)并联系统中流量的分配是随各执行元件上外载荷的不同而变化，首先进入外载荷较小的执行元件。只有当各执行元件的外荷载相等时，才能实现同步动作。由此可看出，当液压泵流量不变时，并联系统中液压缸(或液压马达)运动速度随外载荷的变化而变化，这就是并联系统不能保证并联液压缸(或液压马达)同步动作的道理。因此，并联系统仅能用于对工作机构运动速度要求不甚严格的地方。

(2)并联系统的优点是分支油路中只有一次压力降，因此液压缸(或液压马达)能克服较大的外载荷。

2)串联系统

图 2-11 所示为串联系统，即前一个液压缸的回油路通过换向阀与后一个液压缸的进油路相连接。因此，后一个液压缸的进油就是前一个液压缸的回油。串联系统的工作情况可用图 2-12 所示的简图来分析。

从图 2-12 中可以得出液压缸 1 的活塞移动速度 v_1 为：

$$v_1 = \frac{Q_1}{A_1} = \frac{Q}{A_1}$$

从液压缸 1 小腔排出的流量 Q_2 为：

$$Q_2 = v_1 (A_1 - A_{杆})$$

液压缸 2 活塞移动速度 v_2 为：

$$v_2 = \frac{Q_2}{A_2}$$

式中：Q——液压泵输出流量；

Q_1、Q_2——液压缸 1 的进、出油的流量；

A_1、A_2——液压缸 1、2 的大腔工作面积；

$A_{杆}$——液压缸 1 的活塞杆面积。

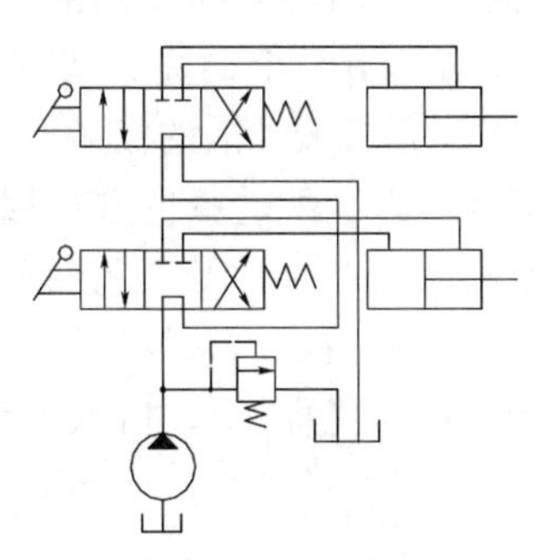

图 2-11　串联系统

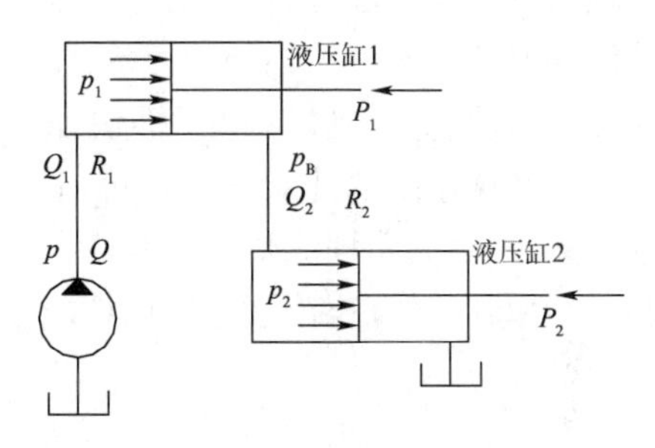

图 2-12　串联系统分析图

从以上三式可以看出，当液压泵输出流量 Q 不变时，串联系统中各液压缸（或液压马达）的运动速度与外载荷的变化无关，能够实现同时动作，这是串联系统的主要优点。

串联系统液压泵出口压力 p 可按下式近似计算：

$$\begin{aligned} p &= R_1Q_1^2 + p_1 + p_B \\ &= R_1Q_1^2 + p_1 + R_2Q_2^2 + p_2 \end{aligned}$$

式中：R_1、R_2——液压缸 1、2 进油管路中的液阻；

p_1、p_B——液压缸 1 大腔工作压力、回油腔压力；

p_2——液压缸 2 大腔工作压力。

由上式可以看出，串联系统中液压泵的出口压力，约等于整个管路系统的压力损失与各串联液压缸（或液压马达）内有效工作压力的总和。在外载荷较小时，各串联缸可以同时动作，且能保持较高的运动速度。但当外载荷较大时，由于供油压力的限制，要各串联液压缸同时动作就较困难。因此，串联系统一般用在高压、小流量的单泵供油系统中。

3）串并联系统

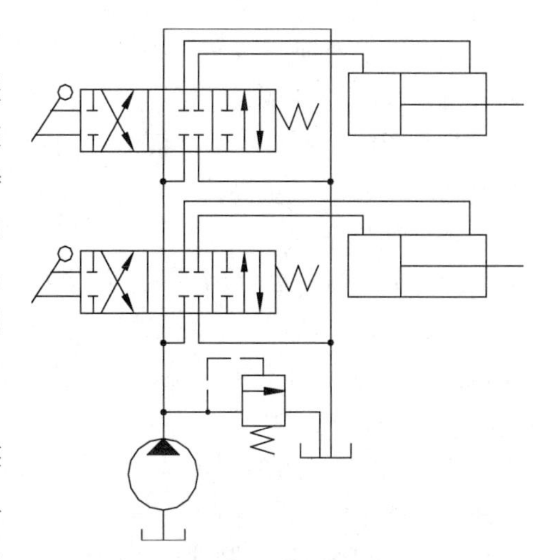

图 2-13　多缸串并联系统

图 2-13 为串并联系统。这种系统在任何时候只能有一个液压缸动作，不能进行复合动作，而且前一换向阀动作，就切断了后面各换向阀的进油，各液压缸只能顺序单动，故这种系统又称为顺序单动系统。工程机械中的装载机工作装置液压系统就采用这种串并联系统，可防止由于误操作产生不必要的复合动作，以保证操作的安全性。

2.2 液压系统的评价指标

因为液压传动与其他传动方式相比，在控制精度、自动化程度及操作方便性、省力程度以及传动平稳性、速度变换平滑程度、迅速程度等方面有其明显的优势，所以液压传动已成为工程机械广泛采用的主要传动方式之一。随着液压技术的发展，整机采用液压传动已成为国内外工程机械的发展趋势。因此，采用液压传动的工程机械性能的优劣，就主要取决于液压系统性能的好坏。对液压系统的评价，间接地表明了工程机械性能的优劣。

液压系统性能的优劣，是以系统中所用元件的质量好坏以及所选择的基本回路恰当与否为前提的。对液压系统的性能进行评价，就是在满足机械静态特性及工艺循环要求的各种液压传动方案中，对表明性能优劣的各项指标加以比较。表明液压系统性能的主要指标有：系统效率、功率利用、调速范围及微调性能、操纵性能（自动化程度）、冲击、振动和噪声、安全性、经济性等。

2.2.1 液压系统的效率

液压系统的效率是指对输入液压系统的能量的利用程度，反映了液压系统本身能量损失的多少。具体说，就是在一个工作循环内，各执行元件在每个工序中对外输出功率之和与输入系统的总功率之比。由于液压系统的结构及所使用液压元件的不同，液压系统效率会在很大范围内变动。

引起液压系统效率变化的因素很多，其中主要的有以下几点。

1）液压系统的传动方案

对完成同一个工作循环，采用定量泵加溢流阀的传动方案时，虽然所用元件简单、造价低，但由于液压泵输出的流量不能在每个工序中被全部利用，而是在溢流阀的调定压力下将多余的油液溢流回油箱，使一部分能量转化成油液的温升损失掉。而油液温度的升高，又促使泄漏增加，进一步降低了系统效率，并使系统性能发生变化。其传动效率一般在30%左右。当采用压力补偿变量泵系统时，由于泵的排量可根据负载的大小自动调节，故效率可提高到70%～80%或更高些。

2）调速方案

由于节流调速简单、成本低，所以在中小型液压机械中广泛采用。但在节流调速过程中会产生较大的节流损失和溢流损失。若速度愈低，这种损失愈大，系统效率愈低；当采用容积调速方案时，由于没有节流和溢流损失，使系统效率得到了提高。

3）元件、管路本身的特性

液压元件本身的损失（以液压泵和液压马达的损失最大）及管路中的能量损失等，都会使系统效率下降。具体地说，有以下几个方面：

（1）换向阀在换向制动过程中出现的能量损失。在开式系统中工作机构的换向只能借助于换向阀封闭执行元件的进、回油路，先制动后换向。当执行元件及其外载荷的惯性很大时，会使回油腔的压力增高，严重时可高达正常工作压力的几倍。油液在此高压作用下，从换向阀或制动阀的开口缝隙中挤出，从而使运动机构的惯性能变为热能损耗，使系统的油温升高。在一些换向频繁、载荷惯性很大的系统(如挖掘机的回转系统)中,由于换向制动而产生的损耗是十分可观的,有可能成为系统发热的主要因素。

(2)元件本身的能量损失。元件的能量损失包括液压泵、液压马达、液压缸和液压控制元件等的能量损失。其中,液压泵和液压马达的损失为最大。

液压泵、液压马达的能量损失可用液压泵、液压马达的效率来表示。液压泵和液压马达效率的高低是其质量好坏的主要指标之一。液压泵或液压马达的效率等于机械效率和容积效率的乘积。机械效率和容积效率与多种因素有关,如工作压力、转速、工作油液的黏度等。每台液压泵或液压马达在其额定工作点(即在一定的压力和一定的转速下)工作时,具有最高的效率。当增加或降低转速或工作压力时,都会使效率下降。

管路和控制元件的结构同样也影响能量损失的大小。因为油液流动时阻力与其流动状态有关,为了减少流动时的能量损失,可在结构上采取改进措施:例如增大管路的截面积以降低流动速度;增大控制元件结构尺寸,以增大通流量。但增加的结构尺寸超过一定数值时,就会影响到经济性。此外,在控制元件的结构中,两个不同截面之间的过渡要圆滑,以尽量减少摩擦损失。

(3)溢流损失。当液压系统工作时,工作压力超过溢流阀(安全阀或过载阀)的开启压力时,溢流阀开启,液压泵输出的流量全部或部分地通过溢流阀溢流。出现下列几种情况时,溢流阀会处于溢流工况:①回转机构的启动与制动过程;②负载太大,使得液压执行元件中的工作压力超过溢流阀的开启压力而仍继续工作;③工作机构或液压缸到达行程的终点极限位置,而换向阀尚未回到中位。在液压系统工作时,应尽量减少溢流损失,这可以从设计和操作两方面采取措施。

(4)背压损失。为了保证工作机构运动的平稳,常在执行元件的回油路上设置背压阀,背压越高,能量损失越大。一般而言,液压马达的背压要比液压缸高;低速液压马达的背压要比高速液压马达的高。为了减少因回油背压而引起的损失,在保证工作机构运动平稳性的条件下,尽可能减少回油背压,或利用这种背压做功。

除了选用性能优良的液压元件,尽量减少管路能量损失,尽可能采用高效率的液压回路等是提高液压系统效率的主要途径之外,液压泵的数目及其控制方式,液压泵与执行元件的配合(在多执行元件的系统或在一个循环中具有多工序的系统)等,都会影响到液压系统的效率。有时局部回路的设置是否合理也会影响到系统的效率。

总之,液压系统的效率是一个综合性指标,不能单单按某一局部回路的设置是否合理来评价,必须把整个回路设置与工艺循环过程结合起来考虑,才能做出最后的正确评价。

2.2.2 功率的利用

功率利用是指液压系统在工作循环中对发动机功率的利用程度,也就是整机效率问题。对于多回路、多执行元件的系统,它不仅与各回路的设置及其相互间的配合有关,而且与液压泵的数目及其控制方式有直接关系。例如,采用双泵变量系统比采用定量泵系统的功率利用要合理;而采用双联变量泵总功率控制系统比采用双联变量泵分功率控制系统的功率利用更加合理;在多数情况下,采用双泵合流及多功能控制,能够更有效地利用发动机功率。

功率利用不仅反映了液压系统对发动机功率利用的好坏,而且对节省能源也具有很重要的现实意义。例如为了提高功率利用，在工程机械液压系统中对液压泵采用了零位起调，即在工作压力小于液压泵起调压力时，液压泵的流量为最小。这样可以减少低压时的功率损失。

2.2.3 调速范围及微调特性

工程机械的特点是工作机构的载荷及其速度的变化范围较大，这就要求工程机械液压系统应具有较大调速范围。不同的工程机械其调速范围的要求是不同的，即使在同一工程机械中，不同的工作机构其调速范围也不一样，调速范围大小可以用速比 i 衡量。

对液压马达：

$$i_M = \frac{n_{M \cdot max}}{n_{M \cdot min}}$$

式中：$n_{M \cdot max}$——液压马达最高转速；

$n_{M \cdot min}$——液压马达最低转速。

对液压缸：

$$i_G = \frac{v_{G \cdot max}}{v_{G \cdot min}}$$

式中：$v_{G \cdot max}$——液压缸最大运动速度；

$v_{G \cdot min}$——液压缸最小运动速度。

液压系统的调速范围与液压泵及执行元件的性能有关，或者说与系统的流量调节范围及系统压力有关。例如，液压缸节流调速系统中，液压缸的最大速度 $v_{G \cdot max}$ 受到摩擦副最大运动速度的限制，一般 $v_{G \cdot max} \leqslant 0.4 \sim 0.5 m/s$。因此，液压缸的最大调速范围就取决于最小速度 $v_{G \cdot min}$。而 $v_{G \cdot min}$ 又受到节流元件的最小稳定流量的限制，节流元件的最小稳定流量又受负载压力的影响。

在变量泵—定量液压马达的容积调速系统中，液压马达最高转速 $n_{M \cdot max}$ 由液压泵所能提供的最大流量决定。但是，液压马达的最小稳定转速却与液压马达的结构有关，对低速大转矩液压马达，其最低转速取决于变量泵所能提供的最小稳定流量。由上述分析可见，液压系统的调速范围，不仅与调速方案有关（容积调速系统的调速范围大于节流调速系统的调速范围），而且与调节元件本身及执行元件的结构性能有关。

在调速范围内执行元件转矩或推力的变化表示如下。

对液压马达，用转矩比 W_M 表示：

$$W_M = \frac{W_{M \cdot max}}{W_{M \cdot min}}$$

式中：$W_{M \cdot max}$——液压马达最大输出转矩；

$W_{M \cdot min}$——液压马达最小输出转矩。

对于液压缸，用推力比 W_G 表示：

$$W_G = \frac{P_{G \cdot max}}{P_{G \cdot min}}$$

式中：$P_{G \cdot max}$——液压缸最大推力（大腔）；

$P_{G \cdot min}$——液压缸最小推力（大腔）。

微调性能是反映执行元件速度调节灵敏度的一项指标。它除取决于调节元件本身的特性及其控制方式外，还与系统的动态特性有关。不同的工程机械对微调特性有不同的要求，如铲土运输机械、挖掘机等对微调特性的要求不高，而吊装用工程起重机对微调特性则有严格的要求。

2.2.4 操纵性能

操纵性能是指机械的一个复杂动作能否用简单的操纵来完成，操纵过程中是否省力，是否能减轻操纵者精神上和体力上的疲劳。这项指标除与回路设计有关外，主要取决于操纵控制回路的设计是否先进、合理，控制信号的输入是否简单、省力。这对大型工程机械来讲，操纵性能是非常重要的一项指标。

2.2.5 冲击、振动和噪声

一个液压系统能满足机械静态特性和工艺循环的要求，只表明它能完成预定的工作。当负载发生变化或系统工作参数发生变化时，系统的工作不平稳，甚至引起强烈的冲击、振动或发出噪声，这都是不允许的，除特殊要求具有快速响应的特性外，一般应使机械处于平稳的工作状态下，并且噪声不能超过环境要求的允许值。

液压系统的冲击和噪声主要与回路设计及所选液压元件间的匹配有关。但有时安装不合理或缓冲回路设置不合理，也会造成振动和噪声。

液压系统的振动和噪声是由组成系统各元件的振动和噪声引起，其中以液压泵和液压阀最为严重。振动与噪声应予以控制。减少液压系统振动和噪声的关键是控制系统中各元件的振动和噪声，减少液压泵的流量脉动和压力脉动以及减少液压油在管路中的冲击。

2.2.6 安全性

安全性是指在满足工作性能要求的前提下，保证系统正常工作的措施及应急措施是否完备。这项指标对各种不同的工程机械有不同的要求。对大型工程机械尤为重要，例如大型液压起重机的液压系统能否安全可靠的工作，不仅是保证生产进度的问题，同时还会直接影响到人身生命安全，因而是极为重要的评价指标之一，此外，还有维修性能及价格特性等也是评价系统性能优劣的一个方面。

从上述各项评价指标可以看出，液压系统性能的好坏，除选用合理的回路、高精度元件外，各项指标都与液压泵的类型、液压泵的数目、液压泵的控制方式、功率分配方式、操作控制方式等有关。因此，上述这些就构成了分析液压系统的基本要点。

2.3 液压系统的分析方法

对液压系统的分析是指对液压系统工作原理的分析和对液压系统性能的分析两个方面。

2.3.1 对液压系统工作原理的分析

要分析工程机械液压系统的工作原理，首先，必须了解该机械的工作机构、行走机构等的工况特点及要求，了解每一个工作循环的主要动作以及各动作之间的相互关系。第二，要了解整机及液压系统的主要技术参数，如发动机的型号、功率；液压泵的类型规格、系统的工作压力、额定流量；液压缸、液压马达的类型规格等。第三，了解液压系统的类型、特点包括回路组合方式等。在此基础上，根据所掌握的各种液压元件的工作原理和液压基本回路的知识，对液压系统的工作原理进行细致、深入的分析。在第三章中将结合具体的工程机械液压系统给出工作原理分析的实例。

2.3.2 对液压系统性能的分析

液压系统的种类虽然繁多，但根据其工作特点的不同，仍可大致分为：压力控制、速度控制、方向及位置控制或它们的组合控制等。尽管不同的机械设备有其独特的要求，但是不论什么特殊要求，下述六点是影响液压系统性能的主要因素：系统工作压力；液压系统的类型；变量及功率调节方式；液压泵及执行元件的类型；回路的组合及合流方式；操纵控制方式等。因此，这六点就是分析液压系统性能的基本出发点。

1）液压系统工作压力对系统性能的影响

液压系统的工作压力由外负载决定。

$$F = p \cdot S$$

式中：F——外负载力；

p——系统工作压力；

S——液压缸有效作用面积。

由上式可见，当外负载 F 一定时，若系统采用低压，则 S 增大，即消耗材料增多。若采用高压则降低材料消耗、减少空间占用尺寸。一般负载较小的设备，宜采用低压系统；负载较大的设备则采用中高压系统。但是当系统压力增高时，由于油液的压缩性将对系统工作的稳定性产生影响，不易获得平稳的运动和准确的定位。另外，由于系统工作压力的提高，对密封及管路接头都提出了较高的要求，在某种程度上会增加维修工作量。对要求调速及换向频繁的液压系统，采用低压时虽然会使执行元件尺寸增大，但是却给扩大速度调节范围带来方便，并且由于压力较低使系统冲击和振动较小，噪声小，运动平稳。

2）液压泵的数目对系统性能的影响

为完成同一工作的液压系统，可以采用单泵供油，也可采用多泵供油。对于像工程机械这样功率大、动作多的大型机械，大多采用多泵液压系统。液压系统中液压泵数目的不同，对液压系统的性能是有影响的。

（1）单泵系统。液压系统中所有的执行元件都由一台液压泵供油，通往各执行元件的油路可以采用并联、串联、串并联等方式。不同的联接方式将有不同的系统特性，并且都要求操作者有较高、较熟练的操作技能。

虽然单泵系统结构简单，造价低，但其操纵性能不好，特别是采用定量泵时，效率低，发动机的功率不能充分利用，如图 2-14 所示。当液压泵的转速不变时，液压泵的流量为常数，但外负载是随工况而变化的。由于选择驱动功率时是按最不利的工况确定的，因而平均功率总是低于最高功率的，因此在低于最大负载工况工作时，将有大量的溢流损失或节流损失，使系统效率降低，并且发动机的功率也未得到充分利用。

（2）多泵系统。多泵系统分为定量泵系统和变量泵系统两类。在多泵定量系统中，虽然各执行元件的协调动作性能得到改善,但系统效率及发动机功率的利用仍未能得到很好的改善。这是由于各泵的功率之和不能超过发动机的功率。当某执行元件单独动作时,功率的利用及系统效率将会大大下降,泵的数目愈多,下降的越严重,如图2-15所示是采用两台定量泵的系统。一般每台泵的功率都不超过发动机功率的50%。当某一路的执行元件不工作时,则系统最多只能利用发动机功率的一半。虽然如此,但是由于定量泵价格便宜,工作可靠,使用寿命长(因不是全部时间都在满载下工作),对油液的污染敏感性小,因而在中等功率以下的液压传动中,仍得到普遍采用,但这在效率上是不合算的。

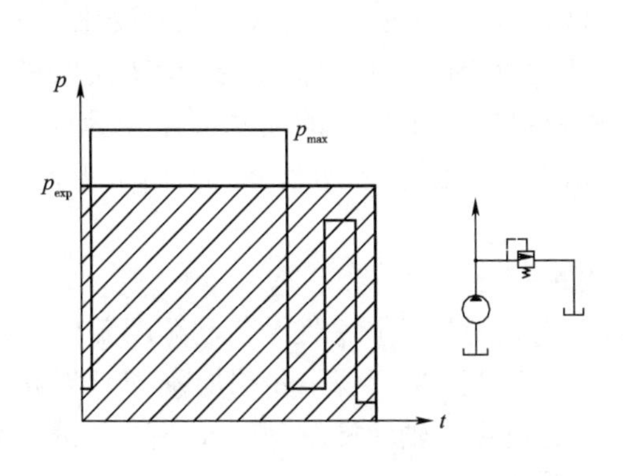

图2-14 单泵系统功率曲线

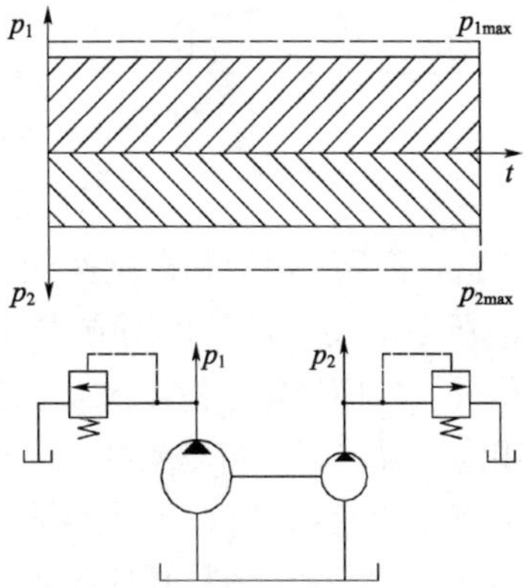

图2-15 双泵定量系统功率曲线

大型工程机械多采用双泵变量系统。由于系统中有两台变量泵和一台发动机,就存在液压泵与发动机功率匹配的问题。当两台变量泵采用总功率调节时,负载力达到某一设定值,便可自动完成恒功率控制,并且可根据各回路负载的不同,实现对发动机功率的自动匹配。因而,从功率利用、效率及调速范围来看,都有了大幅度的改善。

在工程机械中,特别是为了改善大型机械的操纵性能及各执行元件的协调性能,以便进一步提高系统效率及功率利用,对某些使用频率较高的执行元件设置一台单独的供油泵,其他变量泵采用总功率调节。例如大型液压挖掘机,如图2-16所示,使用频率较高的回转液压马达由第三台泵单独驱动。

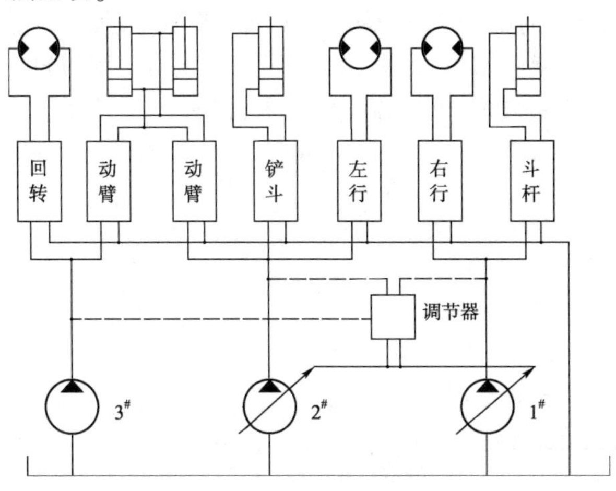

图2-16 三泵系统

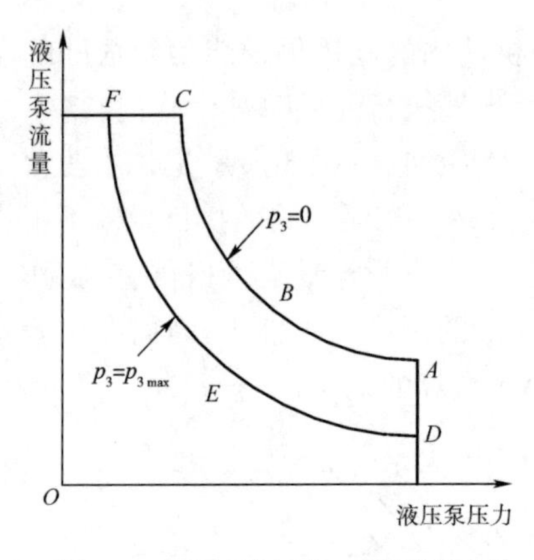

图 2-17 三泵系统压力—流量特性曲线

由于该系统采用了第三台泵压力补偿的控制方式（第三台泵优先），其特性如图 2-17 所示。当 $P_3=0$ 时，1#、2#泵按恒功率曲线 ABC 工作，当 $P_3=P_{3\max}$ 时，1#、2#泵按恒功率曲线 DEF 工作。这就是说，当第三台泵无负载时（挖掘机不回转时），1#、2#泵吸收了发动机的全部功率；当第三台泵有最大负载时（挖掘完成，在回转中），1#、2#泵吸收了发动机与第三泵功率之差。或者说，1#、2#泵消耗的功率与第三泵的负载压力成反比例变化。这就最大限度地利用了发动机的能量。也有的液压挖掘机采用变量液压泵和定量液压马达的闭式回路作为第三泵回路，由于起动停止时流量自动增减，溢流阀动作时间极少，因而提高了系统效率和操纵性能。

3）液压泵的类型及其控制方式对系统性能的影响

工程机械所用的定量液压泵系统，如果功率不大，对运动平稳性及传动精度要求不高，就可以采用齿轮泵。因为齿轮泵结构简单、工作可靠、对油液要求不高、价格低廉、便于维修。

在大型工程机械中，大多采用轴向柱塞泵。这是因为轴向柱塞泵的效率高，变量控制多样化。只要功率匹配合理，便具有明显的节能效果。

液压泵的控制方式是指变量泵的变量机构根据什么信号、按什么规律来控制变化。按控制信号的来源可分为机械式（手动、脚踏、凸轮及杠杆等）、系统压力（包括控制压力）、系统流量等；按变化规律分有恒压控制、恒功率控制和系统流量控制等。除此之外，液压泵的控制方式也可以是由它们的组合而构成复合的多功能控制。

（1）流量控制（速度控制）。根据输入指令控制变量泵的斜盘摆角，进而控制泵的排量，其特性曲线如图 2-18 所示。为了节省能源，减少油液发热、提高系统效率，这种控制在系统无负荷时（换向阀处于中位时），构成旁通卸荷回路。

这种控制方法在大中型工程机械中一般不单独使用，而是与其他控制方法组合在一起使用。

（2）压力控制。以系统压力为信号，当系统压力达到设定值时，通过压力调节元件的作用，使液压泵的排量迅速减小。这对溢流阀动作频繁的系统，具有显著的节能效果，其工作原理如图 2-19a）所示，其特性如图 2-19b）所示。若将压力控制与恒功率控制同时使用，在超载时可迅速减少液压泵的排量，使功率损失减少，如图 2-20 所示。

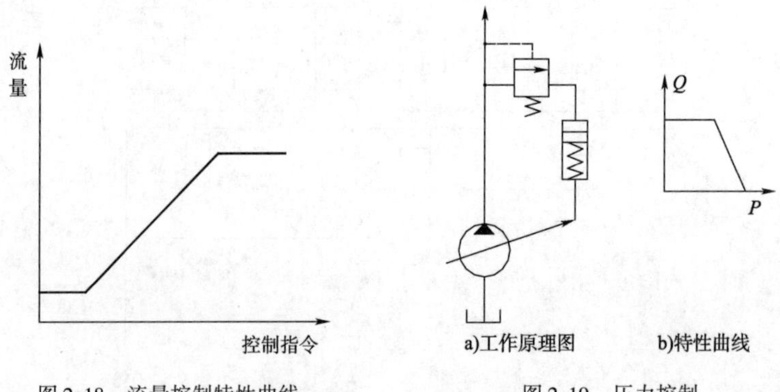

图 2-18 流量控制特性曲线　　图 2-19 压力控制

(3)功率控制。功率控制是根据压力信号使液压泵的功率按预定规律变化的一种控制方式。一般使液压泵的流量和压力的乘积按恒功率规律变化,故亦称恒功率控制(或称压力补偿控制),其特性曲线如图2-21所示。

图中虚线是具有同样流量的定量泵的压力-流量曲线,实线是恒功率变量泵的压力-流量曲线。如果系统设计合理,工程机械的大部分作业都可在设定的起调压力以下完成,即在定量泵状态下完成,只在重载时才在设定压力以上的恒功率范围工作,压力和流量按近似恒功率规律变化,从而减少油液通过溢流阀的损失,提高了系统的效率。一般中、大型工程机械都采用这种控制方式。

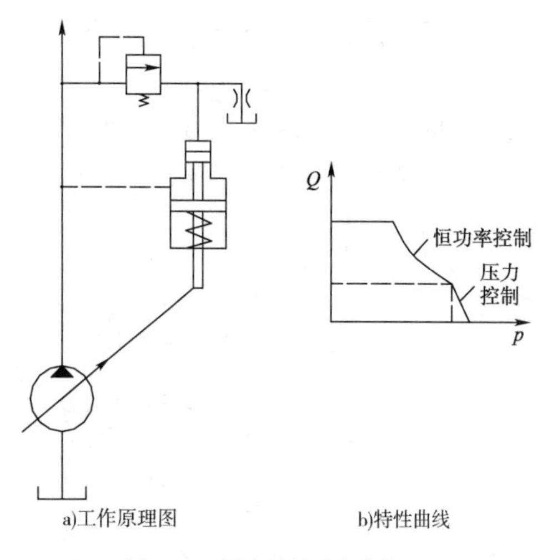

图2-20 压力及恒功率控制

(4)多泵系统的控制。在大、中型工程机械中,由于动作多,要求控制灵活,因此大都采用多泵系统。各泵之间可以单独控制,也可以统一控制。现以工程机械中常用的双泵双回路系统为例,说明分功率调节及总功率调节这两种基本类型。

①分功率调节。分功率调节的工作原理如图2-22a)所示,两台变量泵由一台发动机驱动,每台变量泵各有一台独立的恒功率调节器,即各液压泵的流量只受液压泵所在回路的负载压力的控制,与另一回路的负载压力无关。虽然这种系统控制简单,但由于两台变量泵的功率之和不能超过发动机的功率,一般是两台变量泵的功率各选为发动机功率的50%,如图2-22b)所示。只有在两回路的负载压力均在 $p_0 < p < p_{max}$ 时,才能利用发动机的全部功率。两回路的负载压力 p_1 和 p_2 可以不同,因而两台液压泵的流量也可以不相等,即两个回路的执行元件不能保证协调动作的关系。当一个回路无负载,另一个回路满载工作时,只能利用发动机功率的一半。

Q

p

图2-21 恒功率控制特性曲线

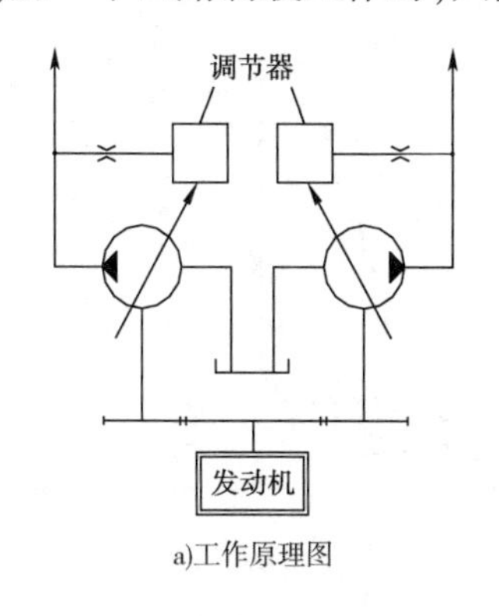

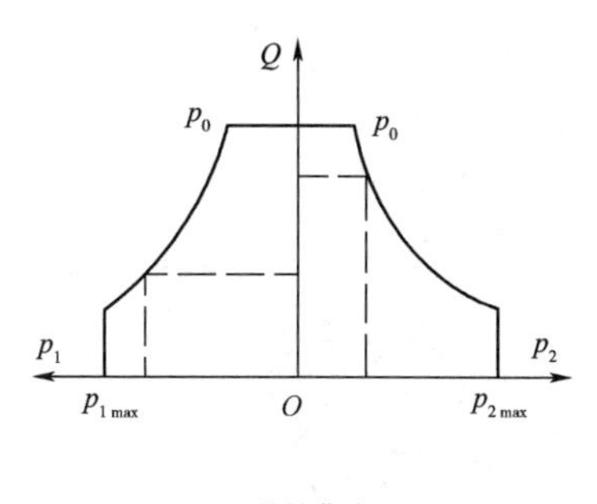

图2-22 分功率调节

②总功率调节。总功率调节变量系统如图2-23所示。其中图2-23a)是两台变量泵共

用一个调节器，通过杠杆将两台泵的变量机构连接起来，按两台变量泵的压力之和($p_s=p_1+p_2$)进行流量调节，即两台变量泵斜盘摆角相等，输出流量相等，并与 $p_1+p_2/2$ 成反比。每台变量泵的功率与其负载压力成比例。只要满足 $2p_0<p_s<2p_{max}$ 时，两台泵的功率之总和始终保持与发动机的功率相匹配，而不会超出，其特性如图 2-24 所示。

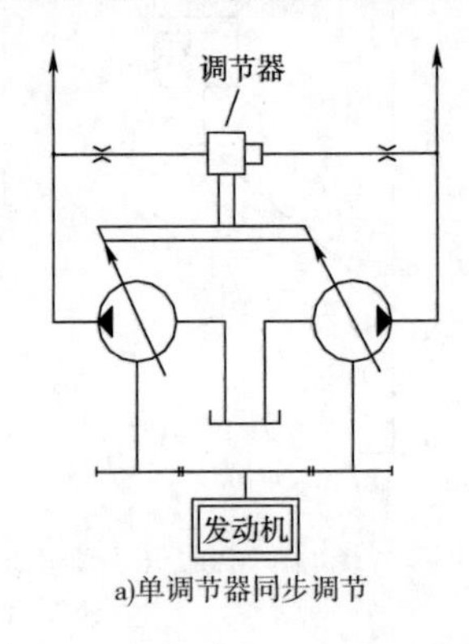

a)单调节器同步调节

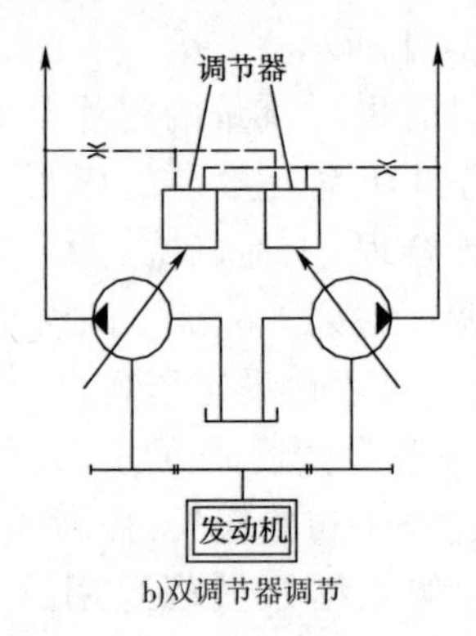

b)双调节器调节

图 2-23　总功率调节

图 2-23b)是液压联系的总功率调节变量系统。每台变量泵有各自的调节器，但都同样接收两个回路的负载压力信号。同样，当 $2p_0<p_s<2p_{max}$ 时，便可传递发动机的全部功率，并且两台泵的流量相同，压力可以不同。这样调节方式的特点是其保留了两台变量泵具有进行各自无关的运动的可能性，这在多功能调节中是十分必要的。

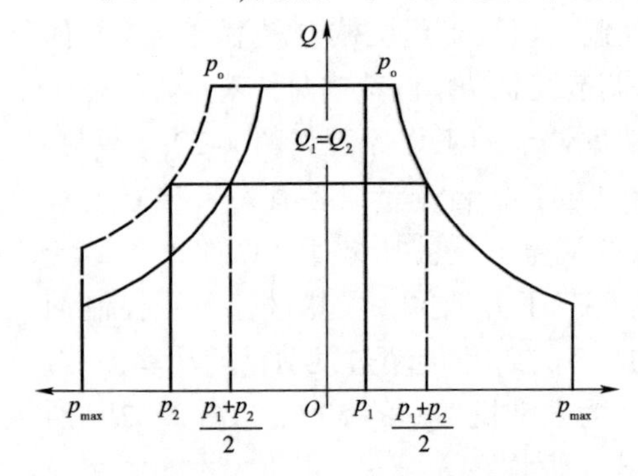

图 2-24　总功率调节特性曲线

③分功率调节与总功率调节的比较。总功率调节与分功率调节相比，在相同负载时，下列几方面的性能有所不同。

a. 发动机功率的利用率。

分功率调节：只有当每台液压泵的负载压力都处于 $p_0<p<p_{max}$ 时，才能有效利用发动机的全部功率，且各为发动机功率的一半。在极端情况下，如 $N_1=0$ 时，$N_2=N_e/2$，只能利用发动机功率的一半。其特性如图 2-25 所示。

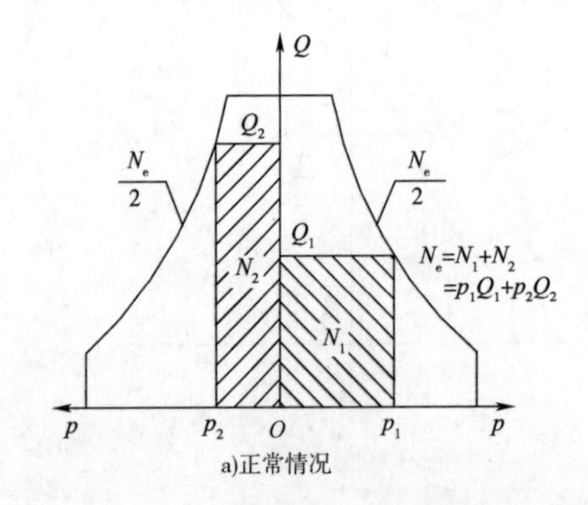

a)正常情况

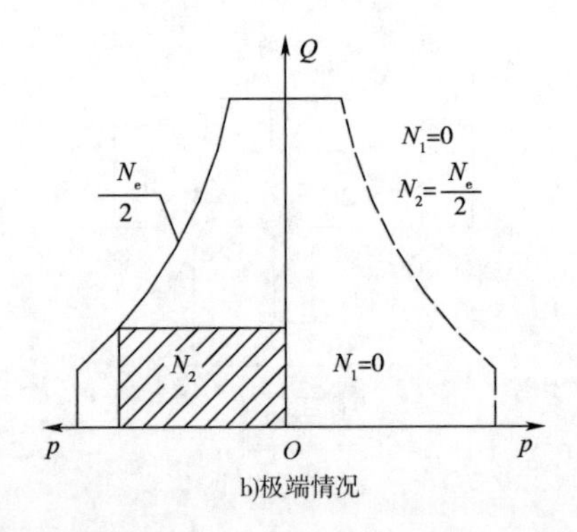

b)极端情况

图 2-25　分功率调节特性曲线

总功率调节：由于调节器接受两回路的负载压力，故调节压力为 $p_s=p_1+p_2$，因 $Q_1=$

$Q_2 = \frac{Q}{2}$，故：

$$N_{总} = N_1 + N_2 = Q_1 p_1 + Q_2 p_2 = \frac{p_1 + p_2}{2} \cdot Q$$

这就意味着，只要$(p_1 + p_2)/2$大于p_0（起调压力），便可按恒功率进行调节，或者说此时排量与$(p_1 + p_2)/2$成反比变化。如图2-26所示为其特性曲线，由图2-26可见，当$(p_1 + p_2)/2$大于起调压力，而液压泵流量相等，输出功率之和等于发动机功率，即可利用发动机的全部功率。这就是说，一台液压泵不能利用的功率，可以被另一台液压泵吸收。极端情况下，如图2-26b，所示，当$p_1 \approx 0$时，另一台液压泵可以利用发动机的全部功率，即$N_2 \approx N_e$。可见，总功率调节比分功率调节能更有效的利用发动机功率。

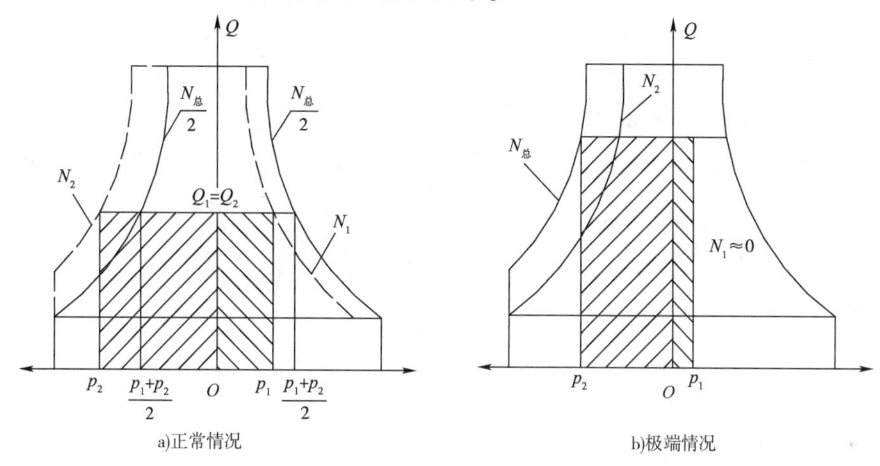

图2-26 总功率调节特性曲线

b. 两泵的输出流量。

分功率调节时，两泵流量是不同的，其随各自的外负载的变化而变化。因此，两个回路的执行元件的动作协调性受外负载的影响。而总功率调节时，由于两泵流量始终保持一致，因而执行元件动作的协调性不受负载的影响，例如全液压挖掘机两履带的同步行走。

总功率调节虽然对发动机功率利用充分，但当一台泵无负载时，另一台泵将传递发动机的全部功率，会降低泵的寿命，而分功率调节不存在这个问题。

(5)多功能控制。为了提高液压传动系统的效率，功率利用及操纵性能，在大型工程机械中宜采用多功能控制。

所谓多功能控制就是上述各种控制手段的综合应用。例如，为了减少在超载下的溢流损失，总功率控制常常与恒压控制组合在一起，如图2-27a）所示，当$2p_0 < p_s < 2p_{max}$时，按恒功率调节，当任一台泵超载时，均可打开顺序阀，使控制压力进入恒压调节缸，使泵按恒压调节，即流量迅速接近于零，溢流损失大大减少，其特性如图2-27b）。

虽然在双泵双回路系统中可采用总功率控制，液压泵的功率可按近似的恒功率调节，但仍不能充分利用发动机的转矩特性。为了充分利用发动机的转矩特性，可用发动机的转速作为信号来控制液压泵的输出功率，如图2-28所示。该系统的流量调节是通过由减压阀1与离心调速器2控制的控制阀3进行的。当负载增大时，发动机转速下降，离心调速器

2 使控制阀 3 的开口增大，进入变量缸 5 的压力增大，从而减小液压泵的排量，使发动机的输出转矩和功率与外负载相适应。当 $2p_0 < p_s < 2p_{max}$ 时，液压泵按发动机转速作全功率调节；当 $p \geqslant p_{max}$ 时，压力油经顺序阀 4 进入变量缸 5，使液压泵按恒压调节，防止过载，减少溢流损失，提高系统效率。由于这种调节系统是按发动机的实际转矩曲线调节的，因而可以在很大的转速范围内充分利用发动机的转矩和功率，避免了间接利用压力的近似恒功率调节的误差，并且大大简化了调节器，特别在多泵系统中，采用这种调节就更有其优越性。

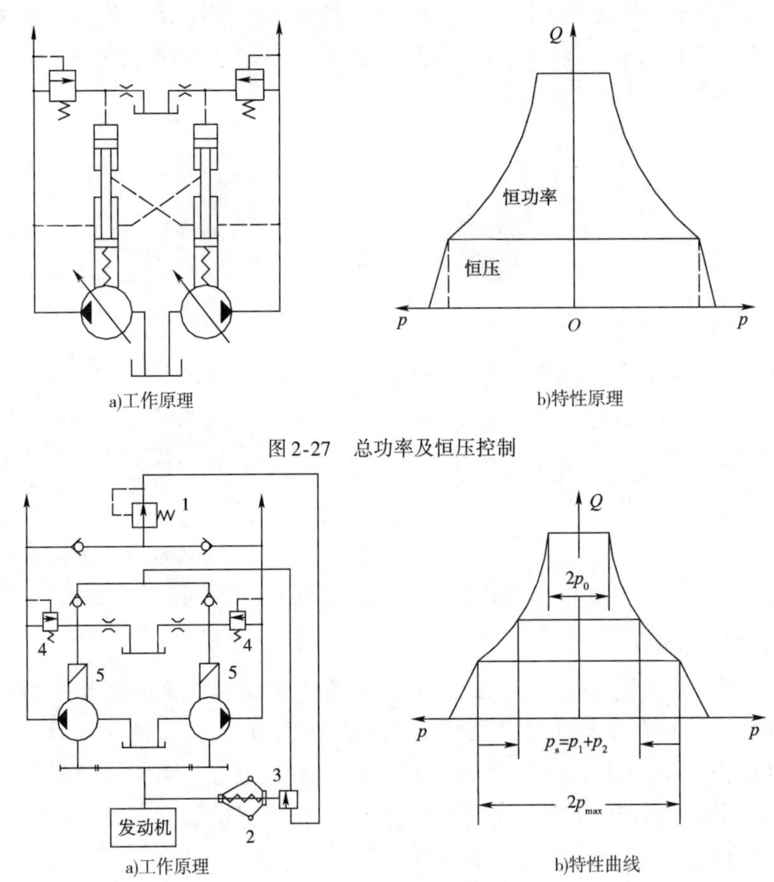

图 2-27　总功率及恒压控制

图 2-28　发动机转速控制

1-减压阀；2-离心调速器；3-控制阀；4-顺序阀；5-变量缸

图 2-16 中给出的三泵系统是另一种类型的多功能控制，1[#]、2[#]泵是按总功率控制的，由于采用了第三泵优先的控制原则，使动作频繁地回转泵的功率得到了保证。并且由于第三泵的压力补偿，使 1[#]、2[#]泵又能充分利用剩余的功率。这不但从功率利用角度看是合理的，就是从对各执行元件的功率分配上来看也是相当合理的。这种三泵系统是大型工程机械(如液压挖掘机、装载机等)采用的主要传动类型。

图 2-29 又是另外一种类型的多功能控制系统。由图 2-29 可见，该系统除具有由外部指令来控制流量的功能外，还具有恒功率控制以及在控制阀回中位时，利用其回油路上的节流阀提供一个很低的控制压力，使斜盘摆角处于最小位置，即外负载为零时，液压泵的排量最

小,从而大幅度减轻了发动机的负载,节省了燃料消耗,提高了发动机的寿命。而且更主要的是减少了系统中油液的无功循环,降低了油温,提高了系统效率。由于控制的多样化,提高了系统的性能,特别是使操纵性能得到大幅度提高。

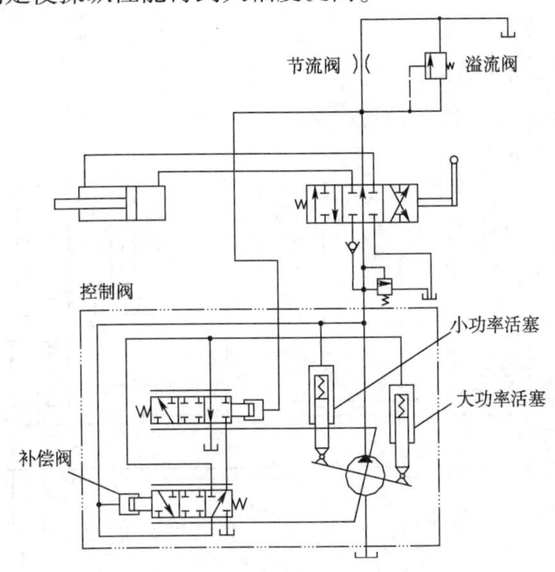

图 2-29　多功能控制

上述各种控制方式各有特点,都会对液压系统的性能产生影响,甚至在某种程度上对液压系统的性能起着支配作用。但在评价控制性能时,必须从整机角度考虑,绝不可片面追求功率利用或操纵控制等单一方面,否则会带来不应有的能量损失或某些方面的性能下降。就其发展趋势来看,工程机械的液压系统正向着多功能、机电液一体化和自动化控制的方向发展。

4)功率匹配方式对系统性能的影响

功率匹配包含两方面的内容,一是使液压泵消耗的功率与发动机的功率保持平衡。如前所述,采用总功率及恒压等多功能控制,可以获得较满意的效果。二是功率分配的问题,也就是执行元件所消耗的功率与液压泵输出功率的平衡问题。特别是在系统中存在多个执行元件及多台液压泵时,这是设计者必须考虑的重要问题之一。设计的原则使各台液压泵所承担的负载尽可能均衡,并且其中某个执行元件不能利用的功率,有被其他执行元件利用的可能。

现以液压挖掘机为例,说明功率分配方案及合流措施。

(1)分组方案。在液压挖掘机的双液压泵系统中,对于 6 个执行元件与两台液压泵,大多数采用下面的三三制分组方案(见图 2-30)。很少采用二四制或一五制的分组方案。

1 号液压泵⇒{斗杆液压缸
左(右)行走液压马达
回转液压马达} >合流

2 号液压泵⇒{动臂液压缸
铲斗液压缸
右(左)行走液压马达}

在中小型液压挖掘机中，采用如下方案，也可获得较好的效果。

1 号液压泵⇒{铲斗液压缸；左(或右)行走液压马达；回转液压马达} >合流

2 号液压泵⇒{动臂液压缸；右(或左)行走液压马达；斗杆液压缸}

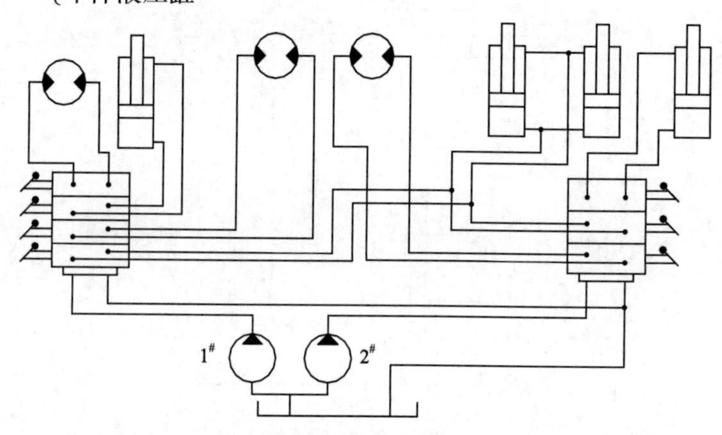

图 2-30　三三制分组方案示意图

由上述分组方案发现：动臂缸与回转液压马达分配在两个液压泵组；左右行走液压马达分配在两个液压泵组；斗杆缸与铲斗缸分配在两个泵组。这是由于挖掘动作主要是由斗杆和铲斗的协调动作完成，把它们分配在两个回路内，便于协调动作，充分利用发动机功率，并有单独动作的可能。挖掘完成之后的起升动作，主要由动臂完成。为了缩短作业时间，常需铲斗满斗起升与回转同时进行，并希望能有独立动作的可能，因此将动臂缸与回转液压马达分配在两个回路内，对于充分利用发动机的功率及提高动作的协调性，均有显著的效果。为了保证履带行走的直线性及有原地转弯的可能性，把两个行走液压马达分配在两个回路内，不但使功率分配均衡，而且大大提高了行走系统对道路的适应性能。

实践已充分证明，上述的分组方案是合理的。

当采用三液压泵三回路系统时，则常采用下列分组方案：

回转采用定量液压泵开式系统时：

1 号液压泵⇒{斗杆液压缸；左(或右)行走液压马达}

2 号液压泵⇒{右(或左)行走液压马达；铲斗液压缸；动臂液压缸} >合流

3 号液压泵⇒回转液压马达

回转采用闭式系统时：

1 号液压泵⇒{斗杆液压缸；左(或右)行走液压马达}

2 号液压泵⇒{右(或左)行走液压马达；铲斗液压缸；动臂液压缸}

3 号液压泵⇒回转液压马达

即在由三台液压泵组成的三回路系统中，当1#和2#液压泵采用总功率变量调节，并采用第三液压泵压力补偿的优先选择控制时，不但使发动机功率获得充分利用，而且提高了操纵性能(至少有三个执行元件可同时协调动作)，并可解决侧壁的挖掘问题。

(2)合流。在多回路及多执行元件的系统中，为了提高工程机械的生产率，要求某几个执行元件能单独快速动作。仍以液压挖掘机为例，要求动臂的升降、斗杆的收放以及铲斗的转动等都能有一个快速动作，特别是动臂的快速起升与下降对加快作业循环起着主要作用。这就需要使两台液压泵有合流供油的可能。采用合流供油后可使作业循环时间缩短20% ~ 50%。对双液压泵系统可采用手控与自控两种合流方式。

手控合流方式就是增加一个手控合流阀，如图2-30所示。这种合流方式工作可靠、灵活性大；缺点是增加一个操作动作，若利用电磁阀控制可减轻操作人员的操作强度。

自控合流方式不需独立的合流阀，而是当换向阀换向时，由机械联动或液压控制使两台液压泵的压力油自动合流。这种合流方式省去了一个操作动作，减轻了操作人员的操作强度。但是，只要实现单一动作，液压系统就会双液压泵合流，无法保证单一动作时的单液压泵供油，操作的灵活性较差。

现以图2-30所示的回转与动臂合流的手控方式为例，说明合流对液压系统性能的影响。

根据资料统计，动臂的升降与上部车体的回转，在一个工作循环中约占60%左右的时间。因此，动臂的快速动作及动臂与回转的协调动作对缩短作业时间，提高生产率具有重要的作用。

分析液压挖掘机的实际回转过程可知，由于惯性的影响，整个回转过程几乎不存在等速阶段(在回转角小于120°时，等速时间很短)，如图2-31所示。1m³ 的单斗液压挖掘机满斗回转90°只需5 ~ 6s。这就是说，供油液压泵只需在加速阶段供油，在减速阶段是靠惯性加制动，因而所需供油量少而且时间短。动臂液压缸的容量一般均比斗杆液压缸、铲斗液压缸大，快速动作需要的流量就大。由于回转液压马达与动臂液压缸是分配在两个回路内，因此，将两台液压泵的供油通过手动合流阀供给动臂液压缸进行合流，这对提高系统工作效率、缩短作业循环时间是有效的。特别是在三液压泵系统中，当第三液压泵采用定量液压泵开式系统时，由于采用动臂合流，对实现侧壁的挖掘更为有利。

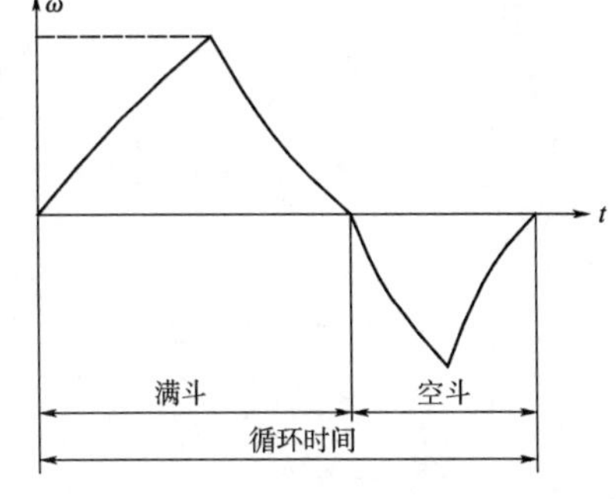

图2-31 液压挖掘机回转速度特性曲线

5)操纵性能对系统性能的影响

众所周知，任何机械设备的操纵系统都在向轻便化、自动化和智能化方向发展。工程机械由于其作业条件的严酷及其价格特性的原因，自动化的程度还不高。但是从减轻操作人员劳动强度、提高操作性以及提高在危险场地或特殊环境的作业安全性,已有不少采用自动控制系统(电—液控制系统)的实例。

为了提高操纵性,减轻操作人员的劳动强度,可将手动换向阀改换成手动比例减压式先导阀控制主阀,或采用电、液换向阀等。为了使工程机械能在山崖滑坡、雪崩现场或处理没有爆炸的炸弹等危险场地工作,除人在工程机械上操作能满足各种性能要求外,还能用无线电遥控操作工程机械。当指令机发射的无线电信号被驾驶室内的接收机接收后,便可进行全部操作。很显然,实现这些操作的前提条件是工程机械的机电液一体化。

随着机电液一体化技术的快速发展,性能可靠、成本低廉的传感元件以及具有接近电—液伺服阀性能而又具有抗污染性能高、工作可靠、价格低廉的电—液比例阀的出现,使电—液控制技术在工程机械液压系统的自动控制中的应用一定会越来越广泛。

第三章　典型工程机械液压系统分析

工程机械是用于工程建设的施工机械的总称,其被广泛应用于建筑、水利、电力、道路、矿山、港口和国防等工程领域。工程机械种类繁多,世界各国对它的称谓各有不同,例如美国和英国称为建筑机械与设备,德国称为建筑机械与装置,俄罗斯称为建筑与筑路机械,日本称为建设机械。我国工程机械行业的产品范围涵盖了包括挖掘机械、铲土运输机械、起重运输机械、压实机械、桩工机械、路面机械、水泥混凝土机械、凿岩机械、铁路路线机械等在内的18大类产品。

液压传动所具有的一系列优点,可以大幅度地提高工程机械的性能和自动化程度,因此,液压传动不仅在工程机械上的工作装置已被普遍采用,而且许多工程机械的行走装置也采用液压传动而成为全液压式的工程机械,如全液压单斗挖掘机、稳定土拌和机、振动压路机、摊铺机等。

本章比较详细地分析了应用范围广泛,具有一定的代表性,与公路交通建设、城市建设、国防建设等密切相关的几类工程机械,如轮式装载机、单斗挖掘机、振动压路机、自行式起重机、摊铺机以及其他常见的施工机械的液压系统。

3.1　轮式装载机液压系统

3.1.1　概述

装载机是一种作业效率高、机动灵活、用途广泛的工程机械。它不仅对松散的堆积物料可进行装、运、卸作业,还可对岩石、硬土进行轻度铲掘作业,并能进行清理、刮平场地以及牵引等作业。如果换装相应的工作装置后,还可以完成推土、挖土、松土、起重以及装载棒料等工作。在道路、特别是在高等级公路施工中,装载机用于路基工程的填挖、沥青混合料和水泥混凝土料场的集料与装料等作业。由于装载机具有作业速度快、效率高、机动性好、操作轻便等优点,因此被广泛用于建筑、矿山、道路、水电和国防建设等国民经济各个部门,成为工程机械的主要机种之一。

装载机根据行走机构不同可分为轮胎式和履带式两种。轮式装载机一般由车架、动力传动系统、行走机构、工作装置、转向系统、液压系统和操纵系统组成。发动机的动力经变矩器传给变速器,再由变速器把动力经传动轴分别传到前、后桥以驱动车轮转动。发动机的动力还经过分动箱驱动液压泵工作。工作装置是由动臂、铲斗、杠杆系统、动臂液压缸和铲斗液压缸等组成。动臂一端铰接在车架上,另一端安装了铲斗,动臂的升降由动臂液压缸驱动。铲斗的翻转则由铲斗液压缸通过杠杆系统来驱动。车架由前后两部分组成,中间用铰销连接,依靠转向液压缸使前后车架绕铰销相对转动,以实现转向。

装载机按铲斗的额定载质量可分为：小型（ <1t）、轻型（1 ~ 3t）、中型（4 ~ 8t）、重型（ >10t）。轻、中型轮式装载机主要用于工程施工和装卸作业，要求机动性好，能适应多种作业要求。因而一般常配有可更换的多种作业装置。重型轮式装载机主要用于矿山、采石场的铲掘、装卸作业。由于作业条件恶劣，要求装载机具有更高的结构强度和可靠性。小型装载机小巧灵活，配上多种工作装置，主要用于城市、农村的多种作业。

一般轮式装载机的工作装置及转向系统采用液压传动，而行走系统则采用机械传动。但有些用于矿井、坑道作业，特殊的小型轮式装载机采用液压行走装置，成为全液压装载机。

根据规定，装载机型号中的第一个字母 Z 表示装载机，第二个字母 L 表示行走装置是轮胎式，随后标出装载机的额定载质量（t），如 ZL50 即表示 ZL 系列轮式装载机，其额定载质量为 5t。

轮式装载机的基本动作是：将铲斗插入物料，向后翻转铲斗（将铲斗装满），保持载荷并提升到一定高度，将载荷运送到指定地点倾卸，再回到装料处，如此循环作业。铲斗翻转和起升是由铲斗液压缸和动臂液压缸通过四杆机构的配合完成的。

由上述基本动作可见，铲斗缸与动臂缸不需要复合动作，但要保证铲斗缸优先动作，且铲斗缸动作时动臂缸不能动作，这就保证了铲装及举升到一定高度时才可以卸料。

由于铲斗缸与动臂缸之间是通过四杆机构连接在一起的，当动臂缸运动时，会使铲斗缸活塞受牵连而运动，因而应在铲斗缸的大小腔油路上设置过载补油回路。

装载机的工作特点是作业周期短、动作灵活，因而转向频繁。特别是随着装载机的日趋大型化，人力转向几乎是无法实现的，提高转向系统的操纵性能便成为提高装载机生产率的重要问题之一。目前轮式装载机全都采用液压转向。在液压转向系统中，应考虑如下问题：必须保证转向油路有稳定的流量，不受发动机转速变化的影响；转向的控制必须是位置伺服系统，其输入量是转向器的转角，输出量是车体的摆角，是一个机械—液压位置伺服系统，其反馈机构由机械反馈系统构成。

3.1.2 ZL50 装载机液压系统

ZL50 装载机的发动机功率为 150kW，工作装置液压回路的设定压力为 15MPa，过载阀设定压力为 18MPa，转向回路的设定压力为 10MPa。

图 3-1 是 ZL50 装载机液压系统原理图，由液压油源回路、工作装置回路及转向回路三部分构成。

1）液压油源回路

该系统的液压油源由三台定量液压泵和一个流量控制阀构成。其中液压泵 A 为驱动工作装置的主泵，液压泵 C 为转向泵，液压泵 B 称为辅助泵。液压泵 B 既可以向工作装置供油，也可以向转向回路供油。

当发动机转速比较低时，转向液压泵 C 的流量降低，则节流孔 D、E 的压差较小，不足以克服流量控制阀主阀芯右侧的弹簧力，因而主阀芯处于右位工作，此时由液压泵 C 和液压泵 B 共同向转向回路供油，保证转向回路有足够的流量。

当发动机转速提高到某一设计转速时，两节流孔 D、E 的压差足以克服流量控制阀主阀芯右侧的弹簧预紧力，则主阀芯处于中位工作。这时辅助液压泵 B 同时向转向回路和工作装置回路供油,既保证一定的转向速度(但不使转向速度加快),又能提高工作装置的速度,以提高生产率。

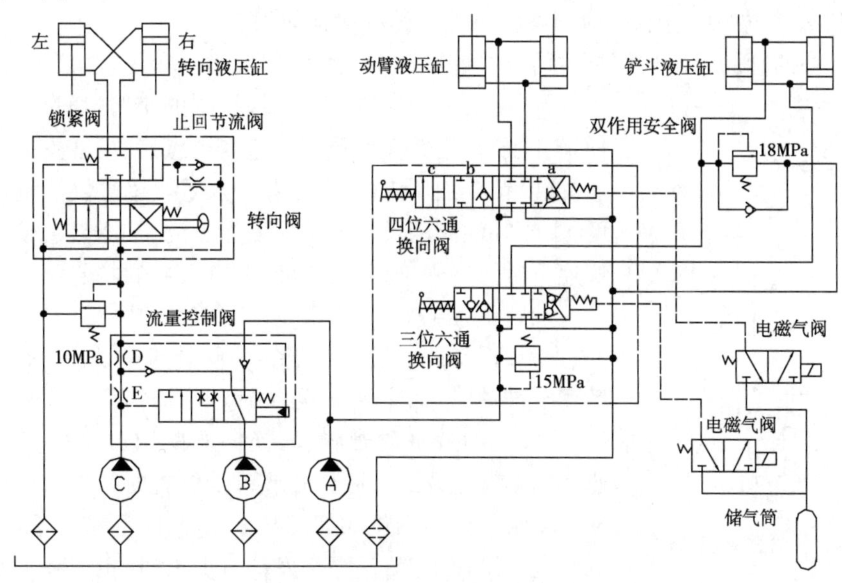

图 3-1 ZL50 装载机液压系统

A-主泵;B-辅助泵;C-转向泵;D、E-固定节流孔

当发动机转速进一步提高,达到某一设定的高转速时,节流孔 D、E 所造成的压差完全克服流量控制阀主阀芯右侧的弹簧力,将主阀芯推至左位工作。此时,转向回路仅由转向液压泵 C 供油,辅助液压泵 B 和主液压泵 A 合流向工作装置供油,以提高工作装置的生产率。发动机转速超过此设定转速时,转向油路所需流量仅由转向液压泵 C 提供,但随着发动机转速的提高,C 液压泵流量增大,转向速度加快。但此工况较少出现,因为发动机高转速时转向很危险。

由于该系统的液压油源回路中采用了流量控制阀,使转向系统的流量受发动机转速变化的影响不大,保证了转向灵活、平稳的要求。该流量控制阀也被称为双液压泵单路稳流阀。

2)工作装置回路

ZL50 装载机工作装置回路采用顺序单动回路,铲斗液压缸在前,动臂液压缸在后,构成顺序互锁,即铲斗液压缸动作完成后,动臂液压缸才能动作,这就保证了铲装及举升都有足够大的推力。

铲斗液压缸由手动三位六通换向阀控制,具有上转、锁紧、下转三个动作,并设有限位机构。当铲斗在高处倾翻卸料完毕后,操纵换向阀使铲斗上转到一定位置时,气动系统的二位三通电磁气阀动作,接通气路,压缩空气进入三位六通手动换向阀顶开弹跳定位钢球,阀芯在弹簧力作用下回到中位,使铲斗自动限位。这个位置能使铲斗随动臂下降到停机面时刚好处于水平位置,无须再调平。

由于铲斗液压缸与动臂液压缸是通过四杆机构配合动作的,所以在动臂液压缸升降过程中,铲斗液压缸的连杆机构由于动作的不协调而受到某种程度的牵连,铲斗液压缸的活塞杆有被拉出(或压进)的可能(此时铲斗液压缸的三位六通换向阀处于中位)。为了防止铲斗液压缸的过载或吸空,本系统在铲斗液压缸的小腔设置了过载补油阀。应该指出,小腔过载(受压)则大腔被吸空,因此,应当在大小腔均设过载补油阀。

该过载补油阀的另一作用是可使铲斗液压缸实现“撞斗”动作,如图3-2所示。

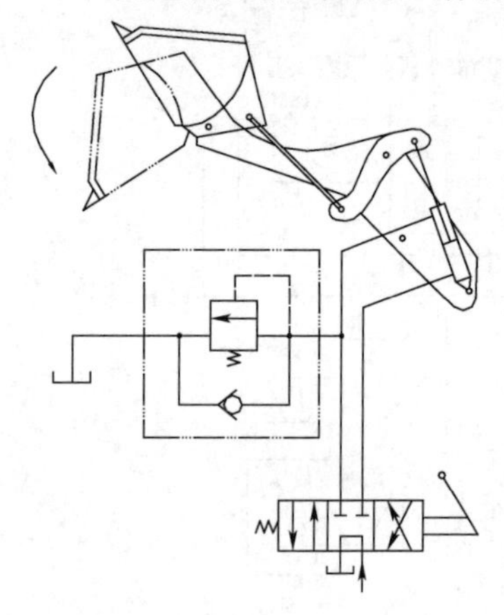

图3-2 利用补油阀浮动回路

卸料时,压力油进入铲斗液压缸的小腔,通过摇臂和推杆使铲斗翻转,当铲斗的重心越过铰支点后,便在重力作用下加速翻转,铲斗液压缸的运动速度会逐渐超过供油量控制的速度,由于补油阀能及时向铲斗液压缸的小腔补油,使铲斗可以快速下翻撞击限位挡块,以便将斗内的剩料振落。

动臂液压缸由手动四位六通换向阀控制,实现提升、锁紧、下降、浮动四种功能。当四位阀处于中位(图示位置)时,动臂缸被锁紧,而主液压泵卸荷。若将四位阀换向至a或b位,可实现动臂缸的升降,靠换向阀阀口开度来实现节流调速。当动臂上升到最高位置或最低位置时都能由电磁气阀实现自动限位。当四位阀换向至c位时,动臂缸处于浮动状态,以便空斗迅速下降,甚至在发动机熄灭时,也能降下空斗。此外,在坚硬地面上铲取物料或刮平作业时也需要浮动工位。

多路换向阀内部止回阀的作用是为了防止换向阀在换向过程中阀前压力瞬时过高。换向阀的轴向尺寸链常采用正开口(负遮盖),即开口量大于封油长度。要提升动臂(或铲斗)时,当阀芯移动距离小于开口量,大于封油长度时,阀的四个油口全通。因为动臂液压缸下腔承受很大的负载,故有很高的油压(铲斗液压缸大小腔都可能承受较大的负载),这时液压缸下腔的液压油便可能倒流回油箱,于是动臂不但不上升,反而下降,只有当阀芯移动距离超过开口量,进油口与回油口的通道才能被切断,从进油口进入阀的油才会进入动臂液压缸下腔,动臂才开始上升。这种由于换向阀采用正开口的尺寸链,在其换向过程中造成动臂瞬时下降然后才升起的现象,称为“点头”现象。要想克服这种现象应在进油路上设置进油止回阀。回油路上的止回阀是起背压作用,减小冲击。

3)转向回路

一般液压转向系统可分为常流系统和常压系统。

转向系统中供油流量不变的称为常流系统。在常流系统中如果液压泵输出的流量超过转向所需要的流量,则多余的油经溢流阀返回油箱,这时有功率损失。当转向阀处于中位时,液压泵输出的油通过转向阀的中位回油箱卸荷。常流系统的特点是结构简单、成本低,如果设计合理可使功率损失减小,并能获得良好的转向性能,是工程机械上广泛采用的一种形式。

与常流系统对应的还有常压系统即液压系统压力为恒定值,一般可采用定量泵—蓄能器系统获得常压,由于采用蓄能器,价格比常流系统要高,蓄能器在整车布置上也困难,使用中隔一定时间还要充一次氮气,也比较麻烦。所以常压系统不如常流系统应用广泛。

对常流转向系统的要求是:不管转向条件如何变化,液压转向机构应具有稳定的动力特性和速度特性;转向液压缸行程与转向盘转角要成比例;另外,还应保证转向速度恒定,为此要求供油量也应恒定。工程机械上液压转向系统多采用定量液压泵供油，而驱动液压泵的发动机转速在工作过程中变化很大，因此液压泵的输出流量也随之变化。如果在发动机低转速时保证足够的供油量，则在高转速时将造成供油量过大。为解决这个矛盾，保证有效、稳定的转向速度，在液压转向系统中可设置稳流阀。它的作用是保证工作过程中供给转向系统的流量能保持稳定，即转向系统获得的流量不因发动机的转速或道路阻力的变化而变化。常流液压转向系统可分为独立式转向回路和组合式转向回路两类。

(1)独立式转向回路。转向回路和工作回路分别由两个定量液压泵供油，组成两个独立的回路。若转向回路所需要的理想流量为 Q，转向液压泵输出流量只在一个点上满足要求，如图 3-3 所示。当发动机在高转速和低转速时，输出流量对理想流量的变化率较大。发动机转速超过 1200r/min，转向液压泵输出流量的多余部分通过流量控制阀流回油箱，这就造成了功率损失。为了使在发动机低转速时也能供应转向所需的流量，就要采用一个很大的转向泵，发动机高转速时损失的能量就更大。

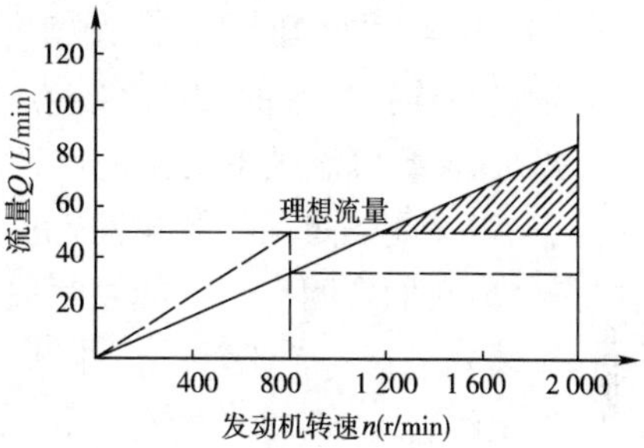

图 3-3 独立式转向回路流量特性

转向回路首先要求转向流量不随发动机转速的变化而变化，即流入转向阀的流量要和转向阀的位移量(转向盘的旋转角度)成比例。

为了在发动机所有转速范围内都得到一定流量，而采用流量控制阀。图 3-4 是工程机械采用的转向齿轮液压泵，它是由齿轮液压泵和稳流安全阀组成。

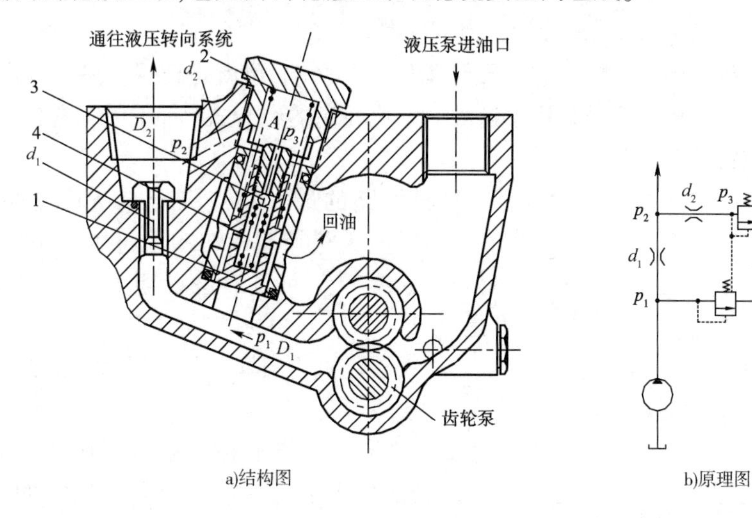

图 3-4 转向齿轮液压泵

1-主阀芯；2、4-弹簧；3-小钢球；d_1、d_2-节流小孔

当发动机转速升高时，液压泵流量增大。但油液受稳流阀小孔 d_1 的节流限制，进口压力升高，造成 D_1、D_2 腔之间的压力差，当这个压力差 $\Delta p = p_1 - p_2$ 达到某一设定值时，稳流安全阀的主阀芯 1 克服弹簧 2 的预压紧力而产生移动，使 D_1 腔和回油腔接通，使液压泵排出一部分油液流回油箱，从而保证转向机构获得的流量为一定值。

稳流安全阀的另一个作用是保证转向液压系统中压力不超过某一调定值。当压力 p_2

超过此值时，稳流安全阀 A 腔中的压力将克服弹簧 4 的作用力，推开小钢球 3，使 D_2 腔和回油腔接通，于是压力下降，保证了系统的安全。

当道路阻力增大时，即载荷增大，压力 p_2 升高，p_1-p_2 将有减小的趋势。通过小孔 d_1 的流量也将要减小，如果供油量不变，相应地在进油处 p_1 压力升高，使其趋于分流，但在 p_2 增高时，相应 p_3 也增高，这样作用在主阀芯 1 上的液压力加上弹簧 2 的作用力将增大，使分流趋势减小，p_1 和 p_2 建立新的平衡，Δp 还是基本不变，则通过的流量也不变。这样可使转向性能比较完善，但是能量损失较大，适合于小型装载机转向回路。

（2）组合式转向回路。所谓组合式转向回路就是将工作回路和转向回路通过流量控制阀与辅助泵连接起来的液压系统。

ZL50 装载机液压系统就是这种组合式回路。它的主要优点是可获得比较完善的转向性能，同时又能满足工作装置性能的要求。大型装载机中两个性质不同的回路之所以能组合，是因为它们之间有下列的相互关系：

①装载机在一个正常的作业循环中，工作装置的高负荷和转向回路的高负荷通常不是同时发生的；

②发动机在高转速时，工作装置输出大的功率，即工作装置的高负荷发生在发动机高转速范围内；

③发动机在所有转速范围内，要满足转向机构输出大的功率，即转向系统的高负荷发生在发动机的整个转速范围内；

④发动机在高转速时，同时需要大的牵引力和大的工作装置输出功率，即高的牵引力和高的工作装置负荷是在发动机最大的转速下同时发生的。

在发动机所有的转速范围内，转向要不受转速的影响，也就是要保证进入转向阀的流量不受转速的影响。ZL50 装载机采用了这种效率比较高的组合式转向回路（图 3-1）。图 3-5 为发动机转速和各回路流量关系图。

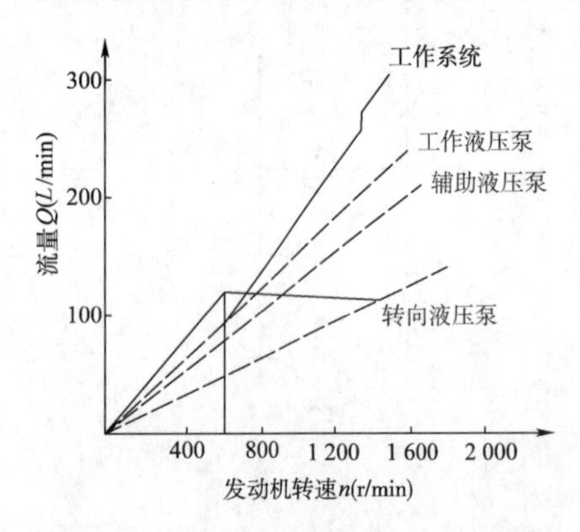

图 3-5　发动机转速与各回路流量关系图

这种回路的最大特点在于流量控制阀。根据发动机的转速，流量控制阀自动地将辅助泵的流量供给转向回路或工作回路。这种组合式液压系统的优点是：

①在发动机全部转速范围内，转向速度近于恒定；

②工作装置在作业范围内，并无速度损失；

③全部液压泵的总输出流量比通常的要小，提高了转向性能，又减少了发热量；

④可以采用较小和更经济的液压泵；

⑤因所需的液压总功率比非组合式（独立式油路）小，故改善了整机性能。

图 3-6 为铰接式装载机转向机构的布置形式。轮式装载机一般都采用此种转向机构。铰接式的结构特点是把车体分成前后车架，用中心销轴和两个液压缸连接前后车架。两侧液压缸伸缩，则前后车架以中心销为中心折腰转向。与刚性车架的后轮转向方式相比较，铰

接折腰转向有如下优点：

①在轴距长、轮距宽的情况下，可使转弯半径小，转弯灵活；

②转向时因前后轮在同一轨迹上，行使阻力小，因此即使在松软的土地上也能获得较大的牵引力；

③装载机的铲斗部分，就地可以屈折，因此允许装载与卸载的位置有一些变化，使装卸作业周期时间缩短；

④装载机因车体折腰使铲斗左右摆动，铲装物料均匀。

从图3-6转向机构布置可看出，这种铰接式装载机，特别是大型装载机，转向机与转向阀不组装在一起，而做成独立结构。这是因为大型装载机转向油路流量大，转向阀结构比较复杂，而且独立结构也便于布置。

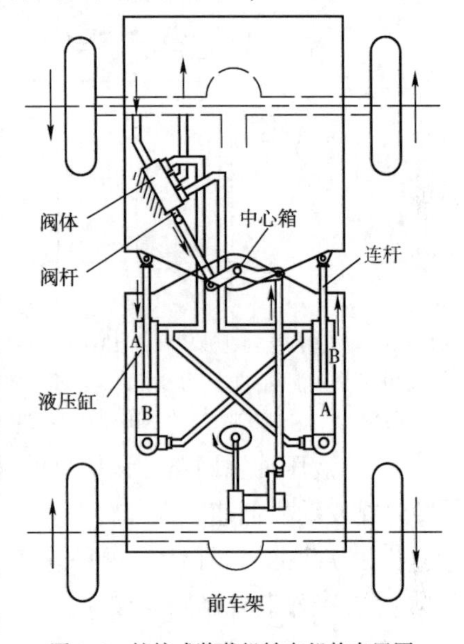

图3-6 铰接式装载机转向机构布置图

转向盘到转向阀的连杆安装在前车架，转向阀固定在后车架。当转向盘向右旋转时，连杆沿箭头方向运动，拉出转向滑阀，压力油流入转向缸A腔，从B腔回油箱。于是前后车架绕中心销为轴向右偏转，同时使得转向阀的阀体向阀芯被拉出方向移动，当阀体移动的距离和阀芯被拉出的距离相等时，则转向阀回到中位。即阀体跟随阀芯运动，最终保持中位状态。前后车架的偏转至转向阀芯恢复中位时停止。此时车架转角为转向盘转动停止时的相应角度。

这种装载机当液压系统发生故障时，没有备用的手动转向装置，因此液压系统发生故障时转向操纵就会失灵。对大型装载机来说手动转向非常困难，因此也不采用。

ZL50装载机转向阀滑阀中位机能为“H”型，中位时可使转向泵卸荷，减少功率损失。由于铰接式装载机质量大并且阻力较小，受外力干扰时容易产生振动或摆头。为防止这一现象的发生，在转向系统中采用锁紧阀（图3-1）。当转向阀在中位时锁紧阀封闭转向液压缸的两个油口，因此车体不会因外力自由摆动。转向阀阀芯离开中位时，锁紧阀阀芯移动要快，不能影响转向的反应速度，而锁紧阀阀芯复位时要缓慢，以避免因封闭过快而造成冲击。因此，在锁紧阀的控制油路上装有止回节流阀，在转向阀离开中位要求转向时，压力油通过止回阀迅速推动锁紧阀左移接通转向油路，回位时锁紧阀右端的油液只能通过节流孔回油箱，限制锁紧阀的复位速度。此时装载机的转角与转向盘的转角相一致，并被锁紧，车辆按一定的转弯半径行驶。当向相反方向转动并以相同角度转动转向盘时，车辆又恢复直线行驶。

3.1.3 2.8m³ 斗容量轮式装载机液压系统

该机型的载质量为5t，发动机功率为150kW，与ZL50相当。图3-7是该机的液压系统原理图，为开式多泵定量液压系统。

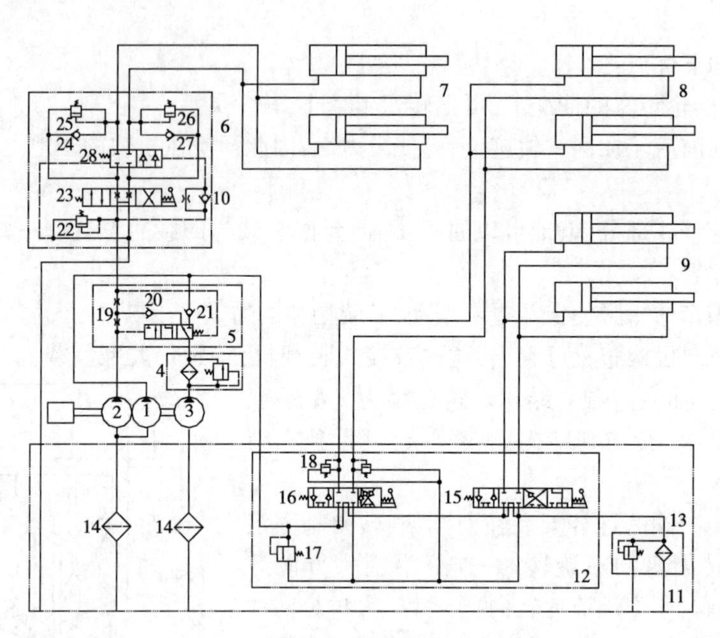

图 3-7　某 2.8m³ 装载机液压系统图

1、2、3-工作、转向、辅助液压泵；4、13-细滤油装置；5-双液压泵单路稳流阀；6-转向控制阀组；7、8、9-转向、铲斗、动臂液压缸；10-止回节流阀；11-压力油箱；12-多路换向阀组；14-粗滤油器；15-动臂换向阀；16-铲斗换向阀；19-节流阀；17、22-溢流阀；18、25、26-过载阀；23-转向阀；20、21、24、27-止回阀；28-锁紧阀

(1)液压油源回路。该机型的液压油源与 ZL50 一样，有三个齿轮泵，设有双泵单路稳流阀 5，在发动机低速时保证转向系统有足够的流量。与 ZL50 不同之处是采用了压力油箱，充气压力为 0.05～0.15MPa，可提高液压泵的自吸性能，降低噪声和振动。

(2)工作装置回路。该回路中溢流阀 17 的调定值为 17.5MPa，过载阀 18 的调定值为 12MPa。在铲斗液压缸 8 的大、小腔与换向阀之间均设有过载阀，将真空补油止回阀设在铲斗换向阀 16 的右位中，而不是像 ZL50 那样使用双作用安全阀。工作装置回路其余的地方与 ZL50 的完全相同。

(3)转向回路。该机型的转向回路与 ZL50 一样，都是采用组合式转向油路。与 ZL50 的区别是在转向控制阀组 6 中增设了两个过载阀 25、26 和止回阀 24、27。锁紧阀 28 的右位与 ZL50 的也不相同。转向阀 23 具有节流阻尼作用的 H 型滑阀机能与过载阀 25、26 配合，保证在直线行驶时，两侧车轮遇到不平衡阻力时，转向机构能随路面不同阻力情况而作适应性的弹性微量调整。锁紧阀 28 主要有两个作用，一是当转向阀 23 在中位时，锁紧转向液压缸；二是当转向阀 23 工作时，接通液压缸的回油通路。过载阀 25、26 是转向液压缸两腔的过载安全阀。

3.1.4　ZL90 装载机液压系统

该装载机斗容量为 5m³，发动机功率为 294kW。图 3-8 为 ZL90 装载机液压系统，该系统的液压泵源是三个 CB-G 型齿轮液压泵，包括工作装置和转向两个液压回路。

该系统的油源部分与转向回路与 ZL50 的基本相同，工作装置回路与 ZL50 的区别之处如下。

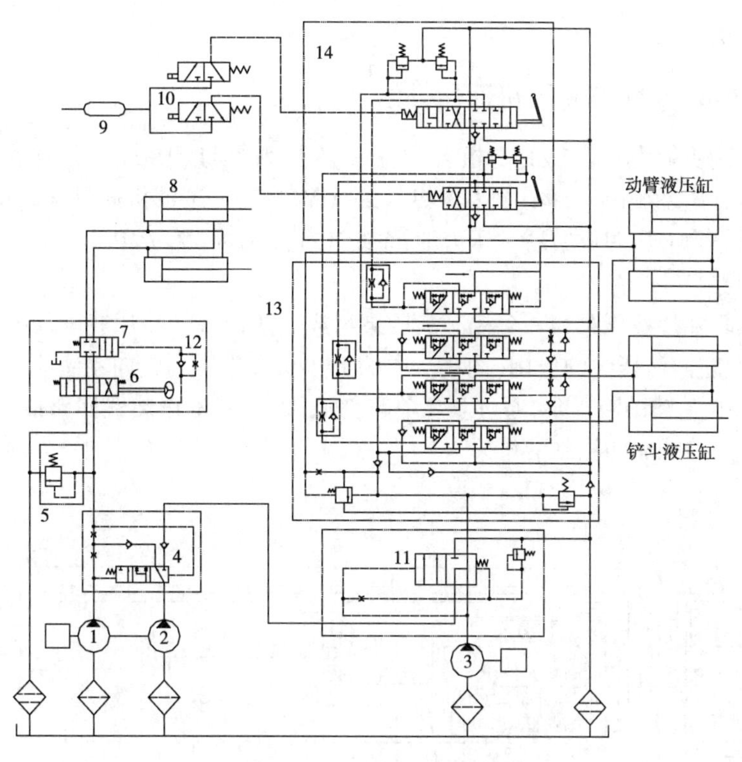

图 3-8　ZL90 装载机液压系统图

1-转向液压泵；2-辅助液压泵；3-工作液压泵；4-双液压泵单路稳流阀；5-溢流阀；6-转向阀；7-锁紧阀；8-转向液压缸；9-储气罐；10-电磁气阀；11-卸荷阀；12-止回节流阀；13-液控多路换向阀；14-换向阀式先导控制阀

(1)采用先导控制换向阀：该系统的多路换向阀采用先导控制。随着轮式装载机的大型化，液压系统也朝着有高压、大流量方面发展，使用杠杆直接操纵多路换向阀就显得吃力了，而且随着流量的增大，管道很难布置在驾驶室附近恰当的位置，于是便产生了手动先导控制形式。由于采用先导控制，多路换向阀就可以布置在液压缸附近的适当位置上，减少管路长度，降低压力损失。先导阀设计得合适，又可改善多路换向阀的调速性能，操纵轻便省力，改善了操作人员的劳动条件。

该系统采用换向阀式先导控制阀，每个先导阀控制两个液控换向阀，操纵动臂液压缸和铲斗液压缸动作。两个先导阀也是连接成顺序单动回路，铲斗操纵阀在前，动臂操纵阀在后，这样保证了铲斗液压缸可优先动作。两个先导阀的中位机能和各工位的通路关系与 ZL50 中的手动换向阀基本一致。

(2)工作泵出口处设置卸荷阀：当系统压力低于 12MPa 时，卸荷阀 11 处于图示状态，辅助液压泵 2 与工作液压泵 3 同时向工作系统供油，以加快工作装置的作业速度，缩短循环时间，提高生产率。当系统压力超过 12MPa 时，卸荷阀切断辅助液压泵向工作装置供油的通路，使之卸荷，将功率转移到装载机切入运动所需的功率上，以增加铲切牵引力。该系统为组合回路，依靠在工作过程中切换液压泵的个数来改变供油量，它可以随系统中压力变化自动进行有级调速。即在压力低于卸荷阀的调整压力时，两个液压泵合流同时向工作装置系统供油，当压力超过卸荷阀的调整压力时，卸荷阀动作使辅助液压泵 2 接通油箱卸荷，只剩工作液压泵供油，流量减少。达到轻载低压大流量、重载高压小流量的目的，能够更合理地使用发动机的功率。

3.1.5 5m³ 斗容量装载机液压系统

该机型的载质量为9t，与ZL90相当，但它的液压系统与ZL90有所不同，图3-9为该机的液压系统图。该系统由一台功率为309kW的GM12V7IN柴油机通过分动箱，带动两台双联叶片液压泵作为液压源供给系统压力油，系统工作压力为17.5MPa。

1)油源回路

由两台双联叶片液压泵和一台控制液压泵组成。两台双联叶片液压泵中各有一联给转向系统供油，起转向液压泵的作用(图3-9中的17、19合流后到转向系统)。18是工作装置的主液压泵。20是辅助液压泵，通过双泵单路稳流阀15向工作装置回路或转向回路供油。23为供油压力2.5MPa的控制液压泵。

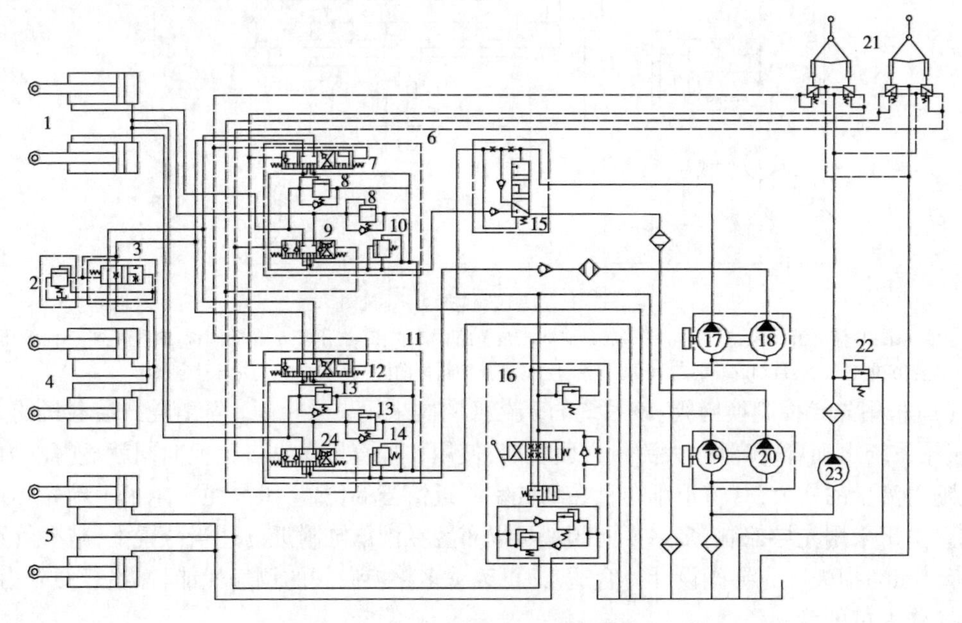

图3-9 斗容量5m³装载机液压系统图

1-铲斗液压缸；2-卸荷阀；3-快速下降阀；4-动臂液压缸；5-转向液压缸；6、11-多路换向阀组；7、12-动臂换向阀；8、13-双作用安全阀；9、24-铲斗换向阀；10、14、22-溢流阀；15-双泵单路稳流阀；、16-转向控制阀组；17、19-转向液压泵；18-工作液压泵；20-辅助液压泵；21-减压式先导阀；23-控制液压泵

2)工作装置回路

工作装置回路的特点是：

①用减压阀式先导阀操纵多路换向阀动作，每个减压阀式先导阀控制两个完全相同的双联多路换向阀组6和11中的一联；

②多路换向阀组6、11中的两联换向阀是按顺序单动回路连接的；

③工作装置回路主液压泵18的压力油由多路阀组11控制，辅助液压泵20的压力油由多路阀组6控制，两个回路的压力油在进入相应的液压缸之前在油管内合流，即阀外合流；

④在该系统动臂液压缸回路中串联一个快速下降阀3及卸荷阀2，目的是缩短工作循环时间，提高生产率，使铲斗轻载或空载时能快速下降，但不能损坏动臂液压缸，所以另外装有

卸荷阀,保证铲斗在大载荷时能以正常速度下降。

铲斗轻载时,快速下降阀动作如图 3-10 所示。铲斗载荷小时,动臂下降时动臂液压缸下腔的排油压力小,与动臂液压缸下腔相通的卸荷阀控制口受到的压力也小。该压力产生向上的推力小于卸荷阀芯上端弹簧向下的压力,所以卸荷阀芯处于最下端位置(图示位置),切断了卸荷阀的入口与出口。这时动臂液压缸下腔排出的油流入 A 腔并从 A 腔流入 C 腔,自 C 腔与多路换向阀相通返回油箱。在从 A 腔向 C 腔流动时,油流经环形节流缝隙产生一定的压力损失,并通过小孔 d 进入 H 腔作用于阀芯上端。同时 A 腔的油通过中心孔进入 G 腔,使阀芯受向上的推力。当 G 腔与 H 腔压力差大于上端弹簧力时,阀芯被推到上端极限位置(图示位置)。使 A 腔与 B 腔相通,动臂缸下腔的回油可直接返回上腔,构成了短路循环,使动臂得以快速下降而不会产生供油不足的问题。这对大型装载机来说是很重要的,装载机铲斗轻载,特别是空斗下降最频繁,因为大型装载机往往与大型自卸载货车配合使用,卸物料的动臂要提升到一定高度或最高高度,卸完物料后快速下降动臂,有利于缩短循环时间,提高生产率。

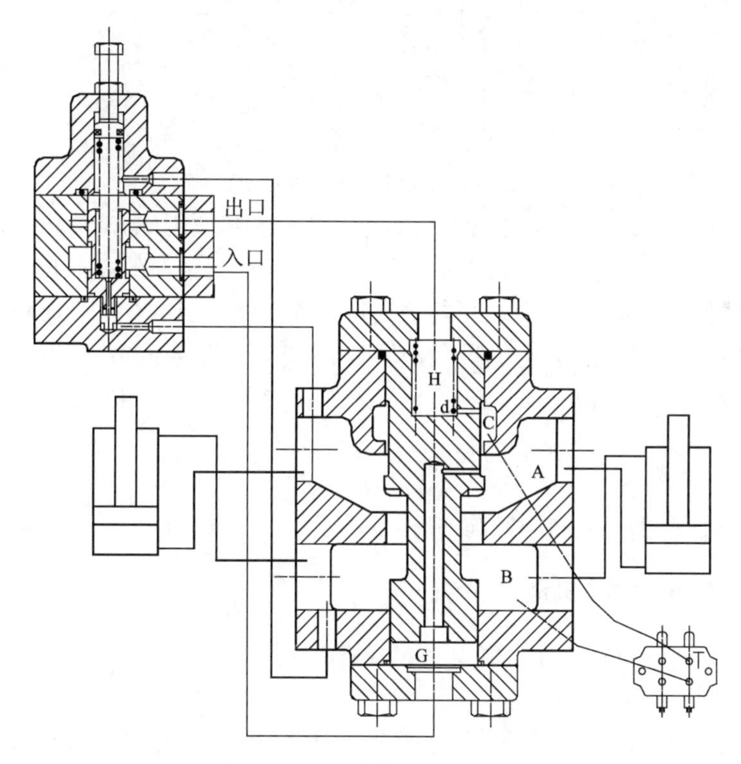

图 3-10 铲斗轻载时快速下降阀动作原理

铲斗重载时,快速下降阀动作原理如图 3-11 所示。铲斗重载时,动臂液压缸下腔排油压力也大,卸荷阀控制口受到较大的压力,卸荷阀芯下端向上产生的推力大于上端弹簧压力使卸荷阀芯被推到上端位置(图 3-11 所示位置),使卸荷阀的入口与出口相通。将 A 腔的压力油通过 G 腔经卸荷阀的入口和出口,进入 H 腔与弹簧一起推压快速下降阀芯向下移动(图 3-11 所示位置),切断 A 腔和 B 腔的通道。这时动臂液压缸下腔的回路线是:A 腔→C 腔→多路换向阀→油箱。因此可得到与不带快速下降阀相同的下降速度。

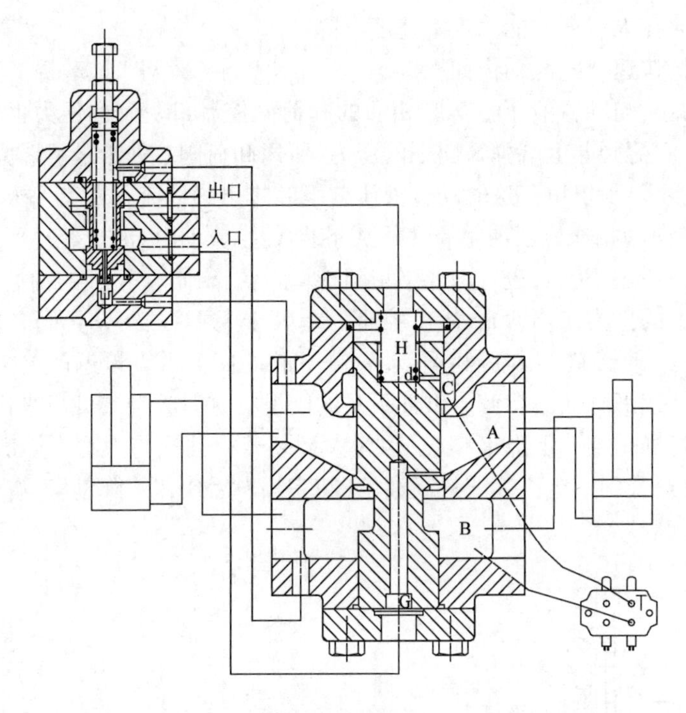

图 3-11　铲斗重载时快速下降阀动作原理

从上面的分析可知,这套机构只是在动臂下降时才起作用,当动臂提升时则无效。即实现重载慢降,轻载快降。需要注意的是,这套机构是根据铲斗的载荷自动调节动臂下降的速度,不需要操作人员干预,否则可能会适得其反。例如当空斗下降时踩下发动机加速踏板会使速度反而变慢,这是因为踩下发动机加速踏板使油泵的流量增加,以至超过动臂下降所需的流量,使动臂液压缸下腔来不及排油而导致压力升高,造成快速下降阀不起作用。

3)转向系统

与 ZL90 基本相同,只是在锁紧阀的后面多了两个止回阀和两个过载阀。

3.1.6　ZL100 装载机液压系统

该装载机斗容量为 $6m^3$,图 3-12 为该装载机的液压系统图。

1)油源回路

该系统的油源由两个工作主液压泵、两个转向液压泵和一个辅助液压泵组成。工作油路的两个主液压泵 A、B 由液控卸荷阀 3 操纵,可单独或合流向工作油路供油。液控卸荷阀 3 的动作由卸荷先导阀 1 控制。在图 3-12 所示位置主液压泵 A、B 为合流状态。当按下卸荷先导阀 1 时,液控卸荷阀 3 的控制油路与回油路接通,该阀左、右两端的控制油液通过节流孔 f 产生压力差,当压力差达到能克服右端弹簧力时,推动阀芯右移,液控卸荷阀 3 处于左位工作,主液压泵 A 向工作油路供油,主液压泵 B 卸荷,实现低压高速时大流量、高压低速时小流量。加上辅助液压泵 E 参与向工作油路供油,该工作油路可获得三种速度。再配合发动机节气门的调节和改变换向阀开度的大小,可大大地增加其调速范围。

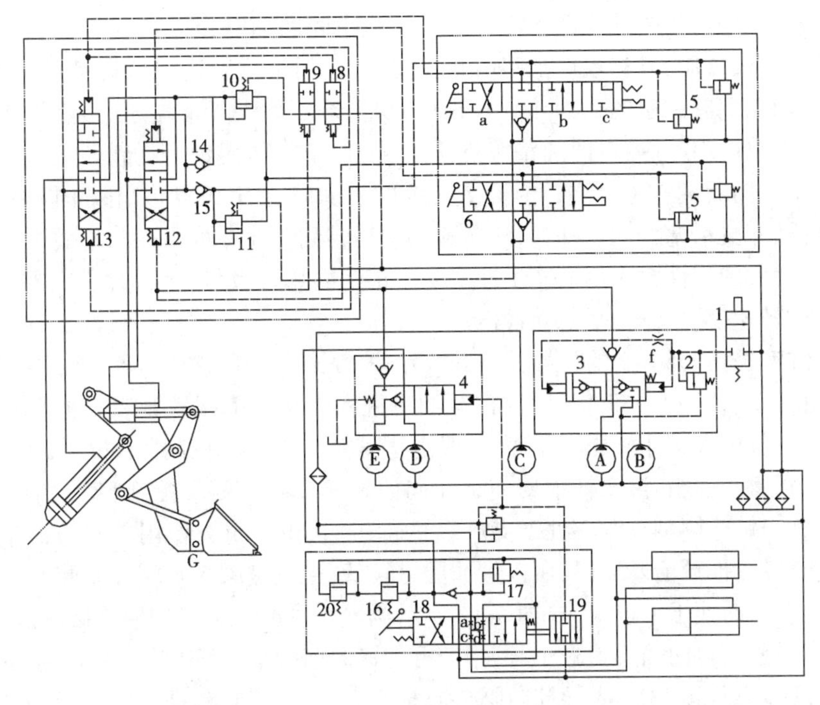

图 3-12　ZL100 装载机液压系统图

1-卸荷先导阀；2、11、16、17、20-溢流阀；3-液控卸荷阀；4-流量分配阀；双泵单路稳流阀；5-过载阀；6、7-换向阀式先导控制阀；8、9-液控阀；10-背压阀（远控溢流阀）；12-铲斗缸液控换向阀；13-动臂缸液控换向阀；14、15-止回阀；18-转向阀；19-流量分配先导阀；A、B-工作液压泵；C、D-转向液压泵；E-辅助液压泵

该系统中辅助液压泵的工作状况与 ZL90 装载机系统中的不同。ZL90 装载机辅助液压泵在发动机低、中速不转向时也向转向油路供油，而 ZL100 装载机只要停止转向，辅助液压泵就立即停止向转向油路供油。流量分配先导阀 19 切断流量分配阀 4 右端的控制油路与回油路的连接，流量分配阀 4 在右端控制油压力的推动下向左移动，右位工作，辅助液压泵向工作油路供油。

2）工作装置回路

该系统功率大，压力较高，流量较大，操纵费力。为减轻操纵力，改善调速性能以及便于布置，该装载机同其他大型装载机一样也采用先导控制多路换向阀，这里采用的是换向阀式先导控制阀。

先导阀的进油口与溢流阀 11 的远控口相接，当换向阀式先导控制阀 6、7 处于中位时（图 3-12 所示状态），溢流阀 11 远控口通油箱，起卸荷阀的作用，工作液压泵 A 与 B 卸荷（压力很低），减少功率损失和系统发热。

铲斗缸液控换向阀 12 的先导控制阀 6 处于右位工作时，由溢流阀 11 远控口来的油通过阀 6 进入阀 12 的上端控制腔，使该阀阀芯向下移动，上位工作。此时主液压泵的压力油通过止回阀 15 经阀 12 进入铲斗液压缸大腔，推动活塞外伸通过摇臂使铲斗向后翻转。这是反转连杆机构，铲斗与摇臂的转动方向相反，其特点是铲斗铲掘物料时液压缸大腔进油，具有较大的铲掘力。铲斗液压缸小腔回油通过铲斗缸液控换向阀 12，经背压阀 10 回油箱。该回油同时作用于液控阀 9 的上端控制腔，阀 9 的下端控制腔油路与阀 12 的下端及油箱相通,阀9两端腔室压力均为低压但不相等。液压缸小腔回油需经过背压阀10,背压阀10实际上是一个远控溢流阀,其远控口油路由阀9控制,在图示位置远控口油路直通油箱,阀10即为卸荷阀,由于仍有一定的回油压力,所以阀9上端压力大于下端压力,使阀9向下移动处于上位工作,将阀10远控口回油路切断,所以背压阀10调定值即为铲斗液压缸小腔的回油背压值。铲斗向后翻转至其重心位于支点G的后面时,由于重力作用方向与铲斗转动方向一致,将使铲斗缸活塞杆加速外伸,愈转愈快。当转到铲斗斗口平面与地面平行而停止其转动时,由于较大的惯性力作用而产生冲击易使铲斗内物料撒落,而当有了一定的回油背压即可限制其翻转速度,使制动平稳无冲击。

当铲斗缸液控换向阀12的先导控制阀6左位工作时,控制油进入阀12的下端控制腔,使阀12向上移动,处于下位工作,同时控制油也进入阀9的下端控制腔。工作主液压泵的油通过阀12下位进入铲斗液压缸小腔,同时也进入阀9的上端控制腔。铲斗液压缸大腔的回油通过阀10返回油箱,活塞杆缩回使铲斗向前翻转。阀9两端控制腔都为压力油,但压力并不相等。当铲斗倾翻至重心处于支点G的前侧时,由于重力作用方向与铲斗转动方向一致,将加速转动,推动活塞缩回,所以进油压力较低,也就是阀9上端控制腔压力低于下端压力,该阀向上移动处于下位工作(图3-12所示位置)。阀10远控口油路接通油箱,处于卸荷状态,使铲斗缸大腔回油阻力减小,铲斗即可加速向前倾翻,易于抖落砂土(撞斗动作)。

动臂缸液控换向阀13的先导控制阀7处a位工作时,控制油进入阀13的下端控制腔,使阀13向上移动,处于下位工作。主液压泵的油进入动臂液压缸下腔,上腔的回油经阀10回油箱。液控阀8上端控制油路与阀13上端控制油路都接油箱回油。阀8下端控制油路与动臂液压缸上腔回油相通。阀8上下两端虽然都是回油,但压力并不相等,由于回油经阀10有一定背压,所以阀8下端压力大于上端压力,使其处于下位工作,阀10远控口接通回油路,背压阀10此时变成卸荷阀,动臂液压缸上腔回油阻力减小,有利于动臂提升。

当动臂缸液控换向阀13的先导控制阀7处于b位工作时,控制压力油进入阀13上端控制腔,同时进入阀8上端控制腔。主液压泵的油进入动臂液压缸上腔,与此同时该压力油进入阀8下端控制腔。阀8上下端都是压力油,由于下端与动臂液压缸上腔进油接通,活塞运动方向与动臂重力作用方向相同,所以上腔的进油压力很低。阀8下端压力将小于上端压力使阀8处于上位工作,切断阀10远控回油通路达到背压调定值,限制动臂下降速度,防止冲击。

动臂除了提升、下降和停止工况之外,还有一个浮动位置,主要实现方法是使动臂液压缸上下腔与回油以及进油均互通,所以,动臂先导阀与换向阀都是四位阀。动臂浮动位置可使装载机在铲推作业时,工作装置能随地面的状况自由浮动,这样可提高装载机的作业效率,也可实现动臂轻载或空斗时快速下降,缩短循环时间。

止回阀14为补油阀。当动臂下降时,由于自重方向与动臂下降方向一致,而使动臂下降速度愈来愈快,上腔所需进油量超过泵的额定流量时,动臂液压缸上腔可能出现“吸空”,使油发生汽化,外部空气也可能渗入,从而影响液压系统的正常工作。为避免出现“吸空”,设置了止回阀14,当上腔油压低于系统回路油压时,回油路的油推开止回补油阀14进入液压缸上腔。为克服“点头”现象设置了止回阀15,以阻止工作油口的油通过进油腔向回油口倒流。

液控阀8、9是用来控制背压阀10的,如上所述有的工况回油需背压,有的工况不需要背压。如果按一般液压系统设计只在回油路上装置一个背压阀,凡是回油都经背压阀节流这样就造成不应有的功率损失,使系统发热严重,特别是这种大型装载机流量很大尤为不利。为克服这一缺点 ZL100 液压系统的背压是可调节的。由工况性质自动控制背压,不需背压时该阀即为卸荷阀,回油压力很小。

由此可见该机的液压系统与前面几种机型的相比,功能更全面,性能更好。

3)转向回路

该机型的转向回路也与前面的介绍的几种机型不同。

ZL100 装载机转向机构布置见图 3-13。转向盘和转向阀固定在后车架,反馈连杆的一端 A 固定在前车架,当转向盘右向旋转时,反馈连杆通过转向连杆以 A 点为中心向右旋转,拉出转向阀的阀芯,这时液压油进入左缸后腔和右缸的前腔,结果左缸伸出右缸缩回,使前后车架以中心销为折腰偏转。其结果反馈连杆的 A 点也以中心销为轴向右回转,使连杆连接点 B 回到中心销的正上方,阀芯也向中立位置移动。移动的距离与拉出的距离相等。当停止转动转向盘时,B 点回到中心正上方,阀芯处于中立状态,车架停止偏转。

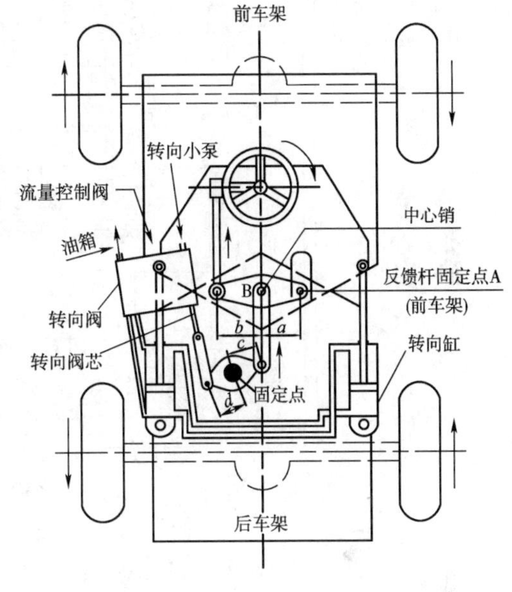

图 3-13　ZL-100 装载机转向机构布置图

前面分析了 ZL50 装载机利用流量控制阀的组合式转向油路,具有很好的转向操作性能。但在超大型的轮式装载机中,这种油路的操作性能和液压能的有效利用满足不了要求,此时要考虑前后车架惯性力的增加和大型轮胎的横向挠度,以及需要有效地利用图 3-5 所示的发动机低、中速不转向时流入转向油路的液压能。

为满足这一要求,ZL100 轮式装载机采用了另一种转向回路。该油路的特点是,转向阀阀芯的位移量和转向盘的转速成正比,与发动机的转速成反比。因此,辅助液压泵的输出油液流入工作油路和发动机转速无关,阀芯的位移量决定转向所需要的流量,只有在转向油路流量不足时,才用辅助液压泵全部或一部分油液进行补充。由于具有上述特点,能够有效地利用液压能,并具有良好的操纵特性。

图 3-14 为转向阀处于中位时的转向控制机构。转向有大小两个液压泵,其输出油分别通向转向阀的 P_1 和 P_2 口,大液压泵的输出油完全回到油箱。小液压泵的输出油是通过 a、b 和 c、d 节流孔对转向液压缸各出入口保持压力(见图 3-12 ZL100 装载机液压系统图),防止由于外力干扰产生的车体不稳。小液压泵的输出油的一部分进入压力调节阀,并作为控制压力油使流量分配阀阀芯 1 压缩弹簧向右侧移动,这样辅助液压泵输出的油全部供给工作油路。这时控制压力油被与转向阀阀芯 2 联动的流量分配阀的先导阀的阀芯 5 所封闭。当转动转向盘并使转向阀阀芯位移时,如果阀芯位移量小(转速慢或者开始转动),阀芯 2 尚未完全脱离中位,只有小泵输出的油流入液压缸,而当阀芯位移量大时,由于大泵输出的油回路箱的通路关闭,打开止回阀 3 和小泵的输出油合流进入转向液压缸。特别是阀芯的位移量更大(转向速度快)时,由流量分配阀的先导阀所封闭的控制压力油的压力开始下降。此

时流量分配阀的阀芯1在弹簧力作用下向左移动,辅助泵的输出油通过止回阀4和转向大泵的输出油合流供给转向油路。当控制压力油和油箱连通时,流量分配阀的阀芯向左移到极限位置,使辅助泵的输出油完全流入转向油路。由于用转向阀的阀芯位移来控制转向油路的供油量,因此和发动机转速无关。转向盘的旋转速度适应转向速度的要求,把所需要的流量供给转向油路。因此,转向油路就能有效地利用液压能。各油路的流量特性如图3-15所示。

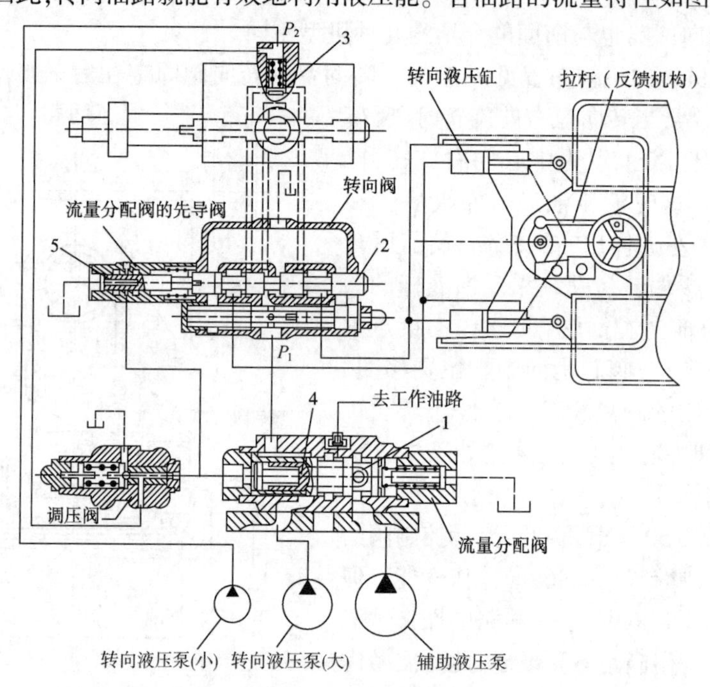

图3-14　转向控制机构

1-流量分配阀阀芯;2-转向阀阀芯;3、4-单向阀;5-流量分配先导阀阀芯

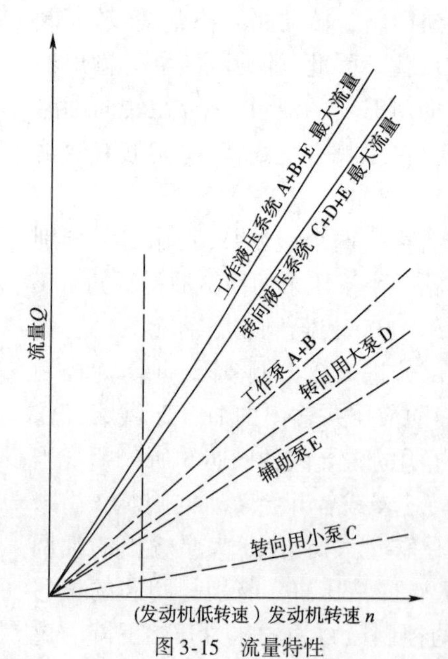

图3-15　流量特性

从该转向机构工作过程可知,转向速度与发动机转速无关,根据操作人员的转向要求决定转向速度,即使发动机转速很高,操作人员缓慢转动转向盘转向速度即使很缓慢,也能获得最完善的转向性能,并从流量特性图中可看出,没有ZL50装载机转向系统中那种在低、中速不转向时,辅助泵仍向转向油路供油的情况。这种转向油路不转向时辅助泵输出的油全部供给工作油路。即使在转向时,当转向速度较低,转向泵输出的流量可满足需要时,辅助泵的流量仍可全部供给工作油路。可见液压能的利用非常充分。

图3-12所示的液压系统中,转向大液压泵D工作压力由溢流阀16限制(调定值12.7MPa),压力超过调定值时,溢流阀16开启,但并不能马上溢流,还需要把溢流阀20打开,转向大液压泵才能溢流。压力降低时,溢流阀16通道关小,由于节流作用而使阀20关闭,这时

溢流阀 16 马上就达到调定值,使压力波动小而平稳。所以溢流阀 20 起到使溢流阀 16 压力快速恢复的作用,同时也能改善溢流阀 16 的动态性能。

3.1.7 WJ-1.5 装载机液压系统

一般的轮式装载机的行走装置是机械传动,而有些小型轮式装载机的行走装置也采用液压传动,从而成为全液压装载机。

图 3-16 所示为 WJ-1.5 全液压装载机系统图。该机是矿山井下使用的一种低车身铰接型轮式全液压前端装载机。在中、短运距条件下,能独立进行装、运、卸作业。在长远距条件时,主要作为装载设备,配合各类井下自卸运输设备工作。

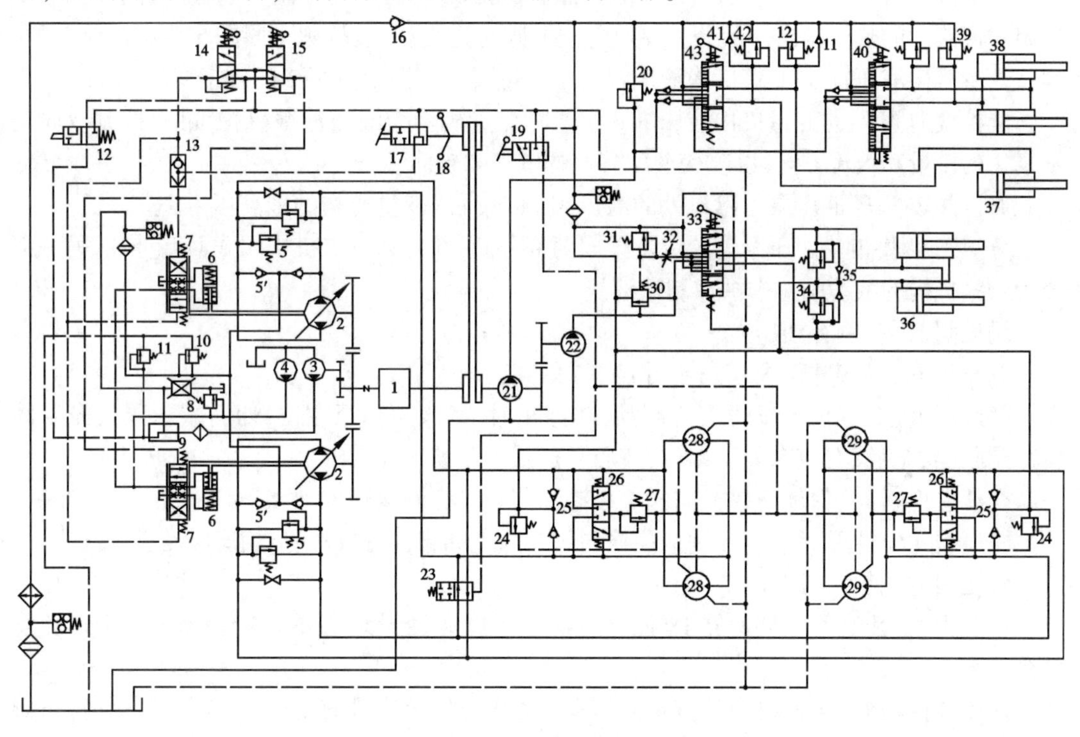

图 3-16 WJ-1.5 全液压装载机液压系统

1-发动机;2-双向变量泵;3、4-齿轮液压泵;5-过载阀;5′-补油阀;6-变量机构液压缸;7-液控换向阀;8、10、11、20、24、27、30、31-调压阀;9-分流阀;12-断流阀;13-交替逆止阀;14、15-减压式先导阀;16-背压阀;17-调速阀;18-离心式调速器;19-速度选择阀;21、22-齿轮液压泵;23-连通阀;25、35、41-补油阀;26-梭阀;28-前桥液压马达;29-后桥液压马达;32-可变节流阀;33-转向阀;34、39、42-过载阀;36-转向液压缸;37-铲斗液压缸;38-动臂液压缸;40-动臂液压缸换向阀;43-铲斗液压缸换向阀

WJ-1.5 全液压装载机铲斗容量为 $1.5m^3$,运行速度为 0 ~ 15km/h,单侧转向角度为 46°。柴油机功率 74kW,最大牵引力 70kN,最大铲掘力 55kN,整机质量为 110kN。

整个液压系统由行走机构、工作装置及转向机构三部分组成,转向液压系统最高压力为 16MPa,行走系统最高压力为 25MPa,工作装置液压系统最高压力为 16MPa。另外还有控制系统和补油系统。

行走液压系统采用了双向缸体摆动的轴向柱塞式变量液压泵,分别与前后桥两对液压马达 28 与 29 组成闭式系统。工作装置液压系统和转向液压系统分别用两个齿轮液压泵

21、22 驱动，组成两个独立油路。

行走回路中各液压元件作用如下。

双向变量液压泵 2：缸体摆动式变量轴向柱塞液压泵，分别为前后桥两对液压马达提供动力，组成两个闭式行走液压系统。

齿轮液压泵 3：除了向两个行走闭式液压回路补油外，还经分流阀 9 为液控换向阀 7 的减压阀式先导阀 14、15 提供控制油液。

齿轮液压泵 4：为双向变量轴向柱塞液压泵的变量机构提供控制油液。

过载阀 5：限制行走系统的最高压力值。

补油阀 5′：因为行走闭式回路中液压油冷却条件差，为了使油温不超过允许温度，需要将闭式回路中的热油排出一部分并要通过止回阀 5′进行补油，故称止回阀 5′为补油阀。

变量机构液压缸 6：变量机构液压缸的移动可实现双向变量泵 2 的排量变化。

液控换向阀 7：与变量机构液压缸 6 组成的变量机构为液压伺服机构，可以控制双向变量泵 2 的排量和液流方向，以改变液压马达的转速和转向。

调压阀 8：齿轮液压泵 4 出口处的溢流阀，限制伺服变量机构的最高压力。

分流阀 9：将齿轮液压泵 3 的流量分成两部分，一部分为行走机构闭式回路补油，另一部分为变量机构的液动阀 7 提供控制油液。

调压阀 10：控制补油压力。

调压阀 11：控制减压阀式先导阀 14、15 的阀前压力值。

断流阀 12：为保证停车时安全制动，在停车时，将该阀移至左位，切断减压阀式先导阀 14、15 的进油通路，变量泵处于零位，液压马达处于制动工况。

交替逆止阀 13：保证液控换向阀 7 控制油路与离心调速阀 17 始终相通。

减压阀式先导阀 14、15：控制液控换向阀 7 的先导阀，由操作人员用脚踩动。

背压阀 16：使回油路保持一定压力。

调速阀 17：由离心式调速器 18 控制的调速阀 17 使变量泵与外负载保持联系，以避免发动机熄火。

速度选择阀 19：该系统中的行走液压马达为内曲线双排量液压马达，其排量的切换由阀 19 来控制。

连通阀 23：当装载机为高速挡位运行时，阀 23 连通前后轮油路，以消除由于某些因素而造成的前后轮转速差对牵引力的影响和轮胎磨损。

调压阀 24：限制补油压力。

梭阀 26：控制排出液压马达部分热油。

调压阀 27：控制排油压力。

WJ-1.5 型井下装载机的行走系统由两个独立的闭式油路组成。两台双向变量液压泵 2 可同步变量，分别驱动前、后桥液压马达 28、29，从而保证了车辆前后桥行驶的同步性。28、29 为两组双速内曲线液压马达，旋转的快慢及旋转方向均靠改变双向变量液压泵 2 的摆角的大小和方向实现。减压阀式先导阀 14、15 将分流阀 9 分出的齿轮液压泵 3 的一部分压力油按照需要输送到伺服变量机构液控换向阀 7 相应的控制端，推动阀 7 的阀芯移动，从而使齿轮液压泵 4 输出的压力油进入变量机构液压缸 6 相应的腔室，使活塞移动，从而实现双向变量液压泵2的摆角大小及方向的改变。双向变量液压泵2的排量大小和减压阀式先导阀14、15的行程成正比，当减压阀式先导阀行程为零时(图示位置)，液控换向阀7两端控制腔室均与油箱相通，阀芯在对中弹簧的作用下处于中位，此时变量机构液压缸6两腔均与油箱相通。活塞在弹簧作用下使摆角为零，即双向变量液压泵2排量为零，行走液压马达停止转动。

高低两挡车速是由速度选择阀19改变双排量内曲线液压马达28、29中的工作柱塞数来实现的。速度选择阀19处于图示位置时，背压油路中的低压油便进入液压马达内部控制油路，液压马达以一半柱塞进行工作，其余柱塞进出口油路连通，呈内部空循环，其排量也减少一半，处于高速挡。此时连通阀23在低压控制油的作用下被推到图示位置，使前后轮油路连通，以消除由于某些因素而造成的前后轮转速差对牵引力的影响和轮胎磨损。速度选择阀19在左位时，液压马达内部控制油路与回油路接通，全部柱塞参加工作，液压马达以全排量工作，处于低速挡，车辆以低速大转矩进行作业和爬坡。此时连通阀23的控制油路也与回路相通，在弹簧作用下左位工作，使前后轮油路不通，其作用是当一对车轮打滑时，另一对车轮还会产生牵引力。

闭式油路的冷却条件差，为使系统油温在允许范围内，需要采取冷却措施。将热油置换后溢入液压马达壳体，对液压马达进行冷却，保持一定循环油冲洗磨损物，最后回油箱。梭阀26在主油路高压控制下与常开的调压阀27接通，因此，在工作过程中总有一部分油通过阀27流入液压马达壳体。

除主油路外，尚有低压油路，包括无背压油路和补油油路(背压油路)，在制动及超速吸空时，经补油阀25给液压马达28、29补油，保证液压马达工作平稳并有可靠的制动性能。

WJ-1.5型井下装载机行走液压系统，由于采用双速内曲线液压马达直接驱动车轮，从而省去了前后桥与变速机构，并具有起步快、加速性能好、结构简单、操纵方便等优点。

WJ-1.5全液压装载机是具有液压调速器的液压传动系统。调速阀17由发动机的离心调速器18控制。当外负载增加而发动机转速降低时，离心调速器18推动调速阀17左移，右位工作(图示位置)，使泵2变量机构的液控换向阀7的控制油液经交替逆止阀13、调速阀17与油箱相通，将液压泵的摆角减小直至零位，降低泵的输出功率，避免了发动机因过载而熄火。

离心调速阀17直接控制着液控换向阀7的操纵压力，进而控制着双向变量液压泵2的排量，而双向变量泵2的排量又决定了行驶速度，这就把装载机的行驶速度与发动机的负载联系在一起了，负载增加，行驶速度降低，负载下降，行驶速度提高，实现低速大转矩、高速小转矩的要求，使发动机始终处于最佳工况点。

这种以发动机转速为信号的调节方式，对某些工程机械来说，可使发动机与负载得到最佳匹配。

3.1.8 轮式装载机液压系统分析小结

轮式装载机液压系统的特点是采用组合油路。系统的形式一般为多泵定量开式系统。优点是可将成本低、体积小、工作可靠，对油液的污染不敏感的齿轮液压泵应用于各类型的装载机上。系统的工作压力国产机型一般为16~18MPa，进口机型为21~25MPa。

各种类型装载机的工作装置回路均采用顺序单动的连接方式,以保证铲斗可优先动作。中小型装载机采用手动换向阀直接操纵,大型装载机一般均采用手动先导式的换向阀。

由于轮式装载机都是铰接式车身结构,而且转向频繁,因此都采用组合式转向系统,一般的大中型装载机采用三泵组合油路,超大型装载机则采用多泵组合油路,以便能够有效地利用液压能,并具有良好的操纵特性。

3.2 单斗挖掘机液压系统

3.2.1 概述

各种类型的挖掘机械广泛应用于建筑、交通运输、水利工程、矿山采掘以及现代军事工程的机械化施工,据统计,施工中约有60%的土方量是由挖掘机来完成的。

挖掘机按作业循环的不同,可分单斗和多斗两种。按行走机构的不同,又可分履带式、轮胎式、汽车式和步行式等多种。按传动形式的不同,又可分机械式和液压式两种。随着液压技术的发展,使用液压传动的液压挖掘机从20世纪60年代即开始蓬勃发展,20世纪60年代末世界各国的液压挖掘机产量与挖掘机总产量之比,平均已达80%以上。目前履带式单斗液压挖掘机几乎都是整机全液压传动的。

单斗液压挖掘机主要由工作装置(包括动臂、斗杆和铲斗)、回转和行走机构组成。工作装置由三个液压缸分别驱动动臂、斗杆和铲斗的运动。回转机构由一个液压马达通过减速装置,使小齿轮和大齿圈啮合传动,以便使上车和下车相对转动。对履带式液压挖掘机,其行走机构是通过两个液压马达来驱动的,无支腿装置,如图3-17所示。对汽车式和轮胎式单斗液压挖掘机,其行走机构一般为机械传动。但为工作需要,还设置液压支腿。

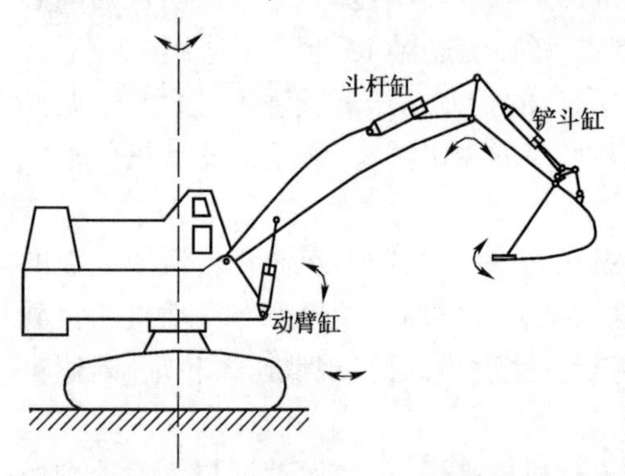

图3-17 履带式单斗液压挖掘机简图

以图3-17履带式单斗液压挖掘机(反铲工作装置)为例,其工作循环主要包括:

挖掘工况——通常以斗杆和铲斗液压缸2、3的伸缩来驱动斗杆和铲斗转动来进行挖掘。有时还要以动臂液压缸1的伸缩驱动臂转动来配合,以保证铲斗按特定的轨迹运动。

满斗回转工况——挖掘结束,动臂液压缸1伸出使动臂提升。同时回转液压马达(图中未示出)旋转,驱动转台回转到卸土处进行卸土。

卸载工况——回转到卸土处,回转停止。通过动臂和斗杆液压缸1、2的配合动作,使铲斗对准卸土位置。缩回铲斗液压缸3,使铲斗向上翻转卸土。

返回工况——卸载结束,转台反转,配以动臂和斗杆复合动作,把空斗返回到新的挖掘位置,开始第二个工作循环。

有时为了调整或转移挖掘地点,还要进行整机行走。由此可见,单斗挖掘机的执行元件较多,复合动作频繁。

从以上分析可知,履带式单斗液压挖掘机为保证正常工作,应有动臂、斗杆、铲斗三个液压缸,一个回转液压马达和两个驱动履带行走的液压马达。

3.2.2 YW-40 挖掘机液压系统

1)主要性能参数

铲斗容量:0.4m^3;回转速度:6.4r/min;行走速度:1.7km/h。

液压泵类型:阀式配流径向柱塞泵双排直立式;额定流量:2×55L/min。

液压马达类型:静力平衡液压马达;液压系统工作压力:21MPa。

2)液压系统分析

YW-40 液压挖掘机采用双泵双回路定量系统(图 3-18)。每个回路采用并联供油,液压泵Ⅰ输出的压力油除了供回转液压马达、斗杆缸外,还经中心回转接头 6 供右行走液压马达 4。液压泵Ⅱ输出的压力油供动臂缸、铲斗缸,经中心回转接头 6 供左行走液压马达 1。此外,在两组多路换向阀 5、14 中各有两片阀用连杆控制联动,可实现对动臂缸和斗杆缸的双泵合流供油,以提高其动作速度。为防止动臂下降过快,保持动作平衡,在动臂缸大腔回油口装有止回节流限速阀。

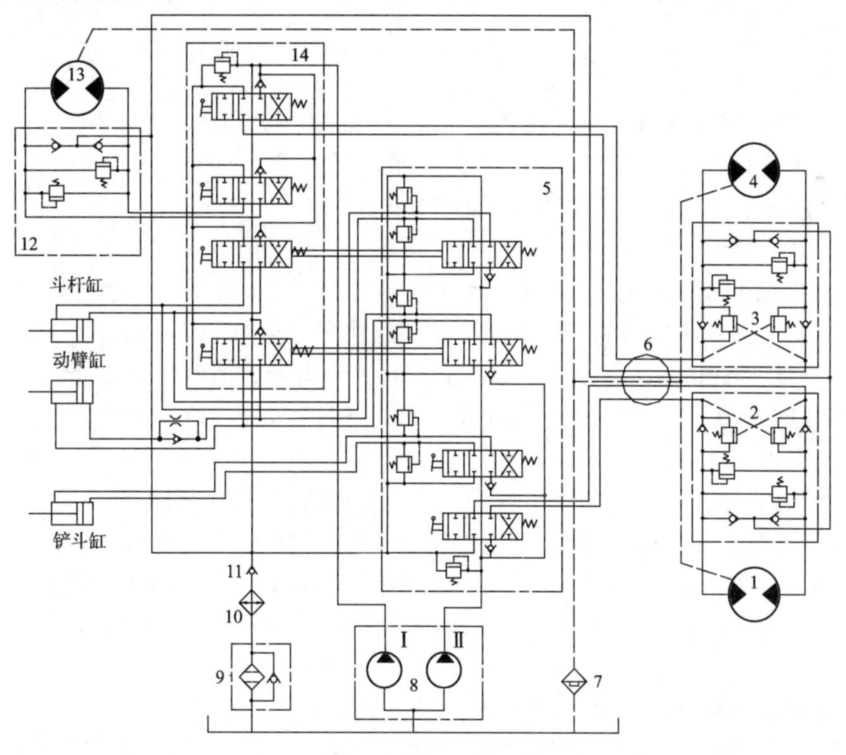

图 3-18 YW-40 挖掘机液压系统

1、4-左、右行走液压马达;2、3-行走限速阀;5、14-多路换向阀;6-中心回转接头;7-磁性滤油器;8-液压泵;9-烧结式滤油器;10-冷却器;11-背压阀;12-回转制动阀;13-回转液压马达

回转时单液压泵供油、液压制动,制动压力为 15MPa。为了防止因突然制动而引起液压冲击,设回转制动阀 12 起过载保护作用,并形成制动力矩,使转台制动。

行走时，工作油经多路换向阀5或14、中心回转接头6、行走限速阀2或3进入行走液压马达1和4，然后又由中心回转接头、多路换向阀回油箱。

背压油路可使液压马达在制动或超速吸空时进行压力补油。液压马达泄漏油路无背压。油液通过磁性滤油器7回油箱。

液压泵8为阀式配流径向柱塞泵。优点是制造简单，耐冲击，对油的过滤精度要求不高，工作压力比齿轮泵高，其额定压力为21MPa，寿命长。缺点是体积大，不能实现恒功率变量供油。

回转和行走液压马达采用曲轴无连杆低速大转矩液压马达，即静力平衡液压马达。优点是制造简单、噪声低、摩擦副的磨损小、背压小。缺点是滤油精度要求较高，外形尺寸较内曲线液压马达大。

综上所述，YW-40挖掘机液压系统的特点是：简单可靠；工作油液通过阀的损失小；由于采用并联分流，除能同时进行两个动作的复合运动外，对单个动作可以进行合流提高工作速度，因而挖掘机的生产率也较高；行走机构装有限速阀，可防止液压马达因超速溜坡而造成的事故。

3.2.3 YW-60挖掘机液压系统

1）主要性能参数

铲斗容量：0.6m³。

液压泵类型：2ZB725双联轴向柱塞液压泵；液压泵排量：2×106.5mL/r。

液压马达类型：内曲线多作用径向柱塞式；液压马达转速：6.3r/min。

液压马达排量：1.79L/r；液压工作压力：25MPa。

2）液压系统分析

YW-60挖掘机液压系统为双泵双回路总功率变量系统（图3-19）。它由一台双联轴向柱塞泵3、两组双向对流油路的三位六通液控多路换向阀组15、铲斗、动臂、斗杆液压缸、回转液压马达和行走液压马达等元件组成。液压泵采用斜轴式轴向柱塞变量泵，以液压方式相互连接两恒功率调节器，保证两泵摆角相同。油路以互锁及并联方式组成，能够实现两个动作的复合。

液压泵A输出的压力油通过第1组（①②③④）液控多路换向阀，除了向铲斗缸19、动臂缸17和行走液压马达11供油外，还有一个供斗杆缸18使用的合流阀④。液压泵B输出的压力油通过第2组（⑤⑥⑦⑧）液控多路换向阀，除了向回转液压马达13、斗杆缸18和行走液压马达11供油外，还有一个合流阀⑤，可以向铲斗缸大腔和动臂液压缸大腔合流供油。

YW-60挖掘机液压系统具有以下特点。

（1）采用了手动减压式先导阀20操纵液控换向阀。手动先导阀和液压油冷却系统共用一个小流量齿轮液压泵1，操纵先导阀的手柄，可使其输出压力在1~2.5MPa范围内变化，以控制液控换向阀的开度和换向。在操纵先导阀时，即轻便又有操纵力和位置感。为了能在发动机不工作或出现故障时仍能操纵工作机构，在操纵油路上设置蓄能器，作为应急能源。

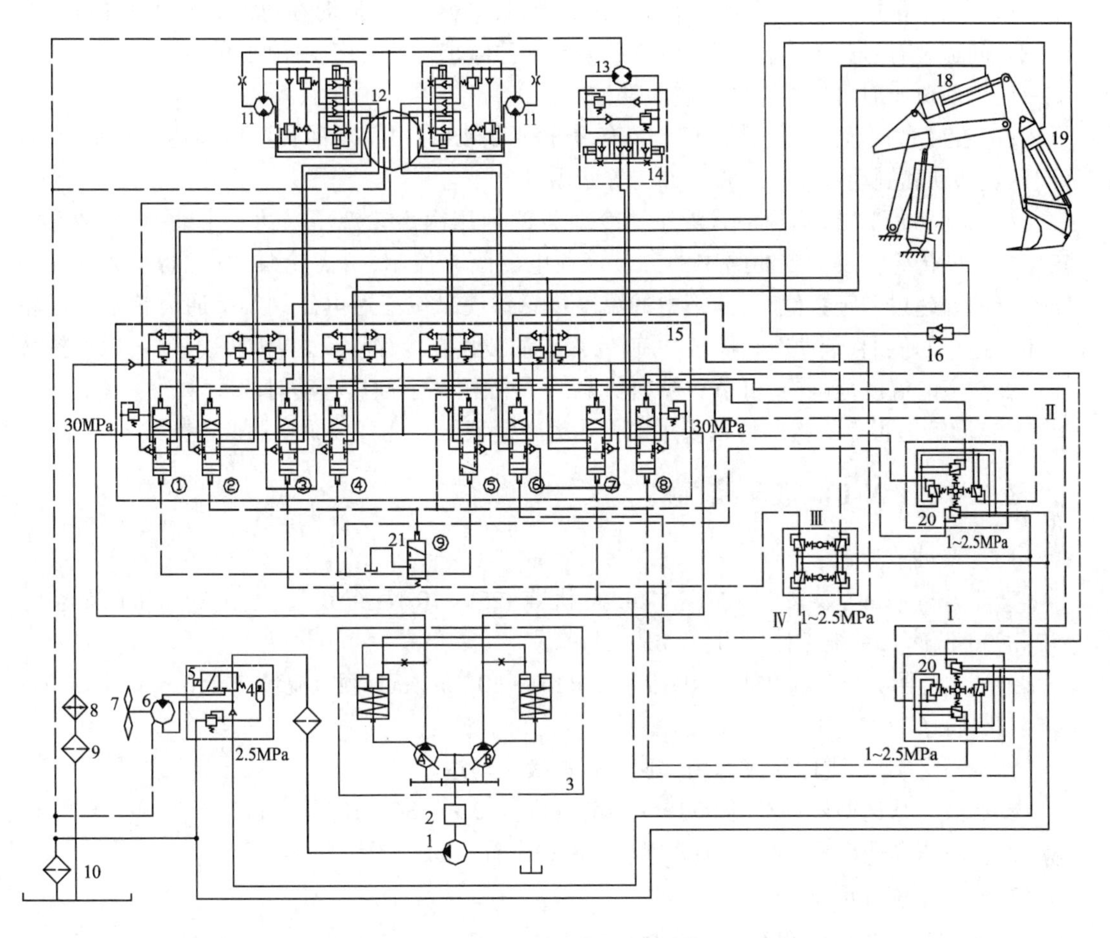

图3-19　YW-60挖掘机液压系统

1-齿轮液压泵;2-发动机;3-双联轴向柱塞泵;4-蓄能器;5-二位三通电磁阀;6-齿轮液压马达;7-冷却风扇;8-液压油冷却器;9、10-滤油器;11-行走液压马达;12-中央回转接头;13-回转液压马达;14-缓冲制动阀;15-液控多路换向阀组;16-止回节流阀;17-动臂缸;18-斗杆液压缸;19-铲斗液压缸;20-手动减压式先导阀;21-转换阀

共有四个先导阀操纵手柄,分别控制以下动作。

手柄Ⅰ向上,通过先导阀使液控换向阀⑧下移,回转液压马达旋转。手柄Ⅰ向下,使液控换向阀⑧上移,回转液压马达反向旋转。

手柄Ⅰ向右,通过先导阀使液控换向阀⑦上移,向斗杆液压缸小腔供油,同时使液控换向阀④上移,使液压泵A、B的压力油实现合流,向斗杆液压缸小腔供油。手柄Ⅰ向左,分别使液控换向阀⑦和④下移,向斗杆液压缸大腔合流供油。

手柄Ⅱ向上,使液控换向阀①下移,向铲斗液压缸小腔供油。手柄Ⅱ向下,转换阀⑨处于图示位置时,则使液控换向阀①和⑤上移,向铲斗液压缸大腔实现合流供油,进行铲斗快速挖掘。

手柄Ⅱ向右,使换向阀②下移,向动臂液压缸小腔供油。手柄Ⅱ向左,分别使液控换向阀②上移、液控换向阀⑤下移实现向动臂液压缸大腔合流供油。

手柄Ⅲ、Ⅳ分别控制左右行走液压马达的前进与后退。

(2)在两条主油路中,各有一个能通过全流量的安全阀。同时在每个液压缸和相应的换向阀之间都装有过载阀和止回阀,以避免运动部件停止运动时产生的剧烈冲击压力,当液压缸一腔出现负压时可通过止回阀瞬时补油。

(3)在转台回转液压马达油路上装有缓冲制动阀 14,可实现回转液压马达回转制动、补油、防止起动和制动开始时的液压冲击等作用。

(4)总回油路中装有风冷式液压油冷却器 8,风扇由齿轮液压马达 6 带动,它由装在油箱中的温度传感器及操纵油路中的二位三通电磁阀 5 控制,由齿轮泵 1 供油,组成独立回路。当油温超过一定数值时,油箱中的温度传感器使二位三通电磁阀 5 接通齿轮泵向齿轮液压马达 6 的供油,带动冷却风扇 7 旋转,液压油被强制冷却。反之,则风扇停转,以保持液压油在一定的温度范围内,可节省风扇功率,并能缩短冬季预热起动时间。

(5)回转与行走机构的传动采用由低速大转矩液压马达直接驱动的低速方案。

3.2.4 YW-100 液压挖掘机

1)主要性能参数

铲斗容量:$1m^3$;发动机功率:110kW;机重:25×10^4N;行走速度:3.4km/h(高速);1.7km/h(低速);系统工作压力:32MPa。

液压泵型号:2-65×ZB64×64I;排量:$2\times104\times10^{-2}m^3/rad$;额定流量:$2\times16.5\times10^{-4}m^3/s$;额定工作压力:32MPa。

液压马达类型:内曲线多作用低速大转矩液压马达。

行走液压马达型号:2ZMS4000(双排量);排量:$2\times6.36\times10^{-4}m^3/rad$。

回转液压马达型号:ZM2000;排量:$3.18\times10^{-4}m^3/rad$。

2)液压系统分析

图 3-20 为 YW-100 的液压系统图。整个液压系统分为上车和下车两部分。上车液压系统处于旋转平台以上,有发动机、液压缸、液压泵、回转液压马达和控制阀等元件。下车液压系统安装在履带式底盘上,有左右两个行走液压马达。上车液压系统的液压油可以通过中心回转接头 9 进入下车,驱动左、右行走液压马达旋转。

液压泵 1、2 是径向柱塞式、止回阀配流。两液压泵做在同一壳体内,每边三个柱塞,自成一泵,由同一个曲轴驱动。

液压泵 1 通过多路换向阀向回转液压马达 3、左行走液压马达和铲斗液压缸 14 供油,组成一个串联回路。溢流阀 18 用以控制该回路的压力,防止系统过载。

液压泵 2 通过多路换向阀向动臂液压缸 16、斗杆液压缸 15 和右行走液压马达供油,组成另一个串联回路。溢流阀 11 用以控制该回路的压力,防止回路过载。

在各执行元件的分支油路中均设有缓冲阀 23,吸收工作装置的冲击;油路中还设有止回阀,以防止油液的倒流、阻断执行元件的冲击振动向液压泵的传递。

这种系统亦称双泵双回路系统。操纵相应的换向阀,就能使各液压缸和液压马达工作,完成挖掘和行走等作业。

该机液压系统具有以下特点:

①高低两挡双速行驶。每条履带均由一个行走双排量液压马达 5、6 驱动。行走液压马

达变速阀 7 置于行走双排量液压马达 5、6 的配油轴中，其操纵形式可以是电磁的，也可是液控的（图 3-20 所示为电磁控制式）。当行走马达变速阀 7 处于图示位置时，高压油并联进入双排量行走马达 5、6 的两排油腔中，其输出转矩 M_1 和转速 n_1。这种工况输出转矩大，但速度低，亦称低速大转矩工况。通常用于道路阻力较大或上坡等工况。当操纵行走马达变速阀 7 处于另一位工作时，可使双排量行走马达 5、6 处于串联工作状态，其输出转矩 M_2 和转速 n_2 为：

$$M_2 = \frac{1}{2}M_1 \qquad n_2 = 2n_1$$

这种工况输出转矩较小，但转速快，亦称高速小转矩工况。通常用于道路阻力小、快速行走等工况。

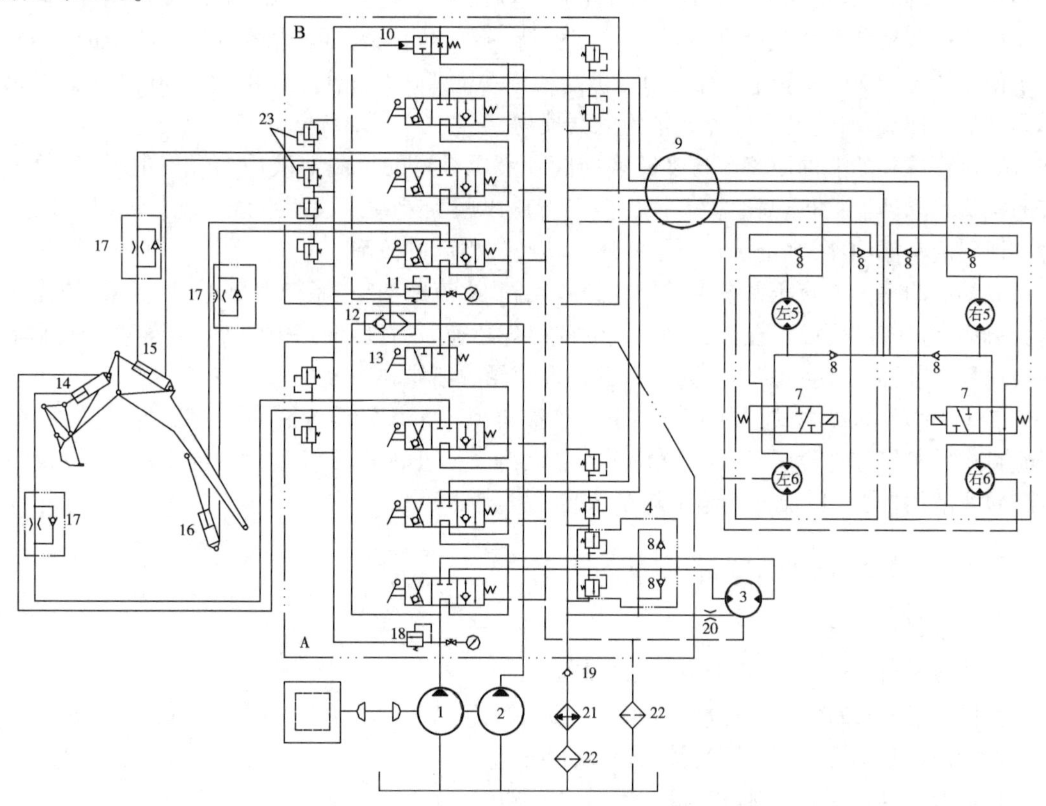

图 3-20　为 YW-100 单斗液压挖掘机液压系统图

1、2-液压泵；3-回转液压马达；4-缓冲补油阀组；左 5、左 6-左行走双排液压马达；右 5、右 6-右行走双排液压马达；7-行走液压马达变速阀；8-补油单向阀；9-中心回转接头；10-限速阀；11-溢流阀；12-交替逆止阀；13-合流阀；14-铲斗缸；15-斗杆缸；16-动臂液压缸；17-止回节流阀；18-溢流阀；19-背压阀；20-节流阀；21-冷却器；22-滤油器；23-缓冲阀

②设置限速措施。动臂、斗杆和铲斗缸都有可能发生重力超速现象，但因挖掘机的这些机构对下降速度稳定性和锁紧的要求不像起重机那样严格，所以采用止回节流阀 17 限速。行走马达下坡时也会发生重力超速现象，系统中用限速阀 10 来防止。限速阀 10 的液控口作用着由交替逆止阀 12 提供的液压泵 1 或 2 的压力油，当挖掘机下坡行走出现超速情况时，液压泵出口压力降低，限速阀 10 自动对回油进行节流，防止溜坡现象，保证挖掘机行驶安全。由于限速阀 10 的控制油液通过交替逆止阀 12 引入，若履带一边液压马达超速，而另

一边未超速，因交替逆止阀12引起的是未超速一边的压力去控制限速阀10移动，所以限速阀不能起限速作用。只有两条履带均超速时，限速阀才能起防止超速作用。前一种超速工况，实际工作时很少出现，而后一种超速工况才是经常发生的。

③采用手动合流。当需要使动臂缸和斗杆缸快速工作时，可将合流阀13移入另一位工作，泵1流量也进入泵2回路工作，两泵合流向动臂缸或斗杆缸供油。

④防止热冲击的液压马达壳体循环油路。进入液压马达内部（柱塞腔、配油轴内腔）和液压马达壳体内（渗漏低压油）液压油的温度不同，使液压马达各零件膨胀不等，会造成密封滑动面间隙变小而卡死，这种现象称热冲击现象。为了防止热冲击发生，从液压马达壳体内（渗漏腔）引出两个油口（参看回转马达3的油路），一个油口通过节流阀20和有背压回油路相通，另一油口直接和油箱相通（无背压）。这样，液压马达壳体内不断形成低压油循环，使液压马达各零件内外温度和液压油温度保持一致，防止液压马达运转时热冲击的发生。由于使用节流阀20，使系统的背压回路仍能维持一定背压（一般是0.8～1.2MPa）。由于壳体内油的循环流动，还可冲洗掉壳体内的磨损物。

⑤设置单独的泄油回路。将多路换向阀和液压马达的泄漏油液用油管集中起来，通过五通接头和滤油器22流回油箱。该回路无背压以减少外漏。液压系统出现故障时可通过检查泄漏油路滤油器，判定是否属于液压马达磨损引起的故障。

⑥补油油路。该液压系统中的回油经背压阀19流回油箱，能产生0.8～1.0MPa的补油压力，形成背压油路，以便在液压马达制动或出现超速时，背压油路中的油液经补油止回阀8向液压马达补油，以防止液压马达内部的柱塞滚轮脱离导轨表面。

⑦采用强制风冷方式控制液压油温。该液压系统采用定量泵，效率较低、发热量大，由于履带挖掘机属移动设备，液压油箱不能太大，为了防止液压系统过大的温升，该机设置强制风冷式散热器21，以保证油温不超过80℃。

3.2.5 YW-160挖掘机液压系统

1）主要性能参数

铲斗容量：1.6m^3；系统工作压力：28MPa。

液压泵型号：2ZBZ140；最大排量：2×140mL/r。

回转液压马达型号：ZM732；最大排量：140mL/r。

行走液压马达型号：ZM732；最大排量：2×140mL/r。

2）液压系统分析

YW-160挖掘机液压系统为双液压泵双回路总功率变量系统（图3-21）。双液压泵有各自的调节器，两调节器之间采用液压联系，液压泵工作时始终保持两台泵的摆角相等，输出流量也就相等。

液压泵A输出的压力油通过多路换向阀组Ⅰ除供给斗杆缸、回转马达和左行走马达外，还通过合流阀向动臂缸或铲斗缸供油，以加快起升或挖掘速度。液压泵B输出的压力油通过多路换向阀组Ⅱ供给右行走马达、动臂缸、铲斗缸和开斗缸。

YW-160挖掘机液压系统具有以下特点。

（1）多路换向阀采用手动减压式先导阀操纵。手动减压式先导阀的控制油路由齿轮泵单独供油。操纵先导阀的手柄,可使其输出压力在0～3MPa压力范围内变化,以控制液控多路阀的开度和换向,使操作人员在操纵先导阀时,既轻便又有操纵力和位置感。为了能在发动机不工作或出现故障时仍能操纵工作机构,在操纵油路上设置了蓄能器,作为应急能源。

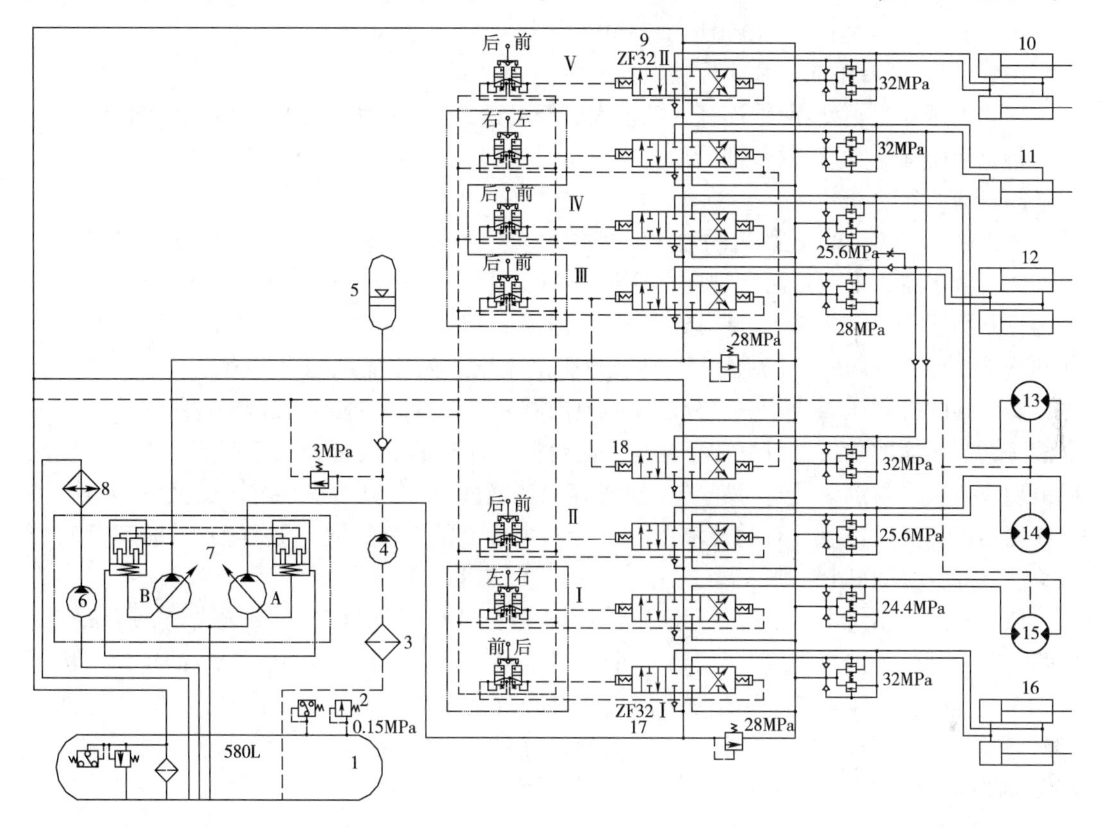

图3-21 YW-160挖掘机液压系统

1-压力油箱;2-限压阀;3-滤油器;4-控制泵;5-蓄能器;6-冷却齿轮泵;7-双联泵;8-散热器;9、17-液控多路换向阀;10-开斗缸;11-铲斗缸;12-动臂缸;13、14-行走马达;15-回转马达;16-斗杆缸;18-合流阀

共有五个操纵手柄,分别控制以下动作。

手柄Ⅰ前后动作时,操纵相应的减压式先导阀的接通或断开,以改变斗杆缸的液控换向阀的开度和位置,来控制斗杆的升降;手柄Ⅰ左右动作时,控制回转马达的左转和右转。

手柄Ⅱ、Ⅳ分中别控制左右履带的前进与后退。

手柄Ⅲ向前动作,动臂举升并向动臂缸合流供油;向后动作,动臂下降;向右动作,向铲斗缸合流供油并进行转斗挖掘;向左动作,铲斗退出挖掘。

手柄Ⅴ向前动作,控制开斗以卸载,向后动作控制关斗。

(2)为了提高液压泵的工作转速,避免产生吸空、改善自吸性能,采用了压力油箱。

(3)除了主油路、泄油路和控制油路外,还有独立的冷却循环油路,由齿轮泵供油,经散热器回油箱。这样可使回油背压小,保护冷却器安全。

(4)回转和行走机构采用高速马达配减速机构,即采用高速方案。高速马达和液压泵的型号、规格相同。

3.2.6 YW-180 挖掘机液压系统

1）主要性能参数

铲斗容量：1.8m^3；系统工作压力：21MPa。

主泵类型：两台轴向柱塞式恒功率变量泵。

回转液压马达类型：曲轴连杆式低速大转矩马达，工作压力 18MPa，转矩为 1920N·m。

行走液压马达类型：两台轴向柱塞式定量马达，带减速器，工作压力 21MPa。

2）液压系统分析

图 3-22 是 YW-180 挖掘机的液压系统图。该系统是开式多泵系统。主液压回路为双泵双回路。液压泵组 1 包括两台轴向柱塞恒功率变量泵和一台齿轮泵。前者为工作主泵、后者为控制用泵。两个主泵 P_1、P_2 分别通过多路换向阀 2、3 向各工作回路提供液压油，多路换向阀 2、3 均各有四联三位六通液控换向阀，由减压式先导操纵阀手动操纵。来自减压式先导操纵阀的控制压力油除一部分供操纵换向阀外，另一部分进入泵给调节器，作为外控指令油压调节相应的主泵进行恒功率变量。两台恒功率变量泵实行分功率调节。工作回路除用恒功率变量泵与定量马达（液压缸）组成容积调速外，还有恒功率泵与改变换向阀口大小组成的容积节流调速以及对动臂液压缸进行双泵合流的有级调速。这样使得调速范围大，低速性能好，功率利用合理。

该机的液压系统主要由以下回路组成：变量泵分功率调节回路、减压阀式先导操纵控制回路、回转回路、行走回路、动臂回路、斗杆回路及铲斗回路。液压泵 P_1 和 P_2 的正常工作压力 21MPa（转速 2454r/min）由溢流阀 23、24 调定。P_1 泵驱动左行走液压马达 20、斗杆液压缸 12 和回转液压马达 7；P_2 泵驱动右行走液压马达 8、动臂液压缸 9、10 和铲斗液压缸 11。两个多路阀组内的换向阀为并联。

（1）变量泵分功率调节回路。

变量泵 P_1、P_2 的调节器分别是 31、32，由下列三种不同的控制指令进行调节：①来自减压阀式先导阀的控制油压力为外控指令；②泵自身输出的工作油压力为内控指令；③由上述两者组成的复合指令。无论哪种指令都是不同程度地使控制主泵斜盘的两个控制液压缸 5、6 产生相应动作，从而使斜盘倾角改变，以达到流量调节的目的。

由于两台主液压泵有各自的调节器，互不干扰，两泵为分功率调节形式。

（2）减压阀式先导操纵阀控制回路。

控制回路由 P_3 泵供油，工作压力由 P_3 泵出口处的溢流阀设定为 2.5MPa。从控制泵 P_3 输出的压力油，经过滤油器 18，并联进入三个减压阀式先导操纵阀 4、5、6。阀 4 控制斗杆和回转液压回路，单手柄四方向操纵，分别控制两个工作装置在两个方向上的运动。阀 6 控制动臂和铲斗液压回路，操作同上。阀 5 由两个手柄进行操纵，每个手柄有前、后两个操纵位置，分别控制左、右行走液压回路。

（3）回转回路。

回转回路 7 由主泵 P_1 供油，由多路阀组 2 中的 B_4-B_2 联换向阀控制换向，它由减压阀式先导阀 4 进行液控操作。回转液压马达是一台曲轴连杆式低速大转矩马达，工作压力 18MPa，转矩为 1920N·m。

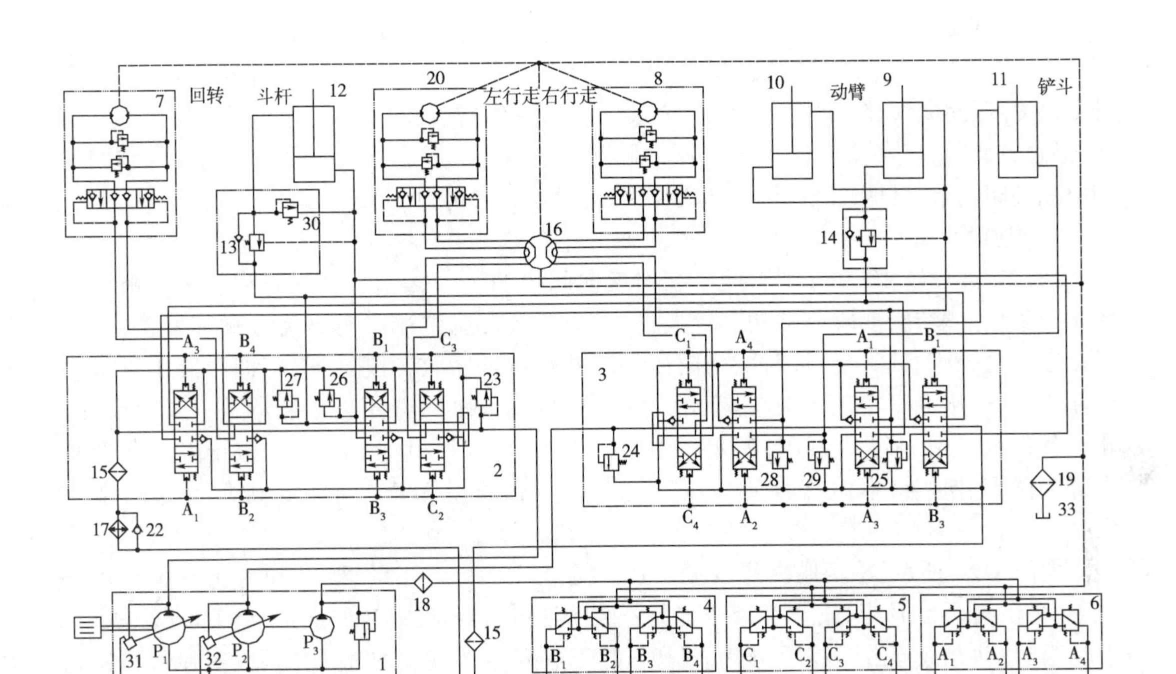

图 3-22 YW-180 挖掘机液压系统

1-液压泵组；2、3-多路换向阀；4、5、6-减压阀式先导操纵阀；7-回转液压马达总成；8、20-行走液压马达总成；9、10-动臂液压缸；11-铲斗液压缸；12-斗杆液压缸；13、14-平衡阀；15、18、19、21-滤油器；16-中心回转接头；17-冷却器；22-止回阀；23、24-溢流阀；25、26、27、28、29、30-过载安全阀；31、32-分功率变量泵调节器；33－压力油箱

回转制动阀包括过载阀和制动阀两部分。过载阀调定压力为 18MPa，制动阀具有以下几点主要作用，参见图 3-23。

①平稳起动作用。由于制动阀 1 的两端控制油路上，均设有节流阀 2、止回阀 3，可使起动平稳无冲击。

②限速、补油作用。当液压马达有失速现象时，由于液压泵对液压马达进油腔的供油不够，制动阀 1 将因液控端压力不足而向中位移动，从而使液压马达回油口逐渐关小，起到限速作用；在失速严重的极限情况下，液压马达制动阀可完全回到中位，使回路通路切断，马达停止旋转。这时进油端将会出现负压现象，则可通过中位止回阀进行补油。

③制动、锁紧作用。液压马达在制动时，由于液压泵来的进油中断（换向阀处中位），制动阀回中位。此时中位的二个止回阀将对液压马达起到可靠的锁定作用。

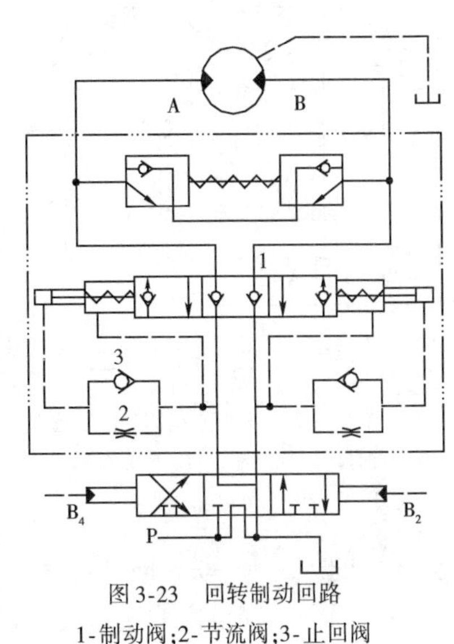

图 3-23 回转制动回路

1-制动阀；2-节流阀；3-止回阀

(4)行走回路。

左、右两个行走液压马达20、8完全相同,但分别由P_1泵、P_2泵供油,由多路换向阀2中的C_3—C_2联换向阀和多路换向阀3中的C_1—C_4联换向阀控制换向。液压马达为轴向柱塞式,通过减速器驱动履带行走。工作压力调定为21MPa。行走液压回路中的制动阀与回转回路制动阀相似,只是过载阀调定压力比回转回路的高,定为25MPa。

(5)动臂回路。

两动臂液压缸10、9分别由两组多路换向阀中的A_1—A_3联换向阀控制换向,由于动臂是双液压缸驱动,要求驱动功率较大,故采用双泵合流供油。换向阀为O型中位机能,以便动臂可处于某固定位置时的暂时闭锁。两动臂液压缸为刚性同步,即两液压缸与动臂相连,靠连接刚度实现强制同步。回路中设有一平衡阀14,用以限制动臂下降速度,防止动臂失速。阀25为过载阀,调定压力为25MPa,它与平衡阀14配合,防止因动臂带载下降突然受阻时、液压缸有杆腔内压力超载而出现的损坏液压元件或破坏管路的现象发生。

如图3-24所示,平衡阀内弹簧调定压力为23.5MPa。当动臂下降时,在一般控制压力下,平衡阀凸台D半开,动臂液压缸无杆腔的油液可经F、G、B回油;若动臂带载下降突然受阻时,动臂液压缸上腔压力会急剧增加,当进入控制口C的油压作用大于弹簧调定的23.5MPa时,凸台D将G口关闭,动臂液压缸下腔回油闭死,动臂下降动作停止。同时,进油路上的压力必定达到或超过阀25调定的25MPa,阀25过载溢流,从而起到动臂下降时进油路的安全保护作用。

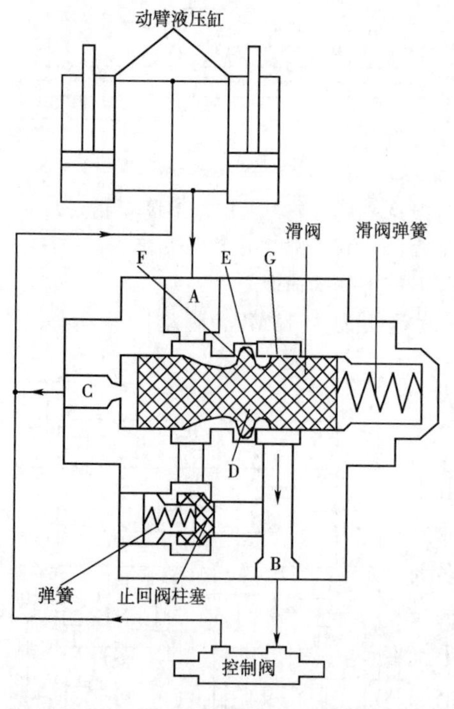

图3-24 动臂平衡阀工作原理图

A、B-油口;C-控制油口;D-平衡阀凸台;E-阀腔;F、G-阀口

(6)斗杆回路。

斗杆液压缸12也是由两组多路换向阀中的B_1—B_3联换向阀进行控制的。由于斗杆动作频繁,且要承担一定挖掘力,因此,斗杆液压缸也是双泵合流供油,以满足速度和驱动功率的要求。换向阀是O型中位机能,使斗杆液压缸在不工作时能够暂时闭锁。在斗杆液压缸小腔进油路上设有平衡阀13,其作用是防止在斗杆伸出时,因有铲斗、铲斗内物料及斗杆自重等负载同向作用下的失速现象。平衡阀内又设有过载阀30,其作用是防止斗杆在中位时因铲斗的动作对斗杆的影响,如造成斗杆液压缸有杆腔内过载时可卸荷、无杆腔内为负压时可补油,阀30调定压力为25MPa。

(7)铲斗回路。

铲斗液压缸11由液压泵P_2供油,并由多路换向阀3中的A_4—A_2联换向阀控制。换向阀为O型中位机能,以保证铲斗液压缸在不工作时能够暂时闭锁。在换向阀压力油出口处均设有安全阀。

3.2.7 EX400 挖掘机液压系统

1)主要性能参数

铲斗容量:1.8m^3。

发动机额定功率:206kW、2000r/min。

行走速度:5.5km/h。

整机工作质量:41.9t。

2)液压系统分析

图3-25为EX400型挖掘机液压系统原理图。整机液压系统属多泵变量开式系统。泵组22中含三台液压泵,前泵、后泵均为恒功率斜轴式轴向柱塞泵,前泵输出的压力油通过阀11、12和46分别向右行走液压马达、铲斗缸和动臂缸供油,同时经合流阀44向斗杆缸供油;后泵输出的压力油通过阀9、43和45分别向左行走液压马达、斗杆缸和回转液压马达供油,同时经合流阀26向动臂缸供油;C泵为辅助齿轮泵,主要用于向减压式先导阀15、19、28、30和31提供操作控制液压油。另外,为了应急处理在回路中设置了蓄能器34。

该机液压系统的特点为:当前、后主泵空载时,通过固定节流阀P、G使其流量减小;液压泵空载时,各换向阀处于中位,油液通过固定节流阀,阀前压力增大,此增大的压力油反馈进入变量泵控制调节缸内,推动调节缸移动,使斜轴泵倾斜角度变小,进而减少主泵的排量;当多路阀内任一换向阀工作时,节流阀前后压差变化不大,泵的排量基本不变,以满足挖掘机各工况的速度要求。

(1)动臂液压回路。动臂液压缸由换向阀26、46联合供油,液动换向阀的控制由减压式先导阀30控制,当阀30向左操纵时,压力油经止回阀32到达阀30及阀26的左端、阀46的右端,使阀26左位工作、阀46右位工作。从A、B泵的液压油合流进入动臂缸的无杆腔,使动臂举升,有杆腔的油分别经阀26、46回油箱。同理,当阀30向右操纵时,动臂下降。动臂举升设定压力由过载阀17保证,设定压力为32MPa;动臂下降设定压力由过载阀18保证,设定压力为30MPa。

(2)斗杆液压回路。斗杆液压缸由换向阀43、44联合供油,液动换向阀的控制由减压式先导阀19控制,当阀19向左操纵时,压力油经止回阀32到达阀19及阀43的左端、阀44的右端,使阀43左位工作、44右位工作。从A、B泵的液压油合流进入斗杆缸的无杆腔,使斗杆伸出,有杆腔的油分别经阀43、44回油箱。同理,当阀19向右操纵时,斗杆收回。斗杆伸出设定压力由过载阀24保证;斗杆收回设定压力由过载阀25保证。

3.2.8 挖掘机液压系统分析小结

1)双泵定量系统与双泵变量系统

液压挖掘机中最早出现的液压系统是单泵系统。单泵系统可以串联供油,也可并联供油。高压系统一般采用串联油路,中高压系统多采用并联供油。单泵系统只适用于斗容量在0.4m^3、功率在45kW以下的小型液压挖掘机中。

由于在挖掘工作过程中需要频繁地进行两个动作的复合运动,单泵系统不能很好地满足这些要求,目前,中小型液压挖掘机一般都采用双泵系统,如图3-18~图3-22所示。

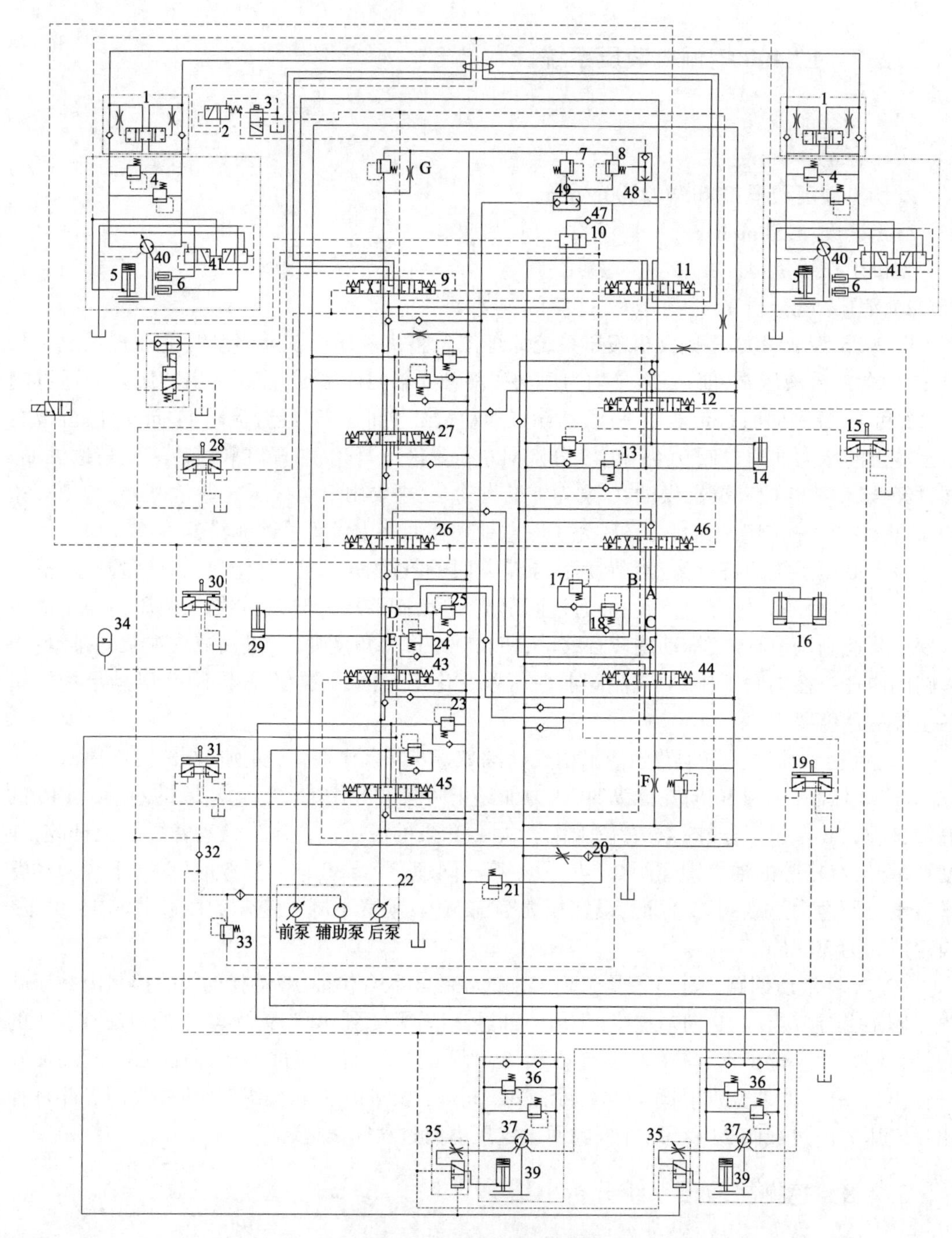

图 3-25　EX400 挖掘机液压系统原理图

1-平衡阀；2-二位三通液动阀；3-二位三通电磁阀；4、36-过载阀；5-斜轴液压马达制动缸；6-斜轴液压马达转角控制缸；7-高压主安全阀；8-低压主安全阀；9、11、12、26、44-三位八通液控换向阀；10-液压开关液动阀；13、17、18、23、24、25-过载补油阀；14-铲斗液压缸；15、19、28、30、31-减压式先导阀；16-动臂液压缸；20-油温冷却器；21-背压阀；22-泵组（前泵、后泵、辅助泵）；27-三位九通液控换向阀；29-斗杆缸；32、47-止回阀；33-溢流阀；34-蓄能器；35、38-制动阀；37-回转液压马达；39-制动液压缸；40-斜轴式液压行走马达；41-速度调节阀；42-电液阀；43-液控三位十通换向阀；45-液控三位八通阀（回转）；46-液控三位八通阀（斗臂换向阀）；48、49-梭阀按照液压泵类型的不同,又分为双泵定量系统和双泵变量系统。

(1)双泵定量系统。

双泵定量系统如图3-18、图3-20所示。系统中每台液压泵的功率一般为发动机有效功率的1/2。定量泵的功率利用一般为54%~60%(参见图2-7)。当发动机的转速不变时,双泵定量系统中各执行元件原则上只有一种速度。当只需要进行单独动作时,为了提高功率利用,可以采用合流供油,工作速度则可增加一倍。

双泵定量系统的特点有:定量泵的结构简单、制造容易、成本低、工作可靠;由于液压泵很少在满载荷下工作,故使用寿命长;执行元件的速度受外载荷变化的影响小,工作装置的运动轨迹易于控制,挖掘质量较好,当要求挖掘轨迹有规则的形状时,这一点是很重要的;发动机的功率得不到充分利用。

(2)双泵变量系统。

双泵变量系统中,所用的液压泵为恒功率调节的变量泵。泵的功率特性曲线如图2-8所示。双泵变量系统的功率利用要比双泵定量系统高(参见图2-7)。双泵变量系统按其对发动机功率利用情况的不同,可分为分功率变量系统和总功率变量系统。

分功率变量系统和总功率变量系统的工作原理及两者比较均在第二章中讲述过,不再赘述。为了改善功率利用率和加快工作速度,在进行单个动作时,分功率变量系统可采用合流供油,见图3-26。不论是总功率变量系统还是分功率变量系统,其调节范围的大小都可以用变量系数 R 表示:

$$R=\frac{P_{max}}{P_{min}}=\frac{Q_{max}}{Q_{min}}$$

对斜轴泵又有:

$$R=\frac{\mathrm{Sin}\gamma_{max}}{\mathrm{Sin}\gamma_{min}}\approx\frac{\gamma_{max}}{\gamma_{min}}$$

由于 $\gamma_{max}=25°\sim27°$,$\gamma_{min}=9°\sim10°$,因此液压挖掘机中变量系数的最大值通常为2.5~3。

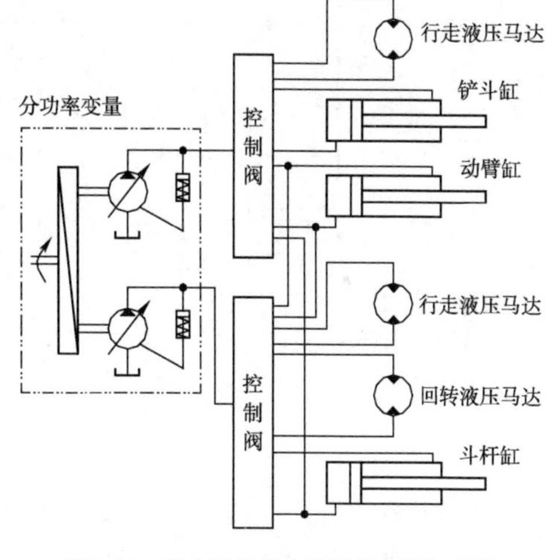

图3-26 带合流的分功率调节系统原理图

总的说来,在功率利用方面双泵变量系统要优于双泵定量系统,总功率变量系统要优于分功率变量系统。另外,执行元件分组是否合理,对于提高功率的利用十分重要。采用合流也是提高功率利用的一个途径(参见图3-26,图2-30)。

2)回转机构液压驱动

目前大中型液压挖掘机的回转机构,一般都采用全液压驱动。

(1)回转机构液压驱动的要求。

①在挖掘机的工作循环中,回转过程约占总工作循环时间的50%~70%,能量消耗约占25%~40%,因此提高生产率、减少回转时间是重要的一环。所以系统应尽量增加启动、制动力矩和角加速度,并减少回转过程中的能量损耗。角加速度的增加受发动机或液压泵及系统所提供的最大转矩和行走部分与土壤的附着力矩的限制。

②回转时的动载荷不可太大,因此转台的回转加速时间又不可太短,这主要取决于缓冲

制动阀或换向阀的性能。

(2)回转机构液压驱动类型及加速特性。

转台回转时,惯性载荷是主要载荷。在工作过程中,其他如风载荷、摩擦载荷等载荷一般可忽略不计。由于转台的回转角度一般为90°,最大不超过120°。因此,起动和制动时间在整个回转过程中占的比例较大,而动力则主要消耗在起动过程中。

①驱动类型:按液压泵和制动方式的不同,有如图3-27所示6种类型。

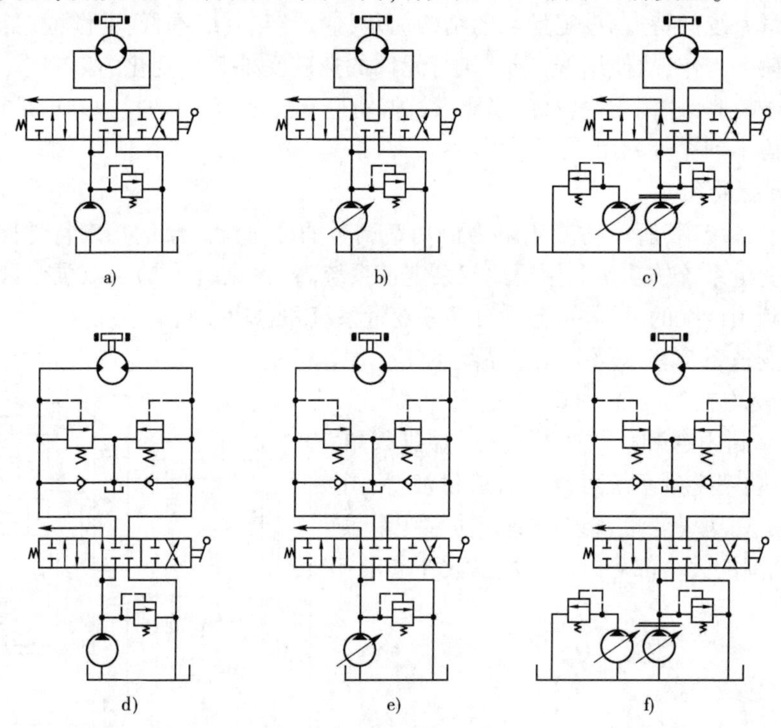

图3-27　回转机构液压驱动类型

图a)为定量泵供油、机械制动。起动时,换向阀换向,定量泵输出的压力油进入液压马达,转台转速由零逐渐增加。由于开始时液压马达转速低,定量泵的大部分压力油从溢流阀回油箱,随着转台转速的增高,进入回转马达的压力油逐渐增多,直到全部进入液压马达,溢流阀关闭。溢流阀调定压力的高低,决定了起动力矩的大小。制动时,换向阀回到中位,液压马达进出口油路接通,靠机械制动器使转台制动。

图b)为定量泵供油、液压制动。换向阀回到中位时,液压马达的进出口被切断,转台的转动惯量驱使液压马达转动,这时液压马达变成液压泵,其高压腔的油经过载阀回油箱而低压腔从补油阀补油,这样,在制动过程中转台的动能被液压系统吸收。改变过载阀的调定压力,可以控制制动力矩的大小。起动过程与a)相同,但这里既有安全阀又有过载阀,起动时哪个阀调定压力低,哪个阀就开启,并且开启的压力阀的调定压力值决定着起动力矩的大小。有的系统也将液压制动与机械制动并用,这时起主要作用的还是液压制动,只是当转台快要停止时,操作人员利用机械制动控制转台停止在准确位置。

图c)为分功率调节变量泵供油、机械制动。这种驱动方式与a)相似,只是将定量泵改为变量泵,加速特性有所不同。

图 d)为分功率调节变量泵供油、液压制动。这时转台的起动及加速的过程与 c)相同,而制动(减速)的过程与 b)相同。

图 e)为总功率调节变量泵供油、机械制动。

图 f)为总功率调节变量泵供油、液压制动。

后两种驱动方式采用总功率调节泵供油,当两回路的压力之和超过泵的起调压力时,进入总功率调节,这时转台的加速过程受另一路负载的影响,若另一路无负载,则发动机的全部有效功率用于转台的起动加速。

②加速特性:上述六种驱动类型的加速特性如图 3-28 所示。

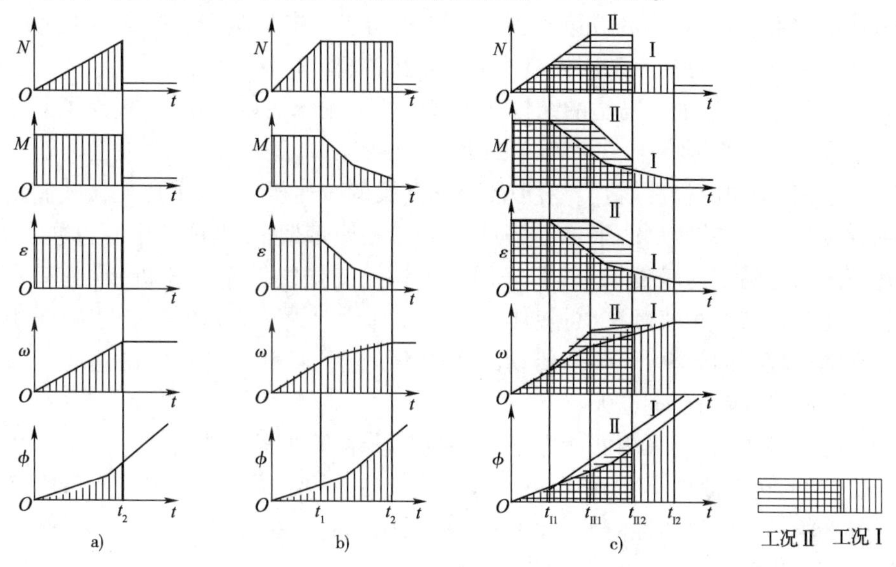

图 3-28 回转机构液压驱动的加速特性

图 a)为定量泵供油。开始起动时,缓冲制动阀(或溢流阀)开启,供油压力一定,因而转台的起动力矩 M 为常数。在起动力矩 M 作用下,转台转速 ω 由零逐渐增加,经过时间 t_2 达到 ω_2,此时泵的流量全部进入液压马达,缓冲制动阀(或溢流阀)关闭,起动过程结束。此后,转台便以相应于泵流量的转速 ω_2 匀速回转。

图 b)为分功率变量泵供油。回转驱动一般用发动机有效功率的一半,加速特性如图所示。起动过程可分为两个阶段:第一阶段($0 \leqslant t \leqslant t_1$),液压泵出口压力小于液压泵起调压力,此时的加速特性和定量泵一样;第二阶段($t_1 \leqslant t \leqslant t_2$),液压泵出口压力处于调节范围之内,具有恒功率特性。

图 c)为总功率变量泵供油。总功率变量泵供油的加速特性有两种典型工况。工况Ⅰ是两液压泵传递的功率相等,回转机构只能得到发动机有效功率的一半,此时加速特性Ⅰ与分功率变量泵供油的加速特性相同;工况Ⅱ是另一回路无载,转台以发动机全部有效功率工作。

对于工况Ⅱ,加速过程与工况Ⅰ相同,但参数数值不等。在加速的第一阶段($0 \leqslant t \leqslant t_{Ⅰ1}$),最高压力(由制动阀或安全阀限定)与工况Ⅰ相同,所以 $M_{Ⅱ1} = M_{Ⅰ1}$。加速的第二阶段($t_{Ⅱ1} \leqslant t \leqslant t_{Ⅱ2}$)为泵的恒功率调节阶段,工况Ⅱ传递的功率比工况Ⅰ传递的功率大一倍,在调节开始时($t = t_{Ⅰ2}$),工况Ⅱ的流量大一倍,故 $\omega_{Ⅱ2} = 2\omega_{Ⅰ1}$;在调节结束时($t = t_{Ⅰ2}$)泵达到最大流量,

故 $\omega_{Ⅱ2}=\omega_{Ⅰ1}$，此时工况Ⅱ的压力比工况Ⅰ的压力大一倍，故 $M_{Ⅱ2}=2M_{Ⅰ2}$。由此可见工况Ⅱ的变量系数 R 为工况Ⅰ的1/2。

从图中可以看出，两种工况在起动终了时的转台转速相等，但工况Ⅰ用的时间少（$t_{Ⅱ2}<t_{Ⅰ2}$），这是因为工况Ⅱ时转台得到的功率大，所以起动快。但工况Ⅱ在起动过程中的功率损失比工况Ⅰ大。采用总功率调节系统的液压挖掘机工作时的实际工况将介于工况Ⅰ与工况Ⅱ之间。

(3)高速方案与低速方案。

在挖掘机液压系统中，不论是回转驱动还是行走驱动，都有高速与低速两种方案。高速方案是采用高速液压马达，通过减速器驱动回转机构或行走机构（图3-21）；低速方案是采用低速大转矩液压马达直接驱动回转机构或行走机构（图3-18～图3-20）。

在高速方案中，高速液压马达的结构和系统中所采用的液压泵相同，提高了元件的通用性。高速液压马达的转速一般在850r/min以上，在制动时，因液压马达惯性回转对转台或履带的滑移影响小，即滑移性能好。对液压马达配置的减速机，可以采用机械式制动。高速马达回油背压小，而且结构尺寸小，减速机又可安装在履带架中，因此整机的通过性能较好。

高速液压马达的结构较复杂，一般采用大传动比的摆线针轮减速机，制造工艺比较复杂。而且高速马达加上减速机在质量、体积等方面都比较大。高速液压马达和摆线针轮减速机虽然都具有较高的效率，但整个传动的效率不一定比低速马达高。高速液压马达在回转时由于转速高，故转动惯量也大。

当传递的功率相同时，采用低速方案，在体积、质量等方面都要比高速液压马达配减速机小，且回转时的转动惯性小、工作可靠。低速液压马达的结构要比高速液压马达简单。

但低速液压马达的滑移性能差，背压大。而采用配流轴的低速液压马达泄漏大，这些都是低速液压马达的缺点。

低速方案和高速方案各有优缺点，目前在液压挖掘机中都有应用。在具体方案设计时，应该根据液压元件的产量、质量情况、主机厂的实践经验，具体考虑是采用高速方案还是采用低速方案。

3.2.9 液压挖掘机的机电液一体化控制系统

目前，机电液一体化是液压挖掘机的主要发展方向，其目的是实现液压挖掘机的全自动化；对液压挖掘机的研究正逐步向机电液一体化控制系统方向转移，使挖掘机由传统的杠杆操纵逐步发展到液压操纵、气压操纵、电气操纵、液压伺服操纵、无线操纵、电液比例操纵和计算机操纵等。

液压挖掘机的机电液一体化控制系统是对发动机、变量泵、多路换向阀和执行元件（液压缸、液压马达）等进行控制和操纵的系统。按控制功能可分为：位置控制系统、速度控制系统和力（或压力）控制系统；按被控对象可分为：发动机控制系统、变量泵控制系统、多路换向阀控制系统、执行元件控制系统和整机控制系统。目前，液压挖掘机的机电液一体化控制系统已发展到复合控制的层面。

1)发动机控制系统

由柴油发动机的外特性曲线可知，柴油发动机是近似的恒转矩调节，其输出功率的变化表现为转速的变化，但输出转矩基本不变化。节气门开度增加(或减小)，柴油发动机输出功率就增加(或减小)，由于输出转矩基本不变，所以柴油发动机转速也就相应的增加(或减小)，即不同的节气门开度对应着不同的柴油发动机转速。由此可见，对柴油发动机控制的目的是通过对节气门开度的控制来实现柴油发动机转速的调节。

目前液压挖掘机上采用的柴油发动机配置的控制装置有电子功率优化系统、自动怠速装置、电子调速器、电子节气门控制系统等。

2)变量泵控制系统

对变量泵的控制都是通过调节其变量摆角来实现的。根据控制类型的不同，可分为功率控制系统、流量控制系统和组合控制系统三大类。其中，功率控制系统有恒功率控制、总功率控制、压力切断控制和变功率控制等(参见2.3.2)；流量控制系统有手动流量控制、正流量控制、负流量控制、最大流量二段控制、负载敏感控制和电气流量控制等；组合控制系统是功率控制和流量控制的组合控制，在液压挖掘机上应用最为广泛。

3)液压多路换向阀控制系统

(1)先导型控制系统。

换向控制阀的控制类型有直动型(用手柄直接操纵换向阀主阀芯)和先导型两种。先导型是用先导阀控制先导油液，再用先导油液控制换向阀的主阀芯，其又分为机液先导型和电液先导型两类。

(2)负载敏感控制系统。

目前液压挖掘机常用的是三位六通多路换向阀，其微调性能和复合操作性能差。20世纪90年代以来，在液压挖掘机上开始采用负载敏感控制系统，其多路换向阀不论是开中心还是闭中心，都附带有压力补偿阀(参见2.3.2)。与传统的液压系统比较，负荷敏感控制系统的主要优点有如下方面。

①节省能源消耗。普通三位六通换向阀无论采用定量泵还是变量泵供油，总要有一部分油液经溢流阀溢流，浪费了能量。而使用负载传感变量系统，泵的流量全部用于负载上，泵的压力仅比负载压力高1～3MPa。

②流量控制精度高，不受负载压力变化的影响。

③几个执行元件可以同步运动或以某种速比运动，且互不干扰。而普通三位六通多路换向阀系统采用的是并联油路，当几个执行元件同时动作时，泵输出的油液首先流向压力低的执行元件，不能保证同步。

(3)完全负载敏感控制系统。

完全负载敏感控制系统由负载敏感控制阀和负载敏感控制变量泵组成。

上述的负荷敏感控制阀只解决了滑阀的微调性能和复合操作性能，而没有解决节省能源问题。定量泵和负荷敏感控制阀的系统也没有节省能源消耗，因为泵所输出的流量超过执行元件(液压缸和液压马达)所需要的流量时，多余的油液经压力补偿阀流回油箱(为保持压差恒定)变为热能。只有完全负荷敏感控制系统才能有效地节省能源。

(4)负载独立流量分配系统。

负载独立流量分配系统简称LUDV系统，工作原理参见2.3.2。当多个执行元件同时工作、所需的流量大于液压泵输出的流量时，会产生供油不足的现象，这时无法使正在工作的执行元件与负载压力无关的控制得到保证。LUDV 系统能保证在供油不足时所有执行元件的工作速度按比例下降,从而获得与负载压力无关的控制。

4)液压执行元件控制系统

(1)行走自动双速切换系统。

行走自动双速切换系统只有在行走速度转换开关处于高速位置时才具有此功能。此时,电信号使行走双速电磁阀换向,通过变量活塞使行走马达切换至小排量,挖掘机可实现高速行走。

行走自动双速切换系统还受行走压力的影响,在上坡等行驶阻力增大时,控制选择阀向低速的一侧换向;变量活塞的控制油压卸荷,使行走马达自动向大排量位置切换,降低行走速度,使行驶驱动力增大。

挖掘机在平地上行走及下坡行走等工况时,行走阻力变小,控制选择阀再次换向,通过变量活塞使行走马达的排量又自动回到小排量位置,使挖掘机高速行走。

(2)转台回转摇晃防止机构。

转台回转摇晃防止机构是挖掘机转台回转停止后消除其摇晃的机构,其工作原理是:在回转马停止转动的过程中,反转防止阀两侧受卸荷压力作用,弹簧压缩。由于左、右压力相等,反转防止阀不能换向。

回转马达停止转动后,出口侧压力比进口侧高,对回转马达产生反向作用,回转马达摇晃,此时进口侧压力比出口侧的高,对反转防止阀产生压力。由于阀中有节流孔,产生时间滞后,滑阀移动,从而使马达的进口与出口联通,压力相等。因此,转台回转摇晃仅一次而已。

(3)挖掘作业控制系统。

液压挖掘机的挖掘作业主要由液压系统中的四个执行元件(转台回转马达、动臂液压缸、斗杆液压缸和铲斗液压缸)来完成。为了提高挖掘机的生产率和节省能源消耗,在挖掘作业过程中,需要这四个执行元件之间协调动作,即挖掘作业控制系统应具备如下三项功能:

①挖掘控制功能。铲斗能做沿水平面或与水平面成一定角度的直线运动、圆弧运动或任意轨迹运动。

②装载控制功能。完成满斗提升、回转和卸载。在这一过程中要求铲斗相对于地平面保持开始提升时的角度,以防止铲斗内物料在提升过程中撒落。

③复位控制功能。卸载后通过动臂、斗杆、铲斗和回转等四个动作的联动,使铲斗恢复到开始挖掘的位置。

5)液压挖掘机整机控制系统

(1)液压系统油温控制系统。

液压系统的功率损失大部分转变为热量,引起油温升高。其结果不仅使液压系统效率下降,也会加速油质的恶化。据相应的研究结果表明,液压油温度超过55℃后,每升高9℃,油液的使用寿命将缩短一半。因此,应尽量避免液压油温度过高。

将油温控制装置与节能控制装置组合,油温控制装置工作时先将热熔式超温保护器设定在系统的合理温度范围之内,然后闭合磁钢式限温开关,在自锁功能的控制下使温度控制开关断开。当油液温度升高到热熔式超温保护器的调定温度时，磁钢式限温开关自动断开，使温度控制开关吸合。与此同时，温度控制指示灯发亮，发出预警指示。该指示信号又通过电子节能控制模块的作业模式选择开关和节气门电子控制器，对柴油机的节气门开度进行控制，使用柴油机转速降低，从而减少液压泵的流量，控制液压系统的热量产生，避免油液温度持续上升。

温度预警解除后，通过磁钢式限温开关的吸合，消除油液升温对电子节能控制模块的影响，从而使挖掘机恢复正常工作状态。

(2)液压挖掘机工况监测与故障诊断系统。

液压挖掘机工况监测与故障诊断系统在改进挖掘机的维修方式，保证挖掘机安全运行和消除事故隐患等方面起着重要作用。该系统目前有两种类型：一种是手持式诊断计算机，需要插入挖掘机工况监测系统的接口，将工况参数导入诊断计算机，通过诊断计算机中的软件做出故障诊断；另一种是安装在挖掘机上的工况监测系统，采用远程通信技术，将挖掘机的工况参数和故障信息传输至维修管理中心，维修管理中心的计算机屏幕上实时显示各台挖掘机的运转情况。

(3)自动挖掘控制系统。

利用激光发射器的自动挖掘控制系统，其基本原理是在施工现场设置一个回转式激光发射器，它可以控制数台挖掘机在同一要求的基准面上作业。在挖掘机上装有激光接收器，其上有三只光靶——上光靶、下光靶和基准光靶。当激光发射器发出的激光束恰好击中基准光靶时，挖掘机的工作装置保持在要求的理想工作面上作业。若外界因素变化使挖掘机的工作装置偏离了要求的理想工作面，则激光束会射在上光靶或下光靶上，说明工作装置已产生了偏离现象。这时上光靶或下光靶会把光信号转化为电子指令信号驱使设在挖掘机上的电液控制阀动作，从而达到控制液压油的流向，使挖掘机的工作装置重新回到要求的理想工作面上作业。利用激光发射器的自动挖掘控制系统可大大减轻操作人员的劳动强度，并获得较好的挖掘作业质量。

(4)遥控挖掘机。

遥控挖掘机是指可以通过有线或无线装置进行远距离操纵的挖掘机。一般有线遥控距离为150～300m，无线遥控距离为1500～2000m。

在远距离操纵装置内，操纵手柄的位移量转换为电压，再由A/D转换器转换成数字值，用发射机将信号发射到挖掘机上。挖掘机接收信号的过程与发射时正好相反，由D/A转换器将数字值转换成电流值，通过电液比例阀，使执行元件(液压缸或液压马达)动作。其他动作也是靠接收无线信号后，通过电磁阀使执行元件动作的。

(5)液压挖掘机综合控制系统。

液压挖掘机综合控制系统的主要特点有如下方面。

①采用了电子控制压力补偿的负载敏感液压系统。它由负载敏感控制阀和负载敏感控制变量泵组成，液压泵的输出流量始终等于执行元件(液压缸、液压马达)所需要的流量。

②采用了电子控制动力调节系统。主要是通过计算机对发动机和变量泵进行功率设定，确定发动机节气门开度和变量泵的排量。这样，可根据挖掘机不同的作业工况，采用不同的发动机特性和液压泵特性，其特性曲线都是由计算机软件来决定的。

③采用了人工与电子联合控制的操纵系统。因挖掘机的作业现场情况多变，操作复杂，尚不能离开人工操纵，但电子控制起到了重要的辅助调节作用。例如，在挖掘机整个作业过程中操作人员可以只操纵一个手柄，其余动作都是自动化的连锁动作。但采用手动优先原则，手动操纵时自动控制系统暂停运作。

④采用状态监测与故障诊系统，可以及时发现和处理挖掘机出现的故障。

3.3 自行式起重机液压系统

3.3.1 概述

在轮式底盘或履带式底盘上安装起重设备，可以自行转移吊装地点，完成吊装任务的机械称为自行式起重机。自行式起重机包括汽车起重机和履带起重机两类，广泛应用于运输、建筑、装卸、矿山及公路建设及养护工程。

汽车起重机主要由起升、变幅、伸缩、回转、支腿和行走机构成。除行走机构外，均采用液压传动。起升机构由液压马达通过减速装置驱动卷筒旋转，继而通过钢绳、吊勾起吊重物。变幅机构是由液压缸驱动工作臂升降，以达到改变幅度的目的。伸缩机构由液压缸驱动套筒式伸缩臂伸缩，以达到改变吊臂长度的目的。回转机构是由液压马达通过减速装置，使小齿轮和大齿圈啮合传动，以使上车相对下车回转。支腿是液压缸将汽车起重机底盘顶起，以便使起重机安全、稳定地工作。

汽车起重机完成起重工作时，作业循环通常是起吊——回转——卸载——返回，有时还加入间断的短距离行驶运动。由于起重机是间歇工作的机器，具有短暂而重复工作的特征，其工况是经常变化的，各机构的工作繁忙程度也是不同的，并且起吊、制动频繁，经常受到冲击载荷的作用。起重机液压系统必须满足这些工况的要求。

汽车起重机液压系统一般采用定量系统开式循环油路较多，有单泵串联系统、双泵双回路系统和多泵多回路系统，但有的也采用变量液压系统。对于轻型汽车起重机（起重质量为5t以下）可采用单泵（或双泵）单回路系统，这种系统由于整台汽车起重机由一台或两台液压泵供给压力油，通过一个回路实现吊臂变幅、转台回转、吊臂伸缩和支腿等动作，所以不便于做复合动作，也不利于充分利用发动机功率。

对于全回转式汽车起重机（转台可任意旋转360°），需要两个动作同时进行的机会很多，故多采用双泵双路系统，它可以使发动机功率分别用于两种作业，既能很好配合，又可以各自独立工作。

在一些需要复合动作较多、各执行元件动作独立较强的汽车起重机或重型（起重质量为15～50t）、超重型（起重质量在50t以上）汽车起重机上则宜采用多泵多路系统。

汽车起重机是安装在通用或专用载重汽车底盘上的起重机。由于它是利用汽车底盘，所以具有汽车的行驶通过性能，机动灵活，行驶速度高，可快速转移。由于汽车底盘通常由专业厂生产，因而在现成的汽车底盘上改装起重机比较容易。但缺点是起重机总体布置受汽车底盘限制，一般车身较长，转弯半径大，并且只能在起重机左右两侧和后方作业。

履带式起重机由动力装置、传动系统、起升机构以及动臂、转台、底盘等组成。动臂为多节组装桁架结构,调整节数后可改变长度,其下端铰装于转台前部,顶端用变幅钢丝绳滑轮组悬挂支承,可改变其倾角。也有在动臂顶端加装副臂的,副臂与动臂成一定夹角。起升机构有主、副两卷扬系统,主卷扬系统用于动臂吊重,副卷扬系统用于副臂吊重。

转台通过回转支承安装在底盘上,其上装有动力装置、传动系统、起升机构、平衡重和驾驶室等。动力装置通过回转机构可使转台作360°回转。回转支承由上、下滚盘和其间的滚动件(滚球、滚柱)组成,可将转台上的全部载质量传递给底盘,并保证转台的自由转动。

底盘包括履带行走机构和支架等组成。由于行走履带接地面积大,适应性强,所以作业时无须支腿支承,并可带载行走。履带式起重机适用于建筑工地的吊装作业,还可进行挖土、夯土、打桩等多种作业。但因行走速度缓慢,长距离转移时需要采用拖车搬运。

3.3.2 QY3 汽车起重机液压系统

QY3 汽车起重机额定起重质量为3t,最大起重高度为14.7m,采用SH-130 汽车底盘,并进行了加固;起升、制动、回转、变幅、伸臂和支腿等工作机构全部采用液压传动;是汽车起重机系列中最小型的。

QY3 汽车起重机的液压系统如图3-29 所示,为定量开式系统。整个系统由两台定量泵供油,液压泵1为齿轮泵,工作压力为28MPa,流量为10L/min,向回转回路供油;液压泵2为轴向柱塞泵,工作压力为28MPa,流量25L/min,向起升、制动、变动、变幅、伸臂和支腿等构成的串联回路供油。

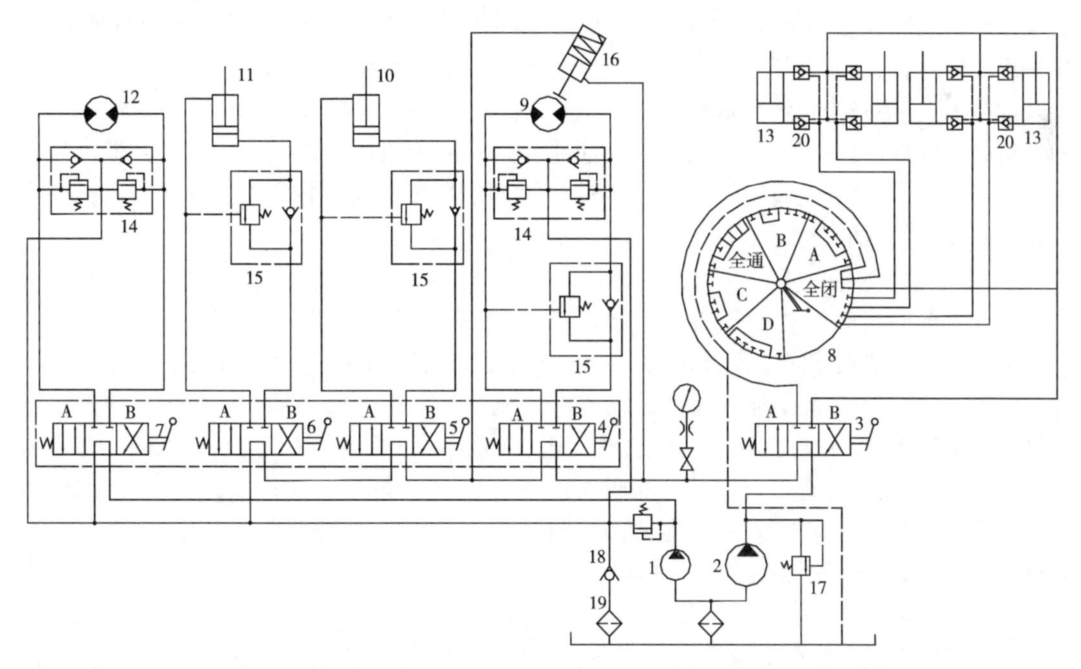

图3-29 QY3 汽车起重机液压系统图

1-齿轮泵;2-轴向柱塞泵;3-换向阀;4-起升换向阀;5-伸缩换向阀;6-变幅换向阀;7-回转换向阀;8-转阀;9-起升液压马达;10-伸缩臂液压缸;11-变幅液压缸;12-回转液压马达;13-支腿液压缸;14-缓冲补油阀;15-平衡阀;16-制动器液压缸;17-溢流阀;18-背压阀;19-滤油器;20-液压锁

1)支腿回路

由于汽车轮胎的支承能力有限,汽车起重机在起吊重物时必须放下支腿作刚性支承,将轮胎架空。为使动作迅速,四个支腿应能同时升降,而在机架调平时,每个支腿又能单独升降,这样,换向阀至少要有 11 个工位。为使结构紧凑和操作方便起见,支腿回路采用三位滑阀和六位转阀串联的换向方案。液压泵 2 输出的压力油首先进入支腿回路,将换向阀 3 移至 B 位,再旋动转阀 8,即能使四个支腿同时支承和单独调平。如将阀 3 移至 A 位,再旋动阀 8,就可使四个支腿同时收起和单独收。为了防止液压支腿在支承过程中发生“软腿”现象(液压缸上腔油路泄漏引起)或在行车过程中自行沉落(液压缸下腔油路泄漏引起)故在每个支腿液压缸 13 的回路中均设有双向液压锁 20。

2)起升回路

起升机构是起重机的主要执行机构,它对液压传动系统的要求,除了必须满足最大起重质量和升降速度之外,尚须满足调速性能好、换向冲击小、升降平稳、无爬行和超速现象、重物停留在空中时的沉降量要尽可能小等。本系统的起升回路采用低速大转矩的内曲线径向柱塞马达,结构比较紧凑。由于系统是串联回路,所以支腿回路的回油即起升回路的进油。当换向阀 4 处于 A 位时,液压油通过中心回转接头、平衡阀 15 中的止回阀进入起升液压马达 9,驱动卷筒正转,使重物上升,上升速度由换向阀阀口的开度来调节。马达的回油是经过背压阀 18 再流回油箱。背压阀的作用主要是使马达具有 0.5 ~ 1MPa 的回油背压,以防滚轮脱离滚道,且能改善低速运转的平稳性。但是,开式系统中的回油背压是一种能量损失,将增加系统发热。当换向阀 4 移到 B 位时,起升马达回路换向,但这时回油路被平衡阀锁紧,必须待左边油路建立一定压力之后,通过控制油打开平衡阀 15 中的顺序阀,使回油畅通,液压马达反转,重物才能下降。平衡阀能限制重物因自重沉降,并防止超速下降。回路中的缓冲补油阀 14 是用来防止油路过载或产生负压,尤其是在突然制动的情况下,由于运动部件和油液的惯性作用,往往使液压马达一边油路受到很大的液压冲击而另一边油路却出现负压。油路中出现负压时,系统回油路中的油液在背压阀 18 压力的作用下打开缓冲补油阀中的止回阀充入负压油路。

3)制动回路

起升卷筒的制动采用常闭式的点盘制动器,它使起升卷筒在平时一直处于制动状态,只有在起升卷筒需要旋转时才松开制动。由于起升回路的后面还有其他串联的工作回路,因此制动器 16 的工作回路必须设置双控制回路才能使其与起升液压马达 9 的工作协调。当起升回路不工作,换向阀 4 处于中位时,阀 4 进、回油路的压力基本相等,制动器便在弹簧力的作用下,夹紧卷筒边缘予以制动。当阀 4 接左或右位工作时,阀 4 进油路的压力升高,进油路和回油路之间形成压差,制动器两侧控制油路压力不平衡,将弹簧推开松闸,以便让起升液压马达 9 驱动卷筒旋转。

4)伸缩回路

QY3 型汽车起重机的起重臂共有三节,一节基本臂、一节伸缩臂和一节拆装式的副臂,可根据需要的起重质量和起吊高度来确定用几节臂工作,其中伸缩臂是由伸缩液压缸 10 驱动伸缩。起升回路的回油,紧接着流入伸缩回路。当换向阀 5 接左或右位工作时,液压油通过中心回转接头进入伸缩臂液压缸 10 驱动伸缩臂外伸或缩回。为了防止活塞杆在油路泄漏或油管破裂等情况下自行缩回,在液压缸大腔的油路上设置了平衡阀。

5)变幅回路

系统串联回路中的最后一个回路是变幅液压缸 11 的工作回路,变幅回路的情况基本和伸缩回路一样。根据串联系统的特点可知,在系统压力不满载的情况下,各串联回路均可同时动作,例如起升回路和变幅回路同时工作,这样可以提高工作效率,亦是某些吊装工况所求的复合动作。

6)回转回路

为了减少机械零部件的规格和型号,回转机构采用了和起升机构相同的低速大转矩液压马达,但回转液压马达 12 所需的流量和工作压力比起液压马达 9 以及其他执行元件来说要小得多,因此专门由液压泵 1 供油。这样回转机构能与起升机构作各自独立调速和调压的联合动作,这也是起重机所要求的动作。考虑到回转液压马达在制动和换向时,由于惯性作用所产生的液压冲击很大,故油路上亦设有缓冲补油阀 14。

3.3.3 QY8 汽车式起重机液压系统

QY8 汽车起重机是在 JN-150 汽车底盘基础上改装的,最大起重质量为 8t,主要是用于工厂、矿山、码头、料场和建筑工地进行装卸或安装作业。图 3-30 为该机液压系统图。

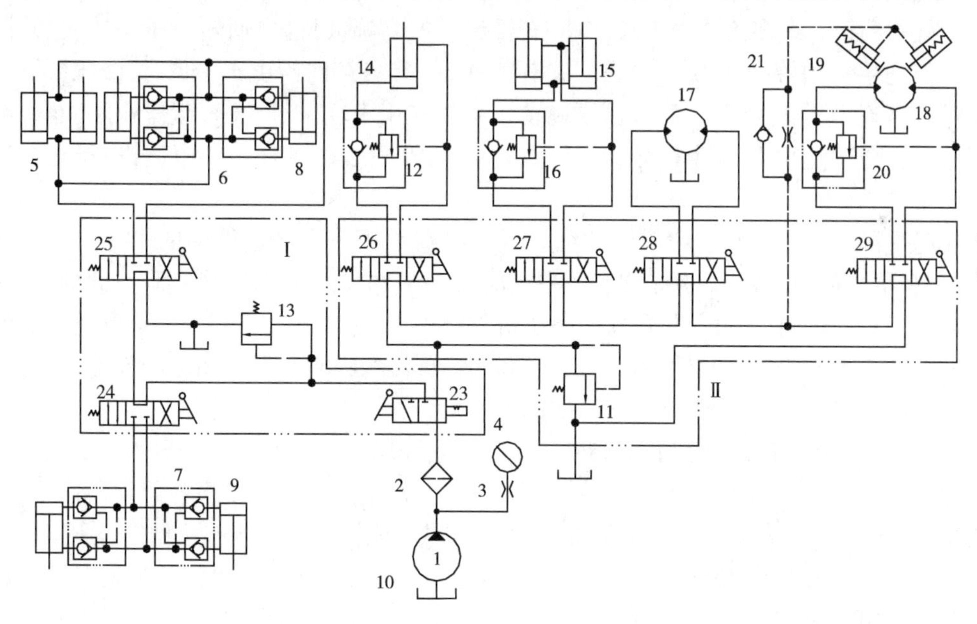

图 3-30 QY8 汽车起重机液压系统

1-液压泵;2-滤油器;3-阻尼器;4-压力表;5-稳定器液压缸;6、7-液压锁;8-后支腿液压缸;9-前支腿液压缸;10-油箱;11、13-安全阀;12、16、20-平衡阀;14-伸缩臂液压缸;15-变幅液压缸;17-回转液压马达;18-起升液压马达;19-制动器液压缸;21-止回节流阀;23、24、25-第Ⅰ组换向滑阀;26、27、28、29-Ⅱ组换向滑阀

起重机为全回转式,分为平台上部和平台下部两部分。整个液压系统除油箱、液压泵、滤油器、前后支腿和稳定器液压缸外,其他液压元件都布置在平台上部。上部和下部的油路通过中心回转接头连接。

起升机构及回转机构均由 ZM40 型轴向柱塞式液压马达驱动,该液压马达转矩小、转速高。在起升机构中,高速小转矩液压马达通过圆柱齿轮减速器驱动卷筒转动。在回转机构中,高速小转矩马达通过蜗杆减速器与齿轮传动机构驱动平台回转。起重机中吊臂的伸缩和变幅,分别由液压缸 14 和 15 驱动。

整机液压系统由一台 ZBD-40 型轴向柱塞泵供油,各执行元件的动作由两组多路阀控制。第I组多路阀中的二位三通阀 23 用以完成供油方向的转换,在图示位置液压泵输出的油液经中心回转接头直接送往平台上部,而不经过支腿换向阀,阀 23 改变位置之后,液压泵供油进入平台下部的支腿换向阀 24、25,完成收、放支腿的任务。

手动换向阀 24 和 25 之间组成串联回路,可同时操纵前后支腿动作。为了保证起重机的稳定,要求放支腿时先放后支腿,收支腿时后收后支腿,这样的收放顺序可由操作人员控制。此外,车体是通过板弹簧悬挂在后桥上的,当用支腿将车体撑起时,由于钢板弹簧恢复变形,即使支腿将车体撑起很高时,后轮胎仍不能离地。为此,在车体上安装了稳定器。稳定器液压缸油路并联,当放后支腿时,稳定器液压缸的活塞杆会首先伸出(因阻力小),推动挡块将车体与后桥刚性连接起来,使起重作业时稳定性较好,收支腿时,由于车重的作用,支腿液压缸的活塞杆先收回,随后稳定器液压缸的活塞杆才收回。

在支腿液压缸上装有液压锁,以防止起重作业时活塞杆因滑阀泄漏而自动缩回。同时,液压锁直接安装在支腿液压缸上,以避免油管破裂时可能造成的重大事故。

系统中的第Ⅱ组多路阀用来控制伸缩臂液压缸、变幅液压缸、回转液压马达、起升液压马达动作,多路阀中的四联换向滑阀组成串联油路。当各换向阀由于中位时,液压泵输出的油液经多路阀后又流回油箱,使液压泵卸荷。由于采用串联系统,在轻载作业时,起升和回转可进行复合动作,以提高生产效率。但在重载情况下,受供油压力的限制,进行复合动作比较困难。

在起重机中,起升、变幅和吊臂伸缩在重力载荷作用下有超速下降的可能。因此在起升、变幅和吊臂伸缩油路中,分别设置了平衡阀 12、16、20 以保持其平衡下降。此外,平衡阀又能起到液压锁作用,亦可以将吊臂与吊重可靠地支承住。因此,平衡阀是起升类机械的液压系统中必不可少的液压元件。在使用平衡阀时,应注意将它串联在高压分支油路中,控制压力由低压分支供油(其控制压力为 4.5MPa)。

在起升机构中,还设有常闭式制动器 19。当起升机构工作时,由系统压力将制动器自动打开,液压马达停转时,在弹簧力的作用下自动上闸,这里的控制器仅作为停止器使用,以防止液压马达因内漏而造成吊重下降。此外,在制动器控制油路中,装有止回节流阀 21,其作用是使制动器上闸迅速,松闸缓慢。这样,当吊重停在半空中再起升时,可避免液压马达因重力载荷作用,而产生瞬时反转现象。

起重机回转速度很低,一般转动惯性力矩不大,所以在回转液压马达的进回油路中没有设过载阀和补油阀。

系统中的压力控制是由两组多路阀中的安全阀实现的。安全阀 13 用来控制支腿回路中的最大工作压力,调整值为 16MPa;安全阀 11 用来控制液压泵及平台上部系统的最大工作压力,其调整整值为 25 ~ 26MPa。

滤油器 2 安装在液压泵出口油路上,这种方式可以保护除泵以外的全部液压元件。为了防止因堵塞而使滤芯击穿,在滤油器进口之前设置压力表 4,当液压泵处于卸荷状态下运转时,压力表读数不得超过 1MPa;若大于此值就必须设法清洗滤芯。

该机采用了定量泵开式系统，各机构的速度调节主要是通过改变发动机的转速，从而改变液压泵的输出流量来实现的。另外，也可以利用换向阀进行节流调速，两种调速方法的恰当配合，可以达到20cm/min的微速下平稳工作。

3.3.4 QY40汽车起重机液压系统

QY40汽车起重机最大起重质量为40t，适用于建筑安装及重物装卸工作。该机除行走部分外，起升、回转、变幅、臂架伸缩及支腿等均采用液压传动。图3-31为QY40汽车起重机液压系统原理图。

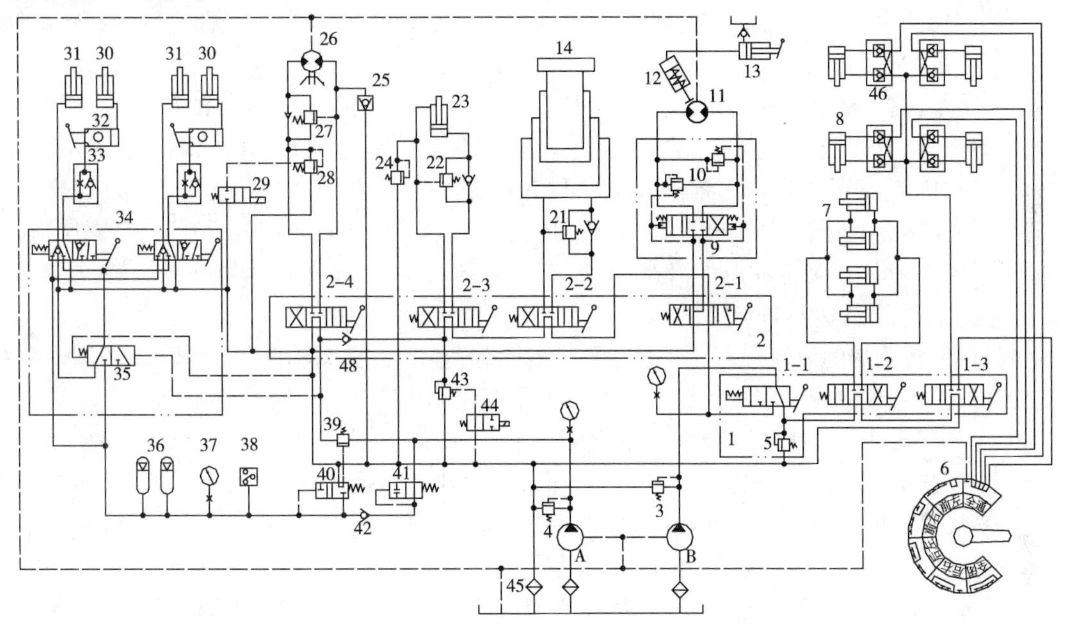

图3-31 QY40汽车重机液压系统原理图

1、2-换向阀组；3、4、5-安全阀；6-转阀；7-水平支腿液压缸；8-垂直支腿液压缸；9-液动阀；10-双向制动缓冲阀；11-回转液压马达；12-回转制动缸；13-脚踏制动器；14-伸缩臂液压缸；21、22、27-平衡阀；23-变幅液压缸；25、42、48-止回阀；26-起升液压马达；28、43-远控溢流阀；29、44-两位电磁换向阀；30-起升制动器液压缸；31-起升离合器液压缸；32-脚踏泵；33-止回节流阀；34-手动换向阀组；35、40、41-两位液控换向阀；36-蓄能器；37-压力表；38-压力继电器；39-远控顺序阀；45-滤油器；46-液压锁；A、B-液压泵

该系统为开式双泵定量双回路系统，由两台规格相同的定量柱塞泵供油。两台泵的分组如下：

A泵——→起升液压马达

B泵——→{支腿；回转——→伸缩——→变幅}

动作频繁的起升回路由A泵单独供油，为获得快速起升的要求，A、B两泵可合流向起升回路供油，不但扩大了调速范围，还充分利用了发动机的功率。回转、伸缩和变幅组成串联回路。

1）支腿回路

该回路由B泵供油，通过控制阀组1控制操作。当控制阀组1的转换阀1-1处于图示位置时,B泵只向支腿回路供油,回路压力由安全阀5限制。支腿由水平液压缸和垂直液压缸构成H型支腿机构。并联的水平液压缸7由换向阀1-2操纵,垂直支腿缸8由换向阀1-3和转阀6共同操纵。打开支腿时,使阀1-3处于右位,转阀6处于全通位置。B泵输出的液压油经阀1-1、1-3和转阀全通位置,同时向四个垂直支腿液压缸上腔供油,活塞杆伸出将车体支起。根据地面情况,车体需要调平时,可调整转阀6到相应位置,使某一垂直缸单独动作。各垂直缸都有双向液压锁(液控止回阀),可长时间保持垂直缸活塞处于某一确定的位置不变,不会因载荷或自重的改变而改变。

2)回转回路

回转回路由B泵向NJM-28型低速大转矩内曲线定量液压马达供油,驱动转台回转由控制阀组2中的换向阀2-1操纵。

在图示位置,液动阀9的两端控制压力相等(通过换向阀2-1中位与油箱相通)而处于中位,液压马达进出油口关闭,液压马达处于制动状态,B泵的排油经换向阀2-1中位、2-2中位、2-3中位、背压阀43低压流回油箱,呈卸荷状态。

当换向阀2-1处于右位、转换阀1-1处于左位时,液控阀9右侧控制压升高,左侧控制压通油箱,于是随着B泵排油压的升高,液控阀9被推入右位,液压马达便开始旋转,换向阀2-1左位时,液压马达反向旋转。

虽然回转机构的双向静载都不大,但其惯性载荷较大,在制动和反转时易出现液压冲击,换向的平稳性由液控阀9保证,而制动的平稳性则由双向制动缓冲阀10保证。当换向阀2-1回中位、液控阀9也回中位时,液压马达在机械惯性力的作用下,继续旋转,液压马达处于泵工况,进而使液压马达的出口压力升高,当达到制动缓冲阀10调定压力时,阀10开启,将液压马达的进出油口接通形成回路,在该制动力矩的作用下,使液压马达平缓地停止。这时的惯性能全部消耗在制动缓冲阀上。为了防止制动时的过大冲击,制动阀10的压力不能调得过高,又考虑到定位的准确性,增设脚踏制动器12,使回转机构准确地停在某位置上,并使制动平稳。

3)伸缩回路

该起重机有四节臂架,其中三节为活动臂,分别由三个单级双作用液压缸推动伸缩。臂架按一、二、三顺序伸出,按三、二、一的顺序缩回,采用机动换向阀的顺序回路。图3-32是其结构简图。液压缸16的活塞杆端头固定在基本臂的端头,而其缸体固定在第一节活动臂内侧,故缸16的缸筒外伸时,带动三个活动臂架同时外伸。缸15的活塞杆端头固定第一节活动臂架的端头,缸筒则固定在第二节活动臂架的内侧,故缸15的缸筒外伸时,带动第二、三节活动臂架同时外伸。液压缸14的缸筒端部固定在第二节活动臂架的端部,活塞杆端部则固定在第三节活动臂架的内侧,当活塞杆外伸时,第三节活动臂架外伸。

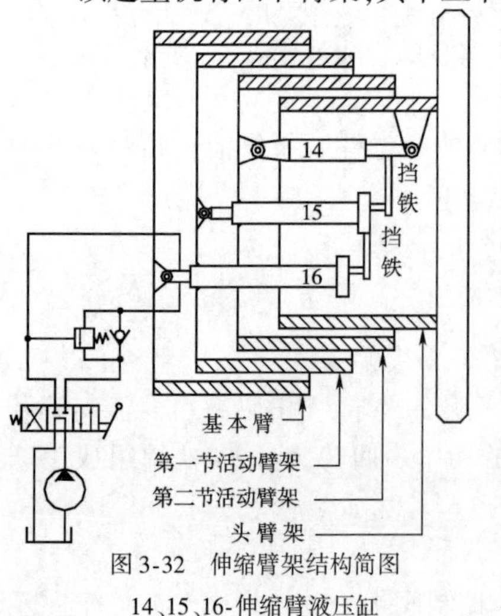

图3-32　伸缩臂架结构简图
14、15、16-伸缩臂液压缸

图3-33是伸缩机构液压原理图,其中图3-33a)为完全缩回状态,图3-33b)为完全伸出状态。

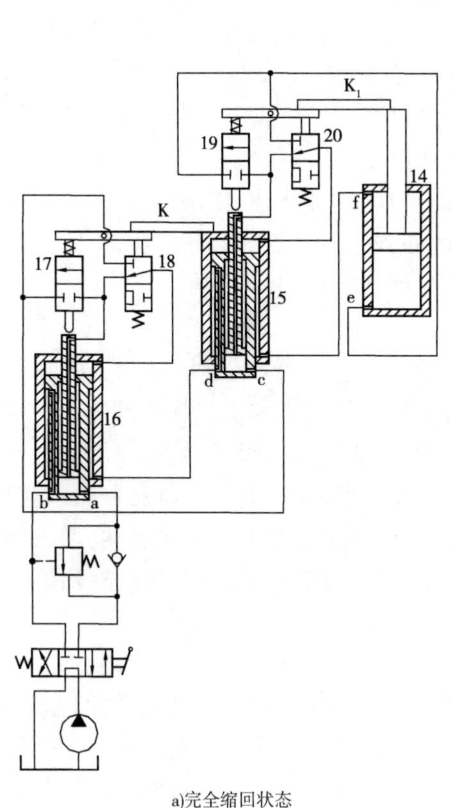

a)完全缩回状态

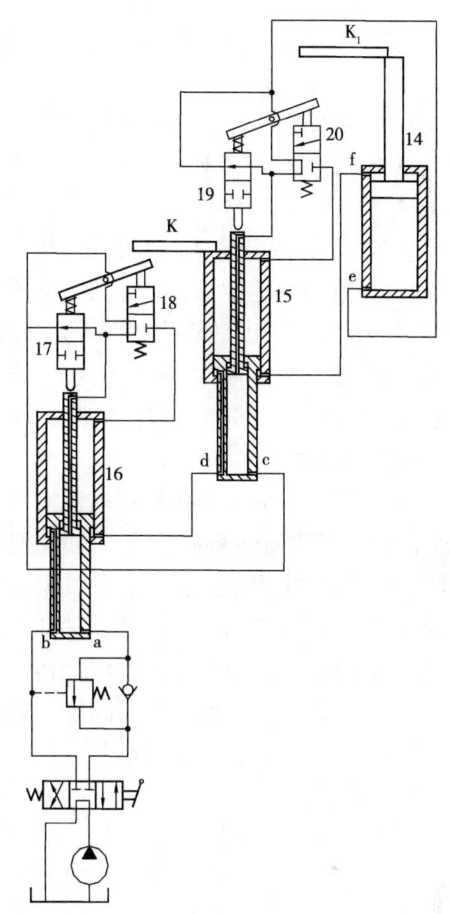

b)完全伸出状态

图 3-33 QY40 伸缩机构液压原理图

14、15、16-伸缩臂液压缸;17、18、19、20-行程顺序阀

图 a)中换向阀处于右位,液压泵输出的油通过平衡阀中的止回阀、液压缸 16 的活塞上的 a 口、中间油管、行程顺序阀右侧阀芯 18 上位(图示位置)流入液压缸 16 的大腔,推动缸筒移动,带动第一节活动臂架外伸。液压缸小腔的油经活塞杆外侧通道,由 b 口经换向阀回油箱。此时,液压缸 15、14 的进、出油口因阀 17、19 均处于下位工作而封闭,与第一节活动臂架一起运动(无相对运动)。当液压缸 16 到达行程终点时,行程顺序阀 17 的阀芯脱离导向活塞的限制,在弹簧力的作用下向下移动,上位工作。此时,液压缸 16 的中间通道与液压缸 15 的中间通道 C 口接通,压力油从 C 口经中间通道、行程顺序阀 20 上位(图示位置)进入液压缸 15 的大腔,使缸筒外伸,小腔的油通过活塞杆外侧通道 d 进入液压缸 16 小腔,经 b 口、换向阀流回油箱。当液压缸 15 向上移动时,固定在缸筒上的挡铁 K 离开行程顺序阀 18 的阀芯,则阀芯在弹簧力的作用下向上移动,下位工作,将液压缸 16 大腔封闭保持伸出状态,而将液压缸 16 的中间通道与液压缸 15 的中间通道完全接通。当液压缸 15 达到行程终点时,阀 19 上位工作,压力油经阀 19 上位、e 口进入液压缸 14 的大腔,活塞杆外伸,带动第三节活动臂架外伸。小腔回油路经 f、液压缸 15 小腔活塞杆 d 口、液压缸 16 小腔活塞杆 b 口、换向阀回油箱。此时液压缸 14 活塞杆上的挡铁 K_1 解除对阀 20 阀芯的约束,在其弹簧

力的作用下上升，下位工作，保证了缸 15 的外伸状态。全部外伸的油路状态如图 3-33b）所示。

外伸顺序是一、二、三，缩回顺序是三、二、一。换向阀处于左位工作时，泵的来油从缸 16 的 b 口进入，经 d、f 口进入液压缸 14 的小腔，由于此时液压缸 15、16 的大腔分别被阀 18、20 封闭，故液压缸 16、15 不能缩回，只有液压缸 14 的活塞杆缩回，此时液压缸 14 大腔的回油路经阀 20 下位、液压缸 15 中间通道、C 口、阀 17 上位和 18 下位，液压缸 16 中间通道、a 口、平衡阀（限制缩回速度）、换向阀左位回油箱。当液压缸 14 活塞杆完全缩回时，挡铁 K_1，迫使阀 20 上位工作，于是液压缸 15 的大腔通过阀 20 上位与回油相通，使液压缸 15 缩回。当液压缸 15 完全缩回时，导向活塞（中间通道）将阀 19 的阀芯顶起，下位工作，将液压缸 14 的回油完全切断，同时将阀 18 压下使液压缸 16 缩回，过程与上述相同。

4）变幅回路

如图 3-31 所示，QY40 起重机变幅回路中，当阀 2-3 右位工作时，液压泵 B 来的压力油经止回阀进入变幅缸下腔，上腔的回油经换向阀回油箱，活塞杆上移。当换向阀 2-3 左位工作时，泵 B 的供油经换向阀 2-3 到变幅缸上腔，同时控制平衡阀的阀芯，当进油压力高于平衡阀的调整压力时，平衡阀打开回油通路。当液压缸活塞下降时，由于载荷及自重的作用，会使活塞加速下降，当上腔压力因此而下降时，会使平衡阀阀芯向关闭方向运动，增大回油阻力，减小下降速度。由于平衡阀本身的阻尼作用，使阀芯动作平稳，因而液压缸活塞的下降速度不会时而增大、时而减小。

5）起升回路

图 3-34 是 QY40 汽车起重机起升回路液压系统图，起升机构包括主、副卷扬两套装置。两套卷筒支承在同一根传动轴上，但并不与轴固定，而是通过两套常开式离合器分别与传动轴连接。该传动轴由液压马达通过机械减速装置驱动。两卷筒上各有一套常闭式制动器，当打开制动器、不挂离合器时，卷筒便可在轴上自由转动，重物可按自由落体下放。

该起升回路共有四种调速方式：除 A 泵供油外，还可与 B 泵合流供油，实现有级调速；改变发动机转速，从而改变液压泵的流量；改变换向阀开口大小的节流调速；重物的自由落体下降。前面三种调速方法协调应用可有效地扩大调速范围。

该回路中，各主要元件及回路作用如下：

①两位电磁换向阀 44：控制远控溢流阀 43。

②远控溢流阀 43：控制液压泵 B 向起升油路供油时的压力与泵 A 的供油压力相同（21MPa），此时两位电磁换向阀 44 右位工作。当 B 泵不向起升油路供油时，阀 44 左位工作，阀 43 使 B 泵的油通过 43 回油箱卸荷。

③两位液控换向阀 41：控制泵 A 向蓄压器充压。当蓄压器压力低于调定值（12MPa），阀 41 右位工作，泵 A 的压力油推开止回阀 42 向蓄压器 36 充油。当充油压力达到调定值时，阀 41 左位工作，切断泵 A 来油。

④止回阀 42：防止蓄压器 36 的压力油倒流。

⑤两位液控换向阀 40：用以控制远控顺序阀 39。

⑥远控顺序阀 39：当蓄压器压力低于规定值（7MPa）时，两位液控换向阀 40 右位工作，使阀 39 的远控口与油箱相通，从而使泵 A 不能向起升油路供油，而向蓄压器充油。当蓄压

器充油压力达到调定值时,阀 40 左位工作,阀 39 的远控口与蓄压器接通,使泵 A 与起升回路接通,从而保证离合器有足够的接合力矩,制动缸有足够的解除制动力。

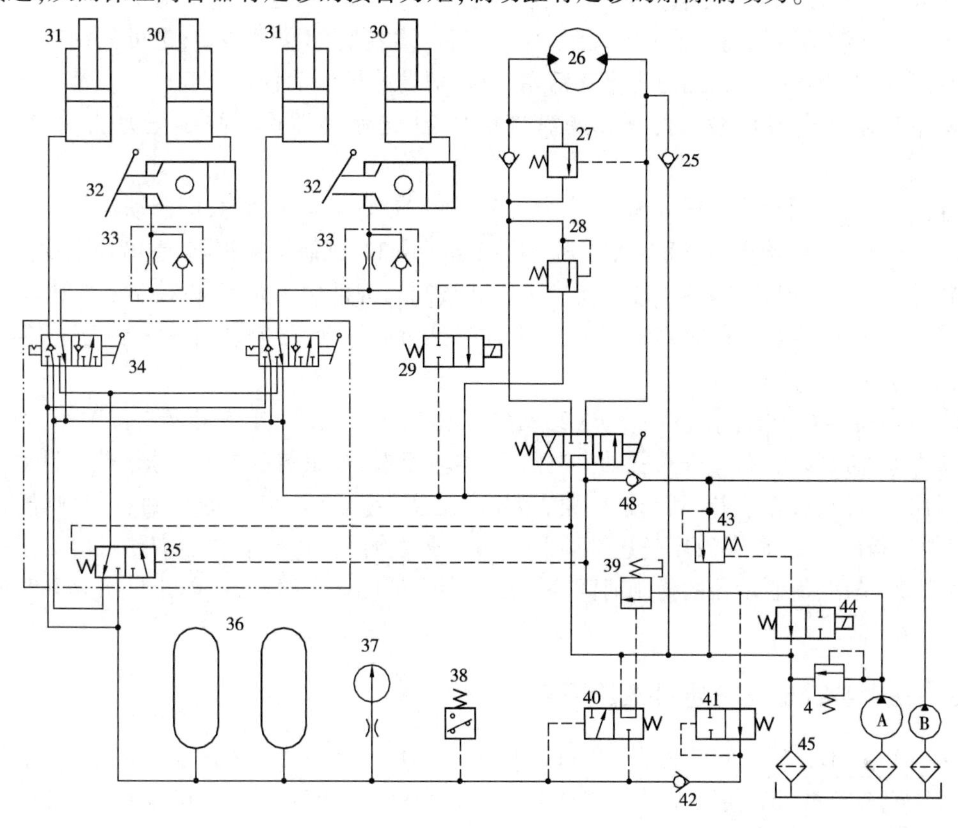

图 3-34 QY40 起重机起升回路液压系统图

4-溢流阀;25、42、48-止回阀;26-起升液压马达;27-平衡阀;28、43-远控溢流阀;29、44-两位电磁换向阀;30-起升制动器液压缸;31-起升离合器液压缸;32-脚踏泵;33-止回节流阀;34-手动换向阀组;35、40、41-两位液控换向阀;36-蓄能器;37-压力表;38-压力继电器;39-远控顺序阀;45-滤油器;A、B-液压泵

⑦止回阀 48:当 A、B 泵不合流时,防止 A 泵油卸荷。

⑧止回阀 25:从回油路向液压马达补油。

⑨远控溢流阀 28:作为起升液压马达 26 的行程限制器。当重物提升到极限位置时,电磁换向阀 29 通电,远控溢流阀 28 的远控口通油箱,于是主油路通过阀 28 短路回油箱,液压马达停止转动。

⑩平衡阀 27:限制重物下降速度或使重物在空中停留。

⑪压力继电器 38:当蓄压器中压力低于规定值时发出向蓄压器补油的信号。

⑫蓄压器 36:为制动器与离合器提供制压力油。

⑬两位液控换向阀 35:控制制动器液压缸进油通路。

⑭手动换向阀组 34:控制卷筒制动器和离合器进油通路。

⑮主油路:换向阀 2-4 左位工作时起升重物,右位工作时下放重物。阀 44 图示左位工作时,B 泵卸荷,A 泵单独向主回路供油;阀 44 右位工作时,A、B 泵合流向主回路供油,液压马达高速旋转。

⑯离合器与制动器回路:制动器是常闭式的,靠弹簧力闸紧,离合器是常开的,靠液压力挂合。离合器与制动器均由蓄压器36供压力油,压力波动小,且液压泵不工作时也有足够的压力。两套制动器与离合器分别控制主、副卷筒,可使它们同时转动,也可分别转动。离合器液压缸31由蓄压器的油压力推动活塞动作,把卷筒与传动轴接合起来。当蓄压器不向制动器液压缸30供压力油时,可以操纵脚踏泵32向制动器液压缸供压力油,使制动器松闸。

在图示状态,制动器液压缸30与离合器液压缸31均与回油相通,则制动器处于闸紧状态,离合器处于脱离状态,卷筒不能转动。若踩脚踏泵32,则制动器松闸,卷筒在重物作用下自由转动,实现重物自由降落。在降落中可以调整制动缸推力的大小,以控制下降速度。

若手动换向阀组34同时移到右位,离合器虽然可以接合,但制动器液压缸仍通回油,故卷筒仍处于制动状态。

当换向阀2-4离开中位,液压马达26处于工作状态时,液控阀35处于右位工作,则蓄压器的压力油通过阀35右位进入手动换向阀组34。若阀34在图示位置,离合器与制动器液压缸通回油,即离合器脱开,制动器闸紧,液压马达空转。若阀34同时移到右位,则离合器接合,制动器松开,卷筒在液压马达带动下按一定速度升降。由于制动器脚踏泵前的止回节流阀的阻尼作用,使制动器的松闸时间略滞后于离合器的挂合时间,可防止再次起动时的失控问题。

3.3.5 QY65汽车起重液压系统

图3-35为QY65汽车起重机液压系统原理图。QY65汽车起重机是全回转、有多节伸缩臂的液压汽车起重机。使用13m长主臂的最大起升重量(幅度4m)为65×10^4N,使用副臂的最大起升重量为5×10^4N。

1)主要性能参数

最大额定起重质量:65×10^3kg;整车总质重:70×10^3kg。

上车发动机功率:162kW;下车发动机功率:257kW。

正常行驶车速:40km/h;最大行驶车速:67km/h。

起升工作速度:0~0.8m/s(单泵供油时,单绳速度);0~1m/s(双泵合流时)。

回转速度:0~0.033r/s。

变幅时间:184s(0°~82°);87s(82°~0°)。

吊臂伸缩时间:148s(全伸出);41s(全缩回)。

支腿收放时间:44s(打开支腿);23s(收回支腿)。

液压系统工作压力:柱塞泵供油系统:20MPa;齿轮泵供油系统:16MPa。

上车液压系统型号:轴向柱塞泵:ZB160;齿轮泵 CBL$\frac{4080}{4080}$。

下车液压系统型号:轴向柱塞泵 ZB40。

起升液压马达:ZM160;回转液压马达:ZM75。

上车液压油箱容积:$1.3m^3$;下车液压油箱容积:$0.16m^3$。

2)液压系统分析

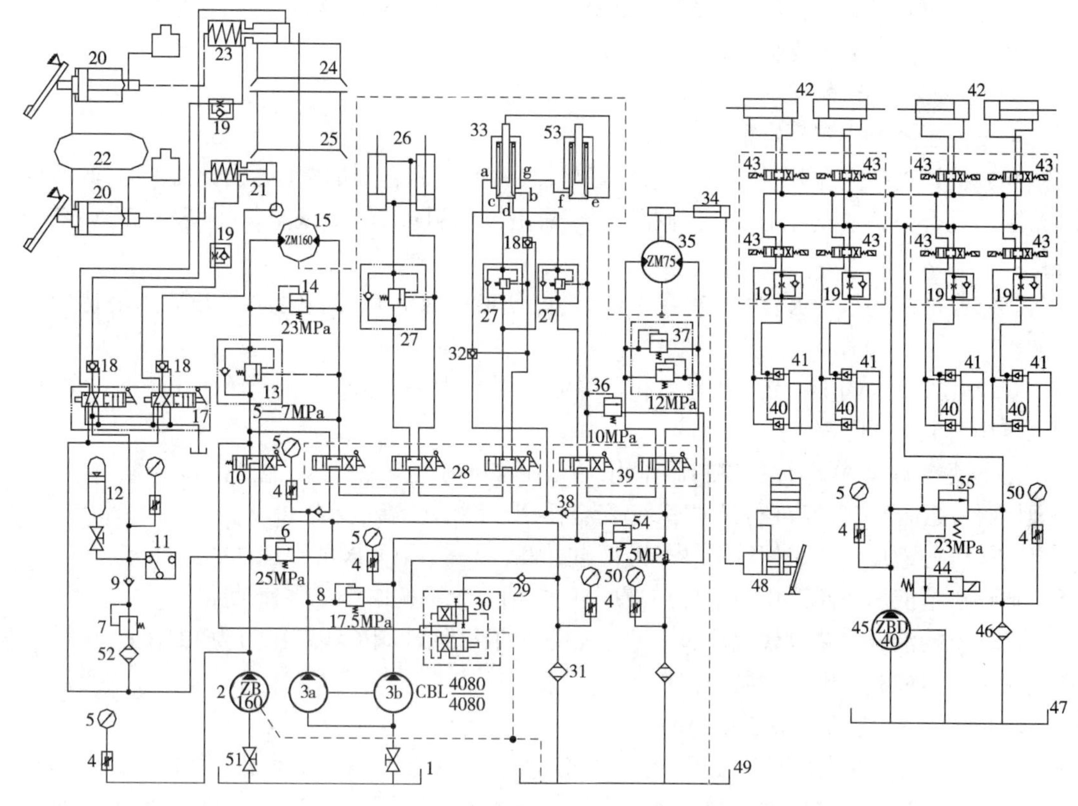

图 3-35 QY65 汽车起重机液压系统原理图

1、47、49-液压油箱;2-轴向柱塞泵;3-双联齿轮泵;4-减摆器;5-压力表;6、8、14、36、54、55-溢流阀;7-减压阀;9-止回阀;10-换向阀;11-压力继电器;12-蓄能器;13、27-平衡阀;15-起升马达;17-离合器操纵阀;18、32-液控止回阀;19-止回节流阀;20-制动器助力缸;21-制动器液压缸;22-储气筒;23-制动器液压缸;24-副卷扬;25-主卷扬;26-变幅液压缸;28-三联换向阀;29、38-背压阀;30-电液换向阀;31、46、52-滤油器;33-第一节伸缩臂液压缸;34-回转制动器液压缸;35-回转马达;37-缓冲阀;39-两联换向阀;40-双向液压锁;41-垂直支腿液压缸;42-水平支腿液压缸;43-三位电磁换向阀;44-两位电磁换向阀;45-支腿油路液压泵;48-手动泵;50-压力表;51-截止阀;53-第二节伸缩臂液压缸

QY65 汽车起重机是多泵多回路液压系统,可以实现各机构单独动作或联合动作,互不干扰,而且各液压泵功率分配比较合理。

该起重机液压系统分上车液压系统和下车液压系统。上车液压系统使用一个轴向柱塞液压泵和一个双联齿轮泵由上车发动机驱动。轴向柱塞液压泵 2 向起升液压马达 15 供油,双联齿轮泵 3 的一个齿轮泵向变幅液压缸和第一节伸缩臂液压缸 33 供油,并能通过合流阀向起升液压马达 15 供油,另一个齿轮泵向第二节伸缩臂液压缸 53 和回转液压马达 35 供油。下车使用一个轴向柱塞泵 45 由下车发动机驱动向支腿液压系统供油。

(1)下车液压系统。

下车液压系统是单泵开式并联的支腿液压系统。支腿为 H 型,各支腿垂直液压缸 41 和水平液压缸 42 之间通过相应的电磁阀 43 并联,适当控制这些电磁阀,这些液压缸可以同时或单独动作。各垂直液压缸都有双向液压锁 40,防止起重机作业时发生“软腿”现象和非起重作业时发生“掉腿”现象。

电磁阀 44 的作用是控制先导式溢流阀的遥控口,在图示位置使遥控口与油箱相通,溢流阀55便起卸荷阀作用，使液压泵45卸荷，当电磁阀44通电，关闭溢流阀遥控口则阀55起溢流阀作用。液压泵向支腿油路供压力油。

(2)上车液压系统。

上车液压系统为三泵定量系统。

起升机构包括主、副卷扬两套装置，分别安装常开式离合器的常闭式制动器。起升液压回路除了具有平衡阀的限速作用，阀外合流和主、副卷扬均能实现重力下降外，还有三个特点：

①起升换向阀采用K型阀，它在中位时，能使液压泵卸荷并自动给起升液压马达回路补油。

②设置了缓冲阀14，当上升起动和下降制动时压力突然升高，起缓冲作用。缓冲阀14的调定压力值为23MPa。

③电液换向阀30起行程限制器作用。当吊钩升到上极限位置，碰到限位开关时，电液阀通电，使液压泵来油经该阀回油箱，起安全作用。图示位置是未通电状态。

变幅机构液压回路采用两个变幅液压缸并联，用一个平衡阀的限速油路。

伸缩机构液压回路采用两个伸缩液压缸，各用一个平衡阀组成限速油路。

回转机构液压回路设置缓冲阀37，组成缓冲油路，缓冲阀的调定压力为12MPa。回转机构设置了液压控制的常开式制动器。

3)QY65汽车起重机液压系统的主要特点

(1)上车液压系统和下车液压系统各自独立，上车设置专用的发动机。其目的是合理利用功率，节省能量，提高发动机的功率利用率。因为上、下所需要的功率相差悬殊，下车所需要功率很大，如果用下车发动机驱动上车系统液压泵是不经济的。同时这样设计省去了中心回转接头，并且主油路管路缩短，减少了系统的压力损失和泄漏，从而给装配和维护带来了很大的方便。

(2)主、副卷扬机均能实现重力下降，可利用油气助力装置，打开制动器液压缸，实现重力下降。因为该起重机为大型起重机，制动器的制动力较大，靠一般的脚踏泵来打开制动器是很困难的，因此采用了助力装置。当用脚踏动助力液压缸踏板，使储气筒中气压推动助力液压缸活塞，使制动器松开或减小制动力矩。

另一个特点是制动器液压缸采用阶梯式液压缸，因为当起升液压马达工作时，是起升液压马达主油路压力油进入制动器液压缸，使制动器松开。而当重力下降时，是油气助力装置的压力油进入制动器液压缸，使制动器松开，此时，起升换向阀处于中位，液压泵卸荷。为了能够分别控制制动器液压缸而互不干扰，制动器液压缸必须采用阶梯式液压缸结构，使操纵方便，安全可靠。

起升机构控制油路设置蓄能器，向离合器液压缸供油，由离合器阀17操纵。保证离合器与卷筒间产生足够的接合力矩。

蓄能器12由液压泵2通过滤油器52、止回阀9和截止阀充油。当蓄能器中油压低于规定值时，压力继电器11动作，发出警报，提醒操作人员向蓄能器充油。

(3)吊臂伸缩液压回路是该起重机液压系统的一个主要特点。该起重机共四节臂，包括基本臂和三节伸缩臂。其中臂的伸缩动作是利用单级液压缸33和双级液压缸53来实现的。液压缸 33 是双作用的，其活塞杆固定在基本臂上，缸体与第一节臂相连接，所以当液压泵 3a 向该液压缸供油时，缸体运动带动第一节臂伸缩。活塞杆中间有伸缩油管，该油管固定在缸体上，随着缸体运动，在活塞杆中伸缩，其目是作为液压缸 53 的油路通道，省去软管连接。

液压缸 53 是双级液压缸，第一级为活塞液压缸是双作用的，活塞杆固定在第一节伸缩臂上，缸体与第二节臂相连接，缸体运动带动第二节臂伸缩。第二级为柱塞缸，是单作用的，柱塞安装在活塞杆中间，并与第三节臂相连接，柱塞在压力油的作用下带动第三节臂伸出，而缩回时是靠吊臂和吊具的重量往回缩。液压缸 53 是由液压泵 3b 供油。吊臂是按二、三节臂的顺序伸出，而按三、二顺序缩回。由于两个液压缸分别用两个液压泵供油，并由两个换向阀分别操纵，因此它们可以同时操作，第一、第二节活动臂可以同时伸缩，但该油路不是同步伸缩油路，不能保证同步伸缩。

考虑到臂的强度和刚度要求，臂架的伸出顺序应当是一、二、三，而缩回的顺序是三、二、一。

当两个伸缩液压缸操纵阀处于中位时(图示位置)，液压泵卸荷，液压缸油路切断，并由于平衡阀和液控止回阀的作用，使两个液压缸都处于锁紧状态，可停留在任意位置。

当第一节臂液压缸 33 的操纵阀处于左位时，液压泵 3a 来油经平衡阀 27 和活塞杆 a 口进入液压缸 33 的大腔，使缸体运动第一节臂伸出。液压缸小腔中的油经活塞杆油口 b、液控止回阀 18 回油，此时，液控止回阀 18 在进油路压力油的控制下处于打开状态。当第一节臂液压缸 33 的操纵阀处于右位时，液压缸缩回。

当液压缸伸出时，伸缩油管也随之伸出，因此中间通道 d 腔容积增加，需要补油，否则会产生吸空现象，而液压缸缩回时，伸缩油管也缩回，中间通道 d 腔容积减小，此时需要排油。为了解决液压缸 33 伸缩时其中间通道 d 的容积变化而引起的补油与排油问题，在活塞杆端增加了一条通道 c 与 d 腔相通，c 口经液控止回阀 32 与回油管路相接，其后设置背压阀 38。当液压缸外伸时，中间通道 d 容腔积增加，在回油路背压的作用下，使回油管路中的油经液控止回阀 32、c 口进入 d 腔进行补油；当液压缸缩回时，d 腔容积减小，该腔油液经 c 口、液控止回阀 32 回油箱，此时液控止回阀在进油路压力油的控制下处于打开状态。因此，液控止回阀 32 和背压阀 38 的作用主要是为了解决中间通道 d 腔的补油和排油问题。

当第二节臂液压缸 53 操纵阀处于左位时，液压泵 3b 来油经平衡阀 27，第一节臂液压缸 33 的中间通道 d 进入液压缸 53 活塞杆 e 口，通过柱塞与活塞杆间的缝隙通道进入液压缸 53 的大腔，此时该腔和柱塞下腔是连通的，都有压力油的作用，但由于液压缸 53 的大腔的有效工作面积大于柱塞工作面积，所以液压缸缸体和柱塞一同伸出，缸体带动第二节活动臂伸出。由于柱塞和缸体间没有相对运动，所以第三节臂和第二节臂间没有相对运动，只跟随第二节臂运动。当缸体运动到终点，油压进一步升高，柱塞带动第三节臂伸出。按这种顺序伸出是有条件的，即伸出第二节臂所需的油压一定低于伸出第三节臂所需的油压，否则，柱塞就会带动第三节臂先伸出，与此同时，液压缸 53 小腔的油液经 f 口、液压缸 33 的 g 口、b 口流回油箱。当操纵阀处于右位时，液压缸缩回。

液控止回阀 18 的作用是防止由于第二臂液压缸动作时对第一节臂液压缸产生干扰现象，因为液压缸 33 小腔和液压缸 53 小腔是连通的。

该伸缩液压回路的优点是：两个液压缸分别用两个液压泵供油，并用两个操纵阀分别操纵，可以同时动作，也可按顺序操纵动作。由于采用了伸缩油管连接，省去了高压软管和软管卷筒装置。由于用手动换向阀操纵代替电液阀控制，省掉了控制电线和电线卷筒。液压缸自重较轻，重心偏后，有利于提高起重机的起重性能。但其缺点是液压缸结构复杂，加工精度要求较高，加工较困难。

3.3.6 CC200 履带式起重机液压系统

图3-36 所示为德国DEMAG(德马克)CC200 型300t 履带式起重机的液压系统。桁架臂结构，最大起吊高度可达132m，是一种起升重量大、起升高度高、机动性好、使用范围广的超重型起重机。

该起重机液压系统为多泵开式系统，主要由回转、起升、变幅、辅助卷筒、限位液压缸及操纵控制机构等回路组成。回转回路由定量泵37 供油；右行走回路、副起升回路由恒功率变量泵39 供油；左行走回路、变幅回路、主起升回路由恒功率变量泵38 供油；限位液压缸回路由定量泵91 供油；操纵控制机构回路由定量泵92 供油；辅助卷筒可由起升回路或变幅回路供油。恒功率变量泵38、39 为总功率调节方式：在起升时，可实现单泵供油或双泵合流供油；在起升、变幅时为一般总功率调节的流量；在行走时，还可实现大流量同步运行。因此，本系统调速范围较宽，具有无级容积节流调速、无级节流调速(回转回路)、有级调速等多种调速方法。下面对该液压系统的工作原理进行分析。

1)操纵控制机构液压回路

该起重机各回路操纵轻便、灵活，这与设置了独立的操纵控制机构回路有关。在操纵控制机构回路中还设置了起安全保护作用的电液元件，使液压系统工作安全、可靠。所以，尽管起重吨位大，起升高度高，但操作人员劳动强度小，这也是本机液压系统的一个特点。

定量泵92 的液压油分别输给几个并联的支路油路。主要可进行：通过减压阀式先导操纵阀95、97、102 分别控制行走、回转和起升等执行机构的主换向阀，实现液控操作换向和节流调速；通过电磁阀控制各工作装置的制动、行走高低速变换、主副卷扬选择、主副变幅选择、发动机熄火、安全装置和变量泵38、39 的功率调节选择等。

减压阀96 将减压阀式先导操纵阀95、97、102 的工作压力限定为3MPa。

节流阀98 的作用是平稳进入操纵控制机构回路的流量，减小液压泵供油量波动的影响。滤油器99 保证进入节流阀98 及各先导阀液压油的清洁，使系统工作可靠。

各电磁阀的作用：

S1：由力矩限制器控制，保证在起重力矩过载时变幅不能落臂，起升卷扬不能提升。

S2：实现变幅上限控制，当主臂上升至85°时停止，当再按一下强制按钮，主臂尚可继续上升至88°。当起重机动臂作塔式吊车使用时，副臂上升到75°时即停止，由仰角位置行程开关控制。

S3：主、副变幅选择。

S4：主、副起升卷扬制动选择。

S5：限位液压缸卸压。

S6：控制回转制动器。

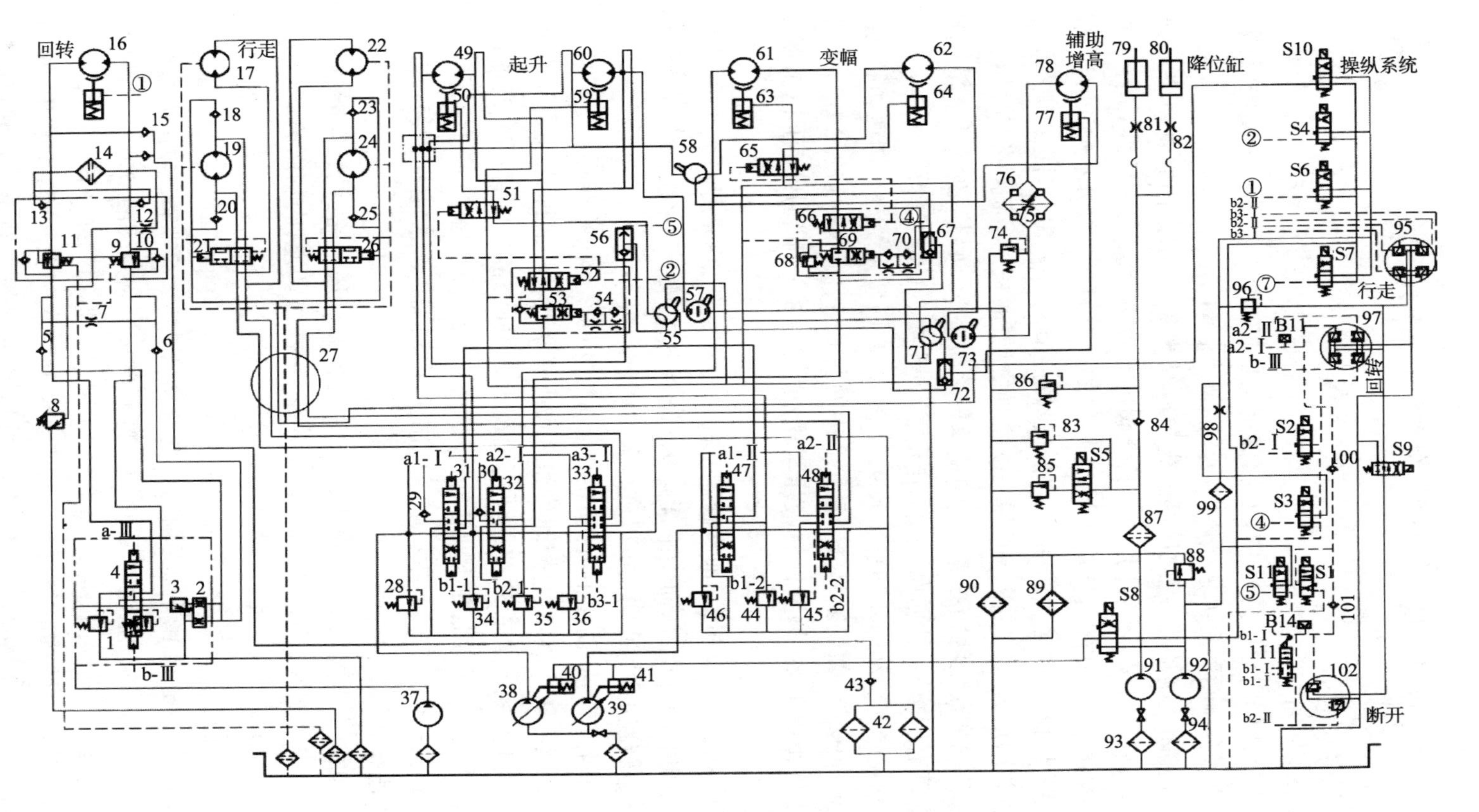

图 3-36 CC2000 型履带式起重机液压系统图

1、28、34、35、44、46、83、85、86-溢流阀;2、7、10、81、82、98-节流阀;3-背压阀;4、31、32、33、47、48、51、52、65、66-换向阀;5、6、12、13、15、18、20、23、25、29、30、43、84、100、101-止回阀;8-脚踏制动阀;9、11、53、69-平衡阀;14、42、89、90、93、94、99-滤油器;16、17、19、22、24、49、60、61、62、78-液压马达;21、26-高低速转换阀;27-回转接头;36、45、74-安全阀;37～39、91、92-液压泵;40、41-恒功率调节器;50、59、63、64、77-制动器;54-单向节流阀组;55、57、58、71、73-转阀;56、67、72-梭阀;68-顺序阀;75、76-桥式节流阀组;79、80-限位液压缸;87-滤清器;95、97、102-减压阀式先导操纵阀;96-减压阀;S1～S11-电磁阀;B11、B14-压力继电器

S7：发动机熄火。

S8：总功率变量控制。

S9：实现行走时卷扬机构不能动作，与 S8 连锁。

S10：行走高、低速控制。

S11：主、副起升卷扬选择。

2）回转机构液压回路

回转机构由斜轴式轴向液压马达 16 驱动，由定量泵 37 供油，回路压力由溢流阀 1 设定为 21MPa。常闭式多盘制动器由单独提供的液压油解除制动。

回转时先释放常闭式制动器，用减压阀式先导操纵阀 97 控制换向阀 4 换向，从而达到左、右回转的目的。在换向阀 4 中位时，由于其滑阀机能为"Y"型，液压马达 16 停止回转。

在给液压马达 16 供油的同时，从液压泵 37 输出的压力油有一部分不进入液压马达 16，而从两条旁通油路回油箱。两条旁通油路上分别设置有节流阀 7、10，当回转阻力增大时，液压马达 16 两边压差增加，这时节流口的压差 Δp 也随之增加，根据节流特性方程 $Q = KA\Delta p^{m}$ 可知，从旁通油路流出的流量就相对增多。由于泵的流量不变，所以减少了进入液压马达 16 的流量，使回转速度有所减慢，从而保证了工作平稳、冲击小、调速性能好。

回转回路中利用脚踏制动阀 8 和平衡阀 9、11 配合，对回转系统进行调速和制动。当制动时，踏下脚踏板，即压缩弹簧切断脚踏制动阀 8 中的回油路，使阀 8 前的压力升高，控制平衡阀的远控口，使平衡阀关闭，切断回转液压马达的回油路，从而利用背压控制液压马达制动。

如果脚踏板弹簧没有完全压缩，即脚踏制动阀 8 没有关死，只是开口大小有变化，则脚踏制动阀 8 前压力也相应变化，从而使平衡阀 9、11 开口大小也有变化，回转液压马达回油量变化，使液压马达转速可调，特别是可以进行微动调节。

滤油器 14 起净化液压油、防止节流阀 10 被杂质堵塞的作用。平衡阀 9、11 除了起背压制动调速作用外，还具有防止过载、自控卸荷和过载补油等作用。止回阀 15 是补油阀。

换向阀 4 在中位时，从定量泵 37 来的压力油经压力为 0.5MPa 的背压阀 3 回油箱。背压阀 3 在回转油路中有三个作用：在不回转的情况下，从液压泵 37 来油通过溢流阀 2 卸荷；在回转时，因始终存在一个 0.5MPa 的背压，所以减少了换向冲击，使启动平稳；与两个节流口配合，使回转调速和制动平稳。

在该回转机构油路中设置以上这些特殊的控制元件和旁通油路，虽然在能量和功率利用上有一定的损失，但它们保证了回转机构的工作平稳性、可调速性，从而满足了超重型起重机回转机构的特殊性和工况要求。

3）行走机构液压回路

行走机构的两条履带分别由斜轴式轴向柱塞液压马达 17、22 驱动，为了充分利用发动机的功率，满足在不同路面的行驶速度与同步性，除有总功率调节的两台液压泵 38、39 供油保证同步性外，还有高低速转换阀 21、26 保证液压马达的高低两挡速度转换。

双泵总功率调节工作原理如图 3-37 所示，变量泵 38、39 各有一个调节器 40、41，由两泵压力之和来控制调节器，使两泵输出流量始终保持相等，保证左右行走马达转速一样，从而实现两条履带同步行驶。电磁阀 S8 的作用是使液压泵 92 的出口压力作为外控指令控制两行走液压泵的斜盘角度,实现行走时大流量,不行走时小流量。

如图3-36所示,止回阀18、20、23、25是在行走液压马达19、24不工作,自成闭式循环回路时补油所用。安全阀36、45的作用是限制行走回路的最高压力。

4)起升机构液压回路

起升机构的主、副卷扬分别由斜轴式轴向柱塞液压马达49、60驱动,两台联动的变量泵38、39供油。低速升降时仅用液压泵39供油,高速时两泵合流供油。

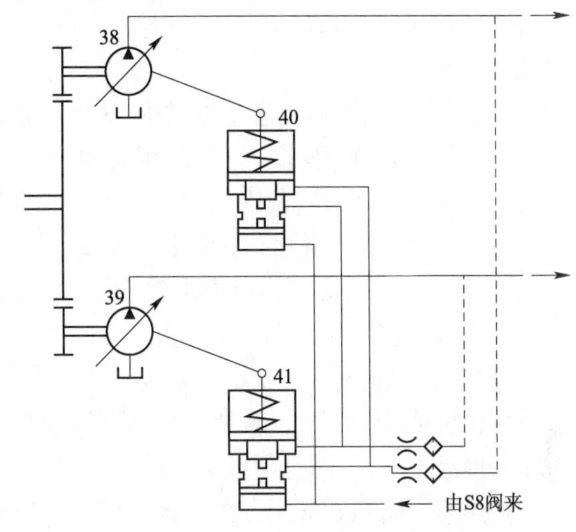

图3-37　双泵总功率调节工作原理

38、39-变量泵;40、41-恒功率调节器

当需要两泵合流供油时,控制起升高低速开关,使二位四通电磁换向阀S11接通上位,控制压力油同时使三位六通换向阀31、47换至工作位,液压泵38、39合流向主卷扬或副卷扬液压马达供油。

主、副卷扬的选择通过电磁阀S4的通电与断电来实现,控制油路②可同时使主、副卷扬选择换向阀52和主副卷扬制动器选择换向阀51移至相应的阀位实现油路转换。

制动器控制操作用油由S11阀的控制油路⑤供给。

平衡阀53起平衡作用,其右侧控制油路由两个不等孔径的单向可调节流阀组成,如图3-38所示。

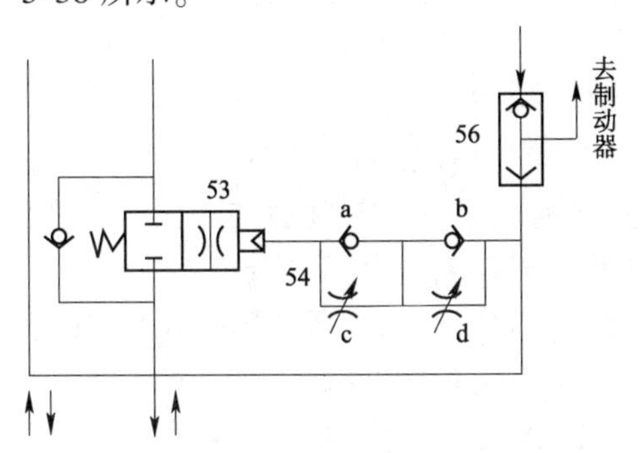

图3-38　起升平衡阀工作原理

53-平衡阀;54-止回节流阀组;56-梭阀

节流孔c小于孔d,即在压力油通过较小的节流孔c时,在下降工况时,由于节流阻力的作用,使平衡阀53缓慢移到右位,接通油路,保证重物下降启动平稳。

当下降超速时,进油压力降低,控制油在平衡阀53弹簧力作用下经止回阀a和较大节流孔d较快流出,使平衡阀53向左位移动速度较快,以便关小或关闭回油通路,使卷扬液压马达下降转速受到限制。

该起升回路中为了减小功率损耗和溢流损失,根据工况的不同,采用3种压力保证系统安全。起升时的最高工作压力由溢流阀28、46限定为32MPa;低速下降时,考虑到载荷和自重的因素,工作压力由溢流阀44限定为8MPa;而高速下降时则由溢流阀34限定为7MPa。

5)变幅机构液压回路

变幅机构的主、副卷扬由变量泵38供油。通过操纵减压阀式先导操纵阀97控制三位六通换向阀32向斜轴式液压马达61、62供油。

变幅机构工作时,臂架和吊重均进行运动,因此惯性力比起升机构升降重物时更大,所以要求工作更加平稳、缓慢。除此之外,变幅油路中的元件设置基本和起升油路相同。

为了满足上述工作要求,在变幅油路中与平衡阀 69 并联的顺序阀 68 代替了起升油路中与平衡阀并联的止回阀。另外主、副变幅制动器释放,都由工作油路压力油通过梭阀 67 来实现。顺序阀 68 开闭特性比止回阀好,使臂架变幅上升或下降启动和停止都很平稳。

主、副变幅的选择是通过电磁阀 S3 控制换向阀 66、65 进行换位来实现的。

要臂架下降,操作 97 时,控制压力油达到 0.7MPa。常闭式压力继电器 B11 断开,它所控制的电磁阀 S5 复位,使限位液压缸得到较大工作压力随臂架下落。

变幅油路采用两种压力保证系统安全,臂架上升最高工作压力由溢流阀 28 限定为 32MPa,臂架下落最高工作压力由溢流阀 35 限定为 8MPa。

6)辅助卷筒液压回路

该机为重型起重机,起重质量范围大,不但起重钢丝绳较粗,而且在不同起重段钢丝绳倍率变更也多,人工缠绕钢丝绳有一定的困难。为了减轻操作人员劳动强度、减少作业准备时间和提高生产率,而专门设置了缠绕钢丝绳的辅助卷筒,由液压马达 78 执行操作。

转阀 58 和转阀 57 配合用来选择辅助卷筒液压马达的工作。工作油来自变幅油路或起升油路。当向起升机构缠绕钢丝绳时,以变幅油路作油源,反之亦然。

转阀 55、71 用来连接辅助卷筒液压马达制动器控制油路,同时释放液压马达的制动液压油,使之上闸。

辅助卷筒工作时需要驱动力不大,油路中工作压力可以比较低,为了减少功率损失和油溢流发热,系统压力由安全阀 74 限定为 15MPa。

桥式节流阀组 75、76 起双向可调节流作用,通过调节 75 来控制液压马达 78 的转速,使辅助卷筒与起升卷扬或变幅钢丝绳卷筒的转速相配合。

7)限位液压缸液压回路

当臂架上升到大仰角工作时,为了防止后倾事故,用限位液压缸和变幅钢丝绳来固定臂架仰角或限制最大仰角。同时在接副臂架作塔式起重机使用时,限位液压缸与车架、主臂架构成长角形结构,作为主臂的一个辅助支承装置从而增加臂架根部刚度和稳定性。

限位液压缸 79、80 由液压泵 91 供油,为单泵单回路。此回路除有臂架限位作用,对臂架产生一定的支承力外,还兼有冷却系统液压油和净化液压油的作用。

溢流阀 83、85 按工况分别限定系统压力为 13MPa、1.2MPa,止回阀 84 锁止限位液压缸,同时防止液压油倒流向液压泵。

两液压缸油路上都有固定式节流阀 81、82,起限流和稳流的作用,使液压缸压力变化平稳,防止液压缸伸出或缩回时的压力波动过大,造成支承力的大幅度变化,导致起重臂的晃动。

当限位液压缸不需要供油时,压力继电器 B11 是常闭的,电磁阀 S5 接通上位工作,使液压泵 91 的油经过滤清器 87 以 1.2MPa 的压力打开溢流阀 85,通过冷却器 89 回油箱。这时,油路对液压油起滤清、冷却的作用。在主臂架下降工况,控制油路压力达到 0.7MPa 时,B11 断开,使 S5 断电,下位工作。液压泵 91 出口压力就是溢流阀 83 所设定的 13MPa 压力。限位液压缸供油时,溢流阀 86 调定压力为 14.5MPa,确定限位液压缸缩回和正常工作时对臂架的支承力。本机还设有力矩限制器、防止过卷绕装置、变幅仰角限位开关等安全装置。

3.3.7 自行式起重机液压系统分析小结

1)各工作机构的液压回路及其特点

汽车起重机由起升机构、臂架变幅机构、臂架伸缩机构、回转机构协调动作完成起升重物的工作,并由支腿支承机器本身的质量和变化的载荷。

自行式起重机由起升机构、臂架变幅机构、回转机构协调动作完成起升重物的工作,由履带行走机构完成起重机短距离的移动。

(1)起升机构。

起升机构是用来提升和下放重物的。为此要求:具有一定的提升能力和不同的提升速度,通常起重索的缠绕速度为48~160m/min,卷筒的力矩应能从零逐步地增加到最大值;在工作过程中应平稳,尤其是落钩时,应防止由于载荷的自重作用导致失速降落;有良好的微动性能,防止重物就位时发生冲击碰撞,微动速度应不大于0.25~0.4m/min;调速方便,并能快速下放重物,为缩短作业时间,空钩应能自由下落。

为了满足上述要求,起升机构的液压回路应具有如下特点。

①液压回路应具有限速措施,以保证提升和下放重物的平稳性,一般均采用平衡阀构成平衡回路,它既能保证提升的平稳性,又能因防止因载荷自重作用而失去控制。

②具有速度调节功能,具体的调速方法有三种,一是调节发动机节气门改变转速,控制液压泵输出流量和控制换向阀节流开度的联合调速,这是主要的调整速方法,具有方便可靠的特点,二是利用变量液压马达调速,称为容积调速,三是通过多泵有级调速。

第一种调速方法中利用换向阀进行并联节流调速的特点是,使进油管路在开始接通液压马达(或液压缸)的起始阶段仍然继续和回油路保持连通。这个阶段就是利用换向阀进行并联节流调速的阶段。在这个阶段内,从液压泵来的压力油同样分成两路:一路进入液压马达(或液压缸),一路流进回油路。随着滑阀位置的移动,连接液压马达(或液压缸)进口的阀口逐渐开大,连接的回油管的阀口逐渐关小以至完全关闭,所以进入液压马达(或液压缸)的流量也就相应地从零增加到液压泵全部流量。因此,依靠换向阀的滑阀位置,就能调节流量,以达到调速的目的。

只要适当设计换向阀的结构尺寸,使出口缝隙面积随换向滑阀的移动而增大的不是很快,特别是使旁路缝隙面积的减小比较缓慢,就能保证机构在不同载荷下的运动速度,都不随滑阀位移而发生急剧变化。此外,这种调速方法功率损失比串联节流小,效率比较高,同时结构也不复杂。所以目前在汽车起重机中配合控制发动机转速,基本上能满足机构动作时的调速要求。为了使调速平缓,换向阀阀芯台肩都具有一定的锥度,以保证液流连续平缓地变化。微动性能由节气门调节和阀芯的微动保证。

第二种方法是起升马达采用变量马达的容积调速,一般为开式容积调速系统,即仍然利用换向阀进行换向,液压马达为变量马达。在大型起重机液压系统中,起升液压回路也可以采用独立的闭式容积调速系统。

为了提高起升速度,扩大调速范围,当液压系统为双泵或多泵系统时,可采用第三种方法,即进行双泵或多泵合流供油,实现有级调速。而液压马达若采用双速液压马达,也可实现有级调速。

特别应该指出,有级调速的目的主要是扩大调速范围,提高起升速度,而不是为了得到几个等级的速度,因为在没有合流或进行合流时,都要和其他调速方法配合,实现无级调速。同时使液压泵和执行元件匹配合理。

③自由落钩装置。节流调速(或容积调速)能保证载荷快速下降。但当空钩下放时,仍不能满足速度要求。为此,在液压马达轴上常设置常开(或常闭)式离合器与卷筒连接,当需空钩自由下放时,将此离合器挂合(或打开),使卷筒解除约束,自由旋转,从而实现自由落钩。

④起升机构的主传动,目前有高速液压马达增加大传动比减速器和低速液压马达两种方案。从系统效率及使用寿命上看,高速液压马达增加减速器的方案合理,从结构简单方面来看是高速液压马达增加低速大转矩液压马达较合理,这两种方案各有特色。

目前采用前一种的占多数。原因是高速液压马达历史较长且具有制造和使用经验、工艺性较好、性能较稳定、工作寿命长、制动器尺寸小、价格较低等。而低速大转矩液压马达的历史较短、工艺性较差、容积效率较低、工作寿命短、制动器尺寸大。但是若使低速马达直接驱动卷筒,起升机构将大为简化,而外壳旋转的内曲线液压马达还可以构成自由轮,在实现自由下落方面可省去一套机构。

(2)变幅机构。

变幅机构主要用以改变作业高度(也改变作业半径),要求能带负载变幅,变幅动作要平稳可靠,通常变幅速度为1.08～2.5rad/s,大吨位起重机应取小值。落臂时与负载作用方向一致,有自动增速的可能,为此,需采用平衡限速措施,设置平衡阀组成平衡回路。下降速度由液压泵流量决定,而不受载荷大小影响,又可使臂架停止在任何倾角处。变幅液压缸有单缸和双缸之分。单缸使用一个平衡阀,容易调整,结构简单。因此中小型起重机采用单缸为宜。双缸使用两个平衡阀不易调速一致,双缸很难保持同步,常在两个液压缸的进油口用油管连通或借助臂架的刚度,保证双缸同步。变幅液压缸又有活塞式和柱塞式之分。柱塞式单作用液压缸的优点是柱塞较粗,稳定性好,两个变幅液压缸用一个平衡阀,同步性也可解决,但管路较复杂。在大型起重机中为避免变幅液压缸尺寸太大多采用双缸。

(3)伸缩机构。

臂架伸缩机构是用来改变作业半径(同时也改变作业高度)的。伸缩方式有三种形式,即单独伸缩、顺序伸缩和平行伸缩。其可采用单级液压缸也可采用多级液压缸:多级液压缸结构复杂,安装及制造工艺要求较高,无特殊要求时多采用单级液压缸。由于要求工作可靠平稳,也应有平衡回路。

(4)回转机构。

回转机构用以改变作业方位。考虑到钢丝绳所悬挂的重物容易摆动而造成倾翻危险,故回转机构对微动性和平稳性的要求更高,一般都设置制动缓冲装置。汽车起重机的回转速度一般为1～3r/min,惯性力矩不大。制动时在回路中引起的压力冲击一般的液压元件能够承受。因此,中小型起重机回油路可不设缓冲阀组,对大型汽车起重机,因载荷较重,制动时载荷惯性摆动在油路内引起很高的冲击压力，惯性力还使臂架受扭，因此，应采用缓冲阀组以保护液压元件及整个管路，减轻臂架受扭的程度。

液压驱动的回转机构有高速方案与低速方案之分。高速方案采用高速液压马达，通过减速装置降速，增大转矩，以驱动回转机构旋转。这个方案的优点是可采用标准液压泵作为液压马达，与液压系统的液压泵通用，减少元件品种又便于维修。其缺点是还需要一套减速装置，结构复杂。由于高速液压马达具有制造使用方面的经验，质量又较稳定，所以目前使用此方案的还是很广泛。低速方案是采用低速大转矩液压马达直接驱动回转机构，省去了减速装置，结构简单。QY40 汽车起重机回转机构即用内曲线低速大转矩液压马达驱动。随着低速大转矩液压马达质量的提高，品种规格的齐全这种方案将会得到普遍的采用，实践将证明在回转机构中采用低速大转矩液压马达是合理的。

(5)支腿回路。

液压支腿在起重机工作时支承着整个机重和外载荷，要求绝对安全可靠。如果发生支腿自缩，就有使整个起重机倾翻的危险。因此在支腿油路中设置双向液压锁，这个液压锁直接安装在液压缸上，防止由于管路破坏或者液压缸活塞密封圈损坏而可能发生的事故。

支腿液压缸可采用两种操纵阀：滑阀与转阀。用滑阀时，主要零件可与起重机多路换向阀通用，减少备品种类，但其占空间位置较大；用转阀时，结构紧凑，操纵灵活，也便于单独操纵支腿。

在支腿操纵上也有两种方法：单独操纵与联合操纵。单独操纵可在不平整的场地上将机身调整到水平状态，因此适用于在野外工作的起重机；两个支腿联合操纵适用于车站、码头、货场等比较平坦的场地，能缩短准备工作时间。

2)起重机液压系统压力选择

起重机液压系统如同其他机械液压系统一样，有向高压发展的趋势，但液压元件在克服漏损、软管爆破方面存在一定困难，特别是大直径的软管困难更大，因此现在多采用的压力为 20Mpa 左右。

3)液压泵的类型

在汽车起重机液压系统中，轴向柱塞泵和齿轮泵都采用，一般用定量泵为多，即使是变量轴向柱塞泵也只做定量泵使用。这是因为一般泵距离操纵室较远不便于操纵控制，另一方面使用定量泵，用控制节气门大小来改变发动机转速所得到的变量，与控制换向阀开度进行旁路节流相结合可获得适当范围的无级调速，就能满足起重机微调性能的要求。但这将造成功率损失和某些液压泵容积效率的下降。国内现在采用轴向柱塞泵较多，原因是目前高压齿轮泵压力还达不到 20MPa，而系统压力要选用 20MPa 左右，故只能用轴向柱塞泵。在国外起重机液压系统中采用齿轮泵还是不少的，原因是：

①系统压力一般在 20MPa 左右，高压齿轮泵还能胜任；

②齿轮泵结构简单价格便宜，对采用多泵组合系统是极为有利的；

③齿轮泵对油液中杂质敏感性较差；

④体积小便于安装布置，特别对采用多泵系统尤其重要；

⑤使用维护简单方便。

4)回路组合

一台起重机具有起升、回转、臂架变幅和伸缩这四个执行机构,这就需要解决各机构之间回路组合问题。首先要确定液压泵的数目,是几个回路共用一个泵,还是一个机构用一个液压泵,如用一个泵驱动几个机构,还要确定油路是并联还是串联。

中小型汽车起重机为了简化结构,常采用串联油路,这种油路可以把工作中经常需要组合的起升和回转动作加以组合,实现空钩和轻载荷下的联合操作,充分利用液压泵的流量和功率,缩短工序调整时间,提高作业速度,串联油路在联合操作中由于液压泵压力的限制,重载下无法实现动作组合,实践证明,在中小型汽车起重机中采用单泵串联油路是适宜的。

对于大型汽车起重机来说,情况就不同了。各机构工作载荷,运动速度和工作频繁程度差别较大,如起升机构需要较大的功率,回转和伸缩机构则消耗的功率较小。因此,若按照起升机构选用液压泵,则进行其他动作时必然会有相当一部分能量浪费掉;若按照回转或伸缩机构选用液压泵,则功率又显得不足。为了更合理地利用和分配动力及实现动作组合和调速,大型汽车起重机多采用多泵供油回路。有些还会采用一个闭式系统,用一台液压泵驱动一个执行机构。

3.4 沥青摊铺机液压系统分析

3.4.1 概述

沥青混凝土摊铺机是沥青路面专用施工机械,它的作用是将拌制好的沥青混凝土材料均匀地摊铺在路面底基层或基层上,构成沥青混凝土基层或沥青混凝土面层,形成有一定密实度的、平整的路面,是路面施工机械中最重要的一种机型。

沥青摊铺机的基本结构可分为:发动机、行走机构、输料机构(包括刮板输送器和螺旋分料器)、夯实机构(包括熨平板、振捣梁)、自动调平机构、辅助机构(包括加宽、调拱)等部分。

可以按照不同的分类标准将沥青摊铺机进行分类。

(1)按行走装置分为轮胎式和履带式两种。

轮胎式摊铺机一般为全桥驱动,其前轮为实心光面轮胎。实心的目的是为了防止因料斗内混合料质量的变化引起前轮的变形,从而影响到摊铺厚度的变化;后轮为充气或充气液两相轮胎,可提高其爬坡及附着能力。轮胎式摊铺机可获得较大的行驶速度,机动性好,在弯道上摊铺可实现较平化过渡。轮式底盘又可细分为单桥驱动和双桥驱动两类。

履带式摊铺机的履带式为无履刺式。履带式摊铺机可获得较大的牵引力,接地比压低,对路基不平度敏感性较差。但其行驶速度较低,在弯道处摊铺机会形成锯齿状。

(2)按动力传动系统分有液压式、机械式和液压机械混合式三种。

液压式摊铺机的行走、供料、分料、熨平板和夯实板的振动、熨平板的延伸等均采用液压传动。目前摊铺机向着全液压的方向发展,并广泛采用机电液一体化技术。

机械式摊铺机的行走、供料、分料采用机械传动,结构复杂,操作不便。由于传动链多,且中心距较大,故多采用链式传动,调速性和速度匹配性较差。

液压机械式摊铺机的结构是机械式和液压式摊铺机的综合。因而,结构特点和使用性能介于二者之间。

(3)按摊铺宽度和厚度的不同可分为小型、中型、大型和超大型四种。

小型摊铺机摊铺宽度一般小于3.6m,厚度在150mm左右。主要用于沥青混凝土路面的养护和低等级路面的摊铺。

中型摊铺机摊铺宽度一般为4~5m,厚度为200mm左右。主要用于二级以下公路的修筑和养护作业。随着自动调平系统的应用,该机型也可用于一级公路的摊铺。

大型摊铺机摊铺宽度为5~10m,厚度为250mm左右。主要用于高等级路面的摊铺,传动形式以液压机械式和全液压式为主。具有自动找平系统,摊铺质量高。

超大型摊铺机摊铺宽度为10m以上,厚度为300mm以上。主要用于高速公路的施工,路面纵向接缝少,整体性好。

3.4.2 LTU4沥青混凝土摊铺机液压系统

LTU4沥青混凝土摊铺机是由机架、工作装置、履带行走装置、液压系统、电气系统、发动机及机械传动系统、顶推轮、操纵系统等部分组成。工作装置包括料斗门、螺旋分料器、熨平装置(调厚机构、调拱机构、振动器、延伸熨平板);履带行走装置包括三级链轮减速器、履带、轮组;液压系统由液压泵、阀、液压缸、液压马达、散热器、滤油器、油箱、管路等组成;电气系统由蓄电池、电流表、发电器、起动器等构成;机械传动包括三组皮带传动及其张紧装置等。其中工作装置及履带行走装置全部为液压传动。

图3-39为该机液压系统。该液压系统为开式多泵系统。除行走回路采用变量泵外,其余两回路(工作装置回路、螺旋分料和振动熨平回路)均采用定量泵。行走手动换向阀5可操纵摊铺机的前进、后退、转弯及停止;液压马达7和8分别带动两台螺旋分料器运转和熨平板振动;伸缩液压缸11供延伸熨平板加大摊铺宽度用,提升液压缸13可控制熨平板的升降,料斗液压缸14可合拢料斗使物料形成料堆,液压缸12为左、右料斗闸门油缸,用来调节闸门的开闭程度以改变料流。该系统还装有两个合流换向阀15,可有效地增加行走速度。本液压系统压力为12.5MPa,合流行走速度可达1.2km/h,爬坡时,若柱塞泵吸油不足,可打开位置较高的小油箱20开关,补充供油。

3.4.3 锡达CR461沥青混凝土摊铺机液压系统

锡达CR461沥青混凝土摊铺机的液压系统为多泵多回路系统,共有6个独立的液压回路(两个行走回路、两个输料回路以及振动回路和辅助回路),6台液压泵由发动机驱动。另有一台低压泵由12V电动机驱动,向机罩举升液压缸供油。

1)行走回路

左右两套独立的双向变量泵—双向变量马达闭式系统分别驱动左右履带。每个行走泵由一个轴向柱塞变量泵和一个补油泵构成,补油泵提供变量机构控制油以及履带张紧缸的进油。闭式系统安全阀的最高限压为35MPa。行走泵为电子排量比例控制(EDC)的双向变量泵,排量为55mL/r,发动机转速为2500r/min时流量可达137.4L/min,可以控制摊铺机的前进、后退、转向,可无级变速。补油泵出口压力2.45MPa,排量为14mL/r,发动机转速为2500r/min时流量可达35L/min。行走系统液压系统图见图3-40。

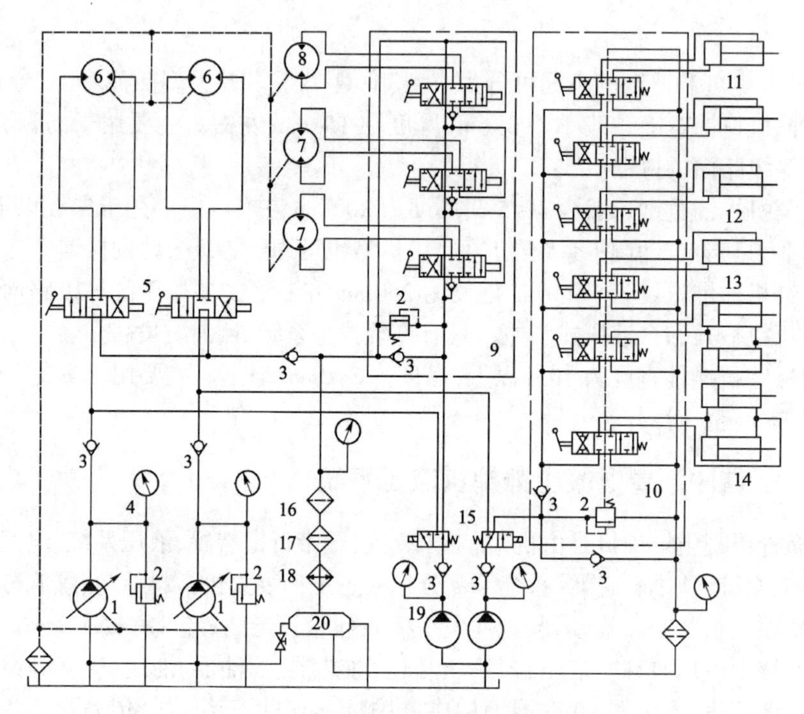

图 3-39　LTU4 型履带式沥青混凝土推铺机液压系统

1-变量泵；2-安全阀；3-止回阀；4-压力表；5-手动换向阀；6-行走马达；7-螺旋分料器马达；8-振动马达；9、10-多路换向阀；11-熨平板伸缩液压缸；12-料斗门液压缸；13-臂架升降液压缸；14-料斗液压缸；15-合流阀；16-滤网；17-纸质滤油器；18-液压油冷却器；19－定量泵；20-小液压油箱

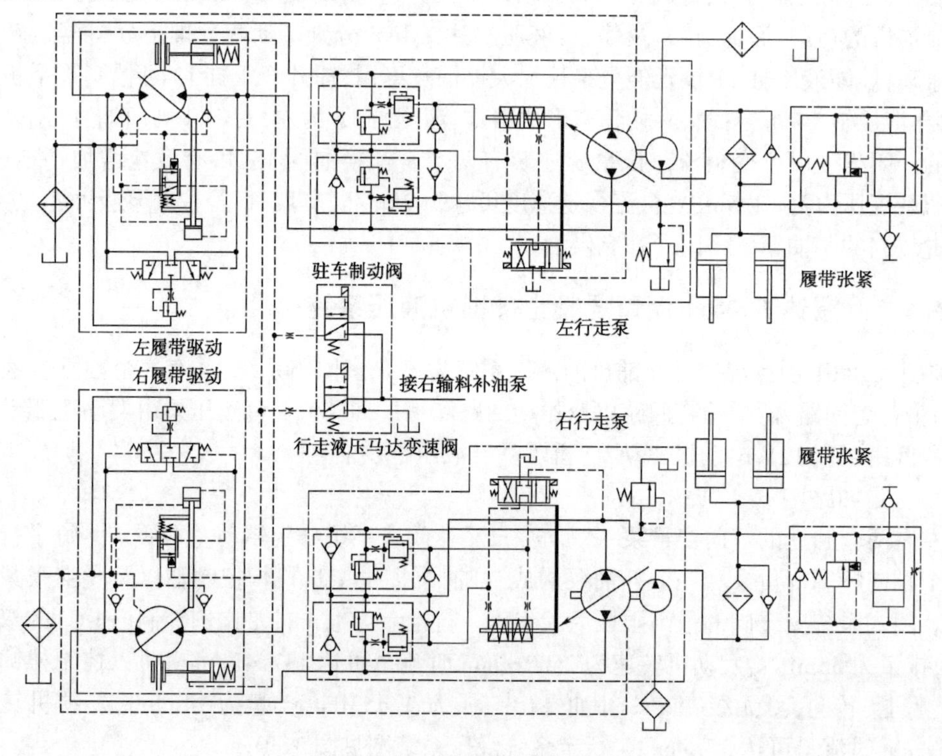

图 3-40　锡达 CR461 行走液压系统

2)输料回路

左右两套独立的单向变量泵—单向定量马达闭式系统分别驱动同一侧的螺旋分料器及刮板输送器,马达与泵的排量相同。每个输料泵包括一个变量泵和一个补油泵,输料泵的排量为46mL/r,发动机转速为2500r/min时流量可达114.7L/min;补油泵出口压力1.5MPa,排量为14mL/r,发动机转速为2500r/min时流量可达35L/min。闭式系统最高限压26.7MPa。马达通过减速机输出到链轮,螺旋分料器通过链传动连接到刮板输送机上。输料系统的液压系统图见图3-41。

3)振动回路

1台定量齿轮泵并联驱动两组串联的前、后振动(振捣)马达,组成开式系统,采用旁路节流调速实现振动频率的调整。系统压力最高为10.5Mpa,定量泵排量为19.7mL/r,发动机转速为2500r/min时流量可达49.2L/min,振动器马达的转速可达2100r/min。当发动机转速低于2500r/min时,泵的输出功率会下降。振动回路的液压系统图见3-42,振动系统泵源见图3-41。

4)辅助回路

1台压力补偿变量泵组成开式系统,向一系列并联的执行元件供油,包括底盘部分的后履带悬架缸、熨平板提升缸、料斗侧翼缸、拖点(找平)缸、推滚缸等执行元件,熨平板上的调拱马达、左/右侧熨平板扩展缸、左/右侧模板高度马达、左/右侧斜坡马达等执行元件。所有执行元件由电磁换向阀操纵,由操纵面板或者熨平板上的控制盒控制。变量泵的最大排量为15mL/r,发动机转速为2500r/min时流量可达37.5L/min;当所有执行元件都不工作时,泵保持在19.7MPa的压力下,将排量减到最小。辅助回路的液压系统图见图3-41及图3-42。

3.4.4 ABG Titan422 沥青混凝土摊铺机液压系统

ABG Titan422为履带式沥青混凝土摊铺机,发动机功率为124kW,额定转速为2300r/min。该机液压系统为多泵多回路系统。泵源部分共计有9台泵,构成8个相对独立的子系统:左右两个独立的双向变量泵—变量马达闭式履带行走驱动系统;左右两个独立的变量泵—定量马达闭式螺旋分料器驱动系统;左右两个独立的定量泵—定量马达开式刮板输送器驱动系统;双联齿轮泵供油的开式辅助系统;变量泵—定量马达闭式振捣器驱动系统。

1)行走回路

左右两套独立的双向变量泵—双向变量马达闭式系统分别驱动左右履带。每个行走泵由一个轴向柱塞变量泵和一个补油泵构成,补油泵提供变量机构控制油。闭式系统安全阀的最高限压为45MPa。行走泵为电子排量比例控制(EDC)的双向变量泵,可以控制摊铺机的前进、后退、转向,可无级变速。行走回路液压系统图见图3-43。

2)输料回路

左右两套独立的变量泵—定量马达闭式系统分别驱动两侧的螺旋分料器。闭式系统最高限压值为32MPa。每个螺旋分料器泵包括一个变量泵和一个补油泵。与每个螺旋分料器泵同轴还有一个定量泵,与一个定量马达构成开式系统,最高压力设定为23MPa,左右两套独立,分别驱动两侧的刮板输送器。输料回路的液压系统图(单侧)见图3-44。

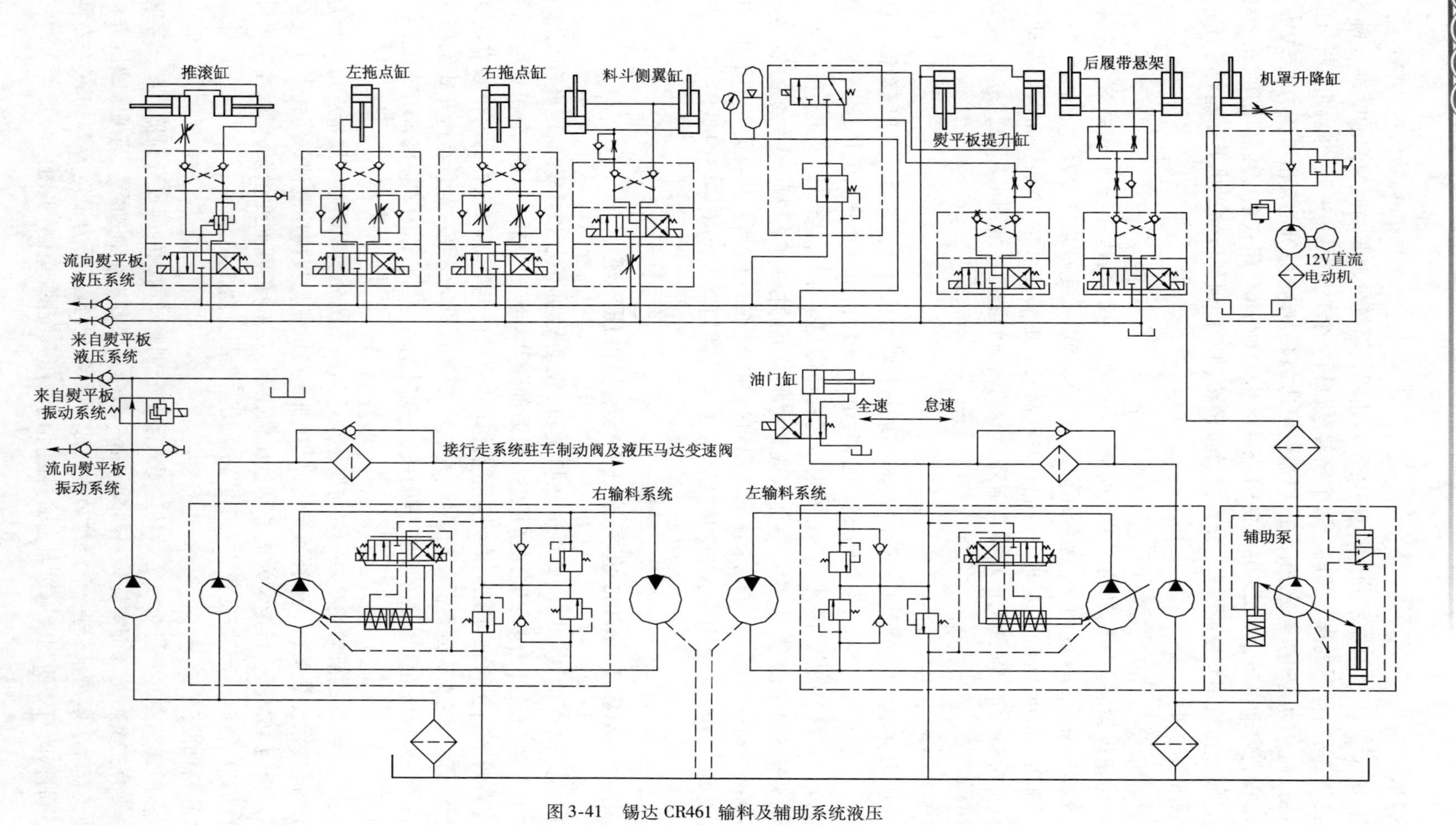

图 3-41　锡达 CR461 输料及辅助系统液压

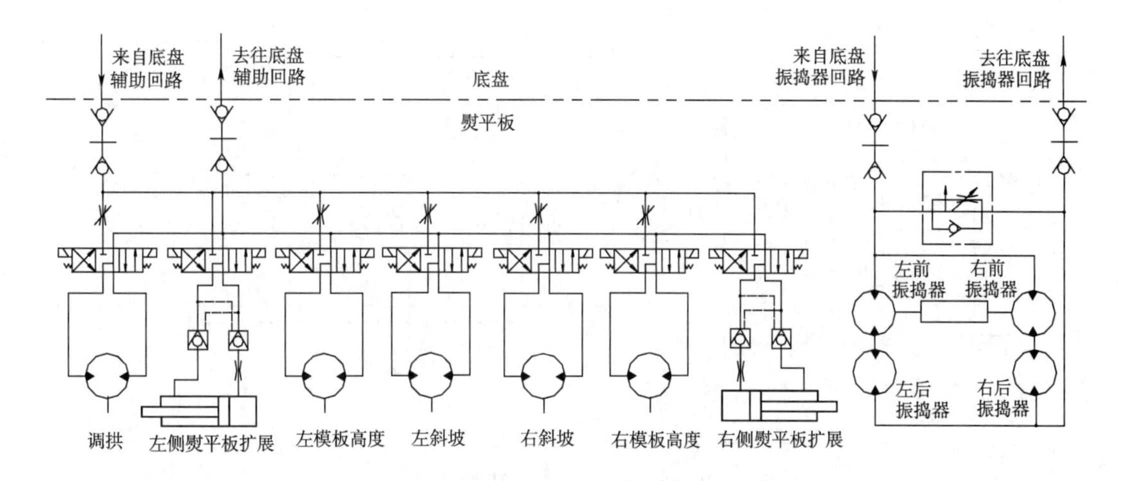

图 3-42 锡达 CR461 熨平板部分液压系统

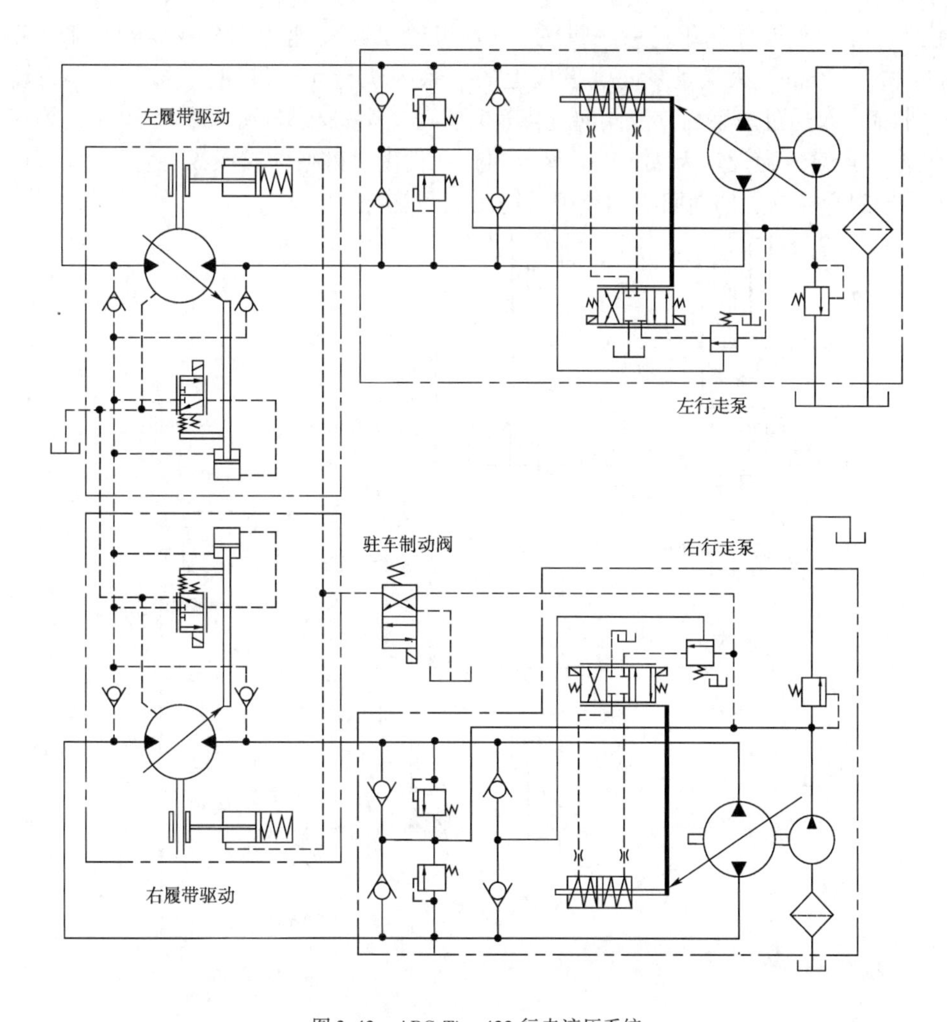

图 3-43 ABG Titan422 行走液压系统

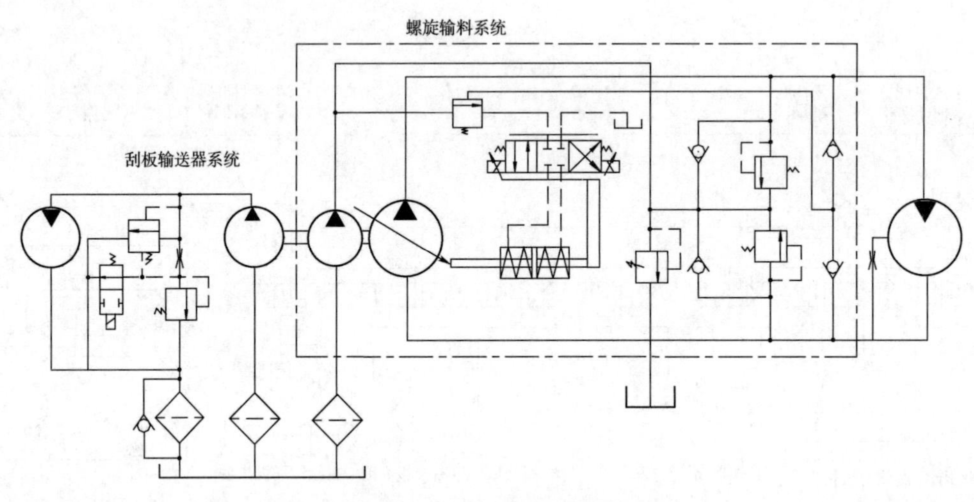

图 3-44 ABG Titan422 输料液压系统(单侧)

3)辅助回路

由双联齿轮泵向两个开式系统供油,双联齿轮泵在转速为 2185r/min 时流量分别为 34L/min 和 24L/min。大流量泵向熨平板上的一系列执行元件供油,系统最高压力设定为 18MPa;小流量泵通过一系列分流阀向拖点(找平)缸、熨平板升降缸、料斗侧翼缸等执行元件供油,出口最高压力设定为 21MPa。所有执行元件由电磁换向阀操纵,由操纵面板或者熨平板上的控制盒控制。辅助回路的液压系统图见图 3-45。

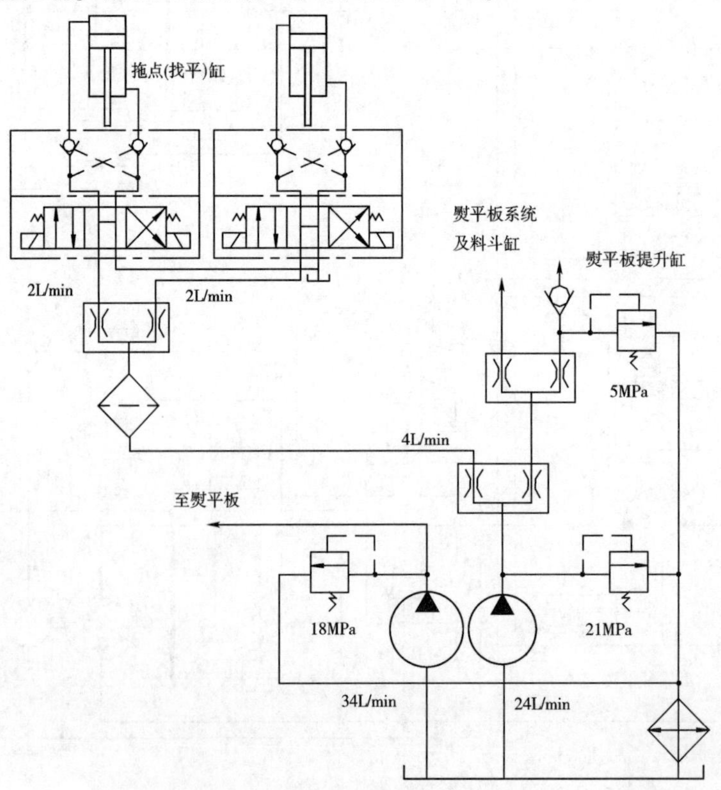

图 3-45 ABG Titan422 辅助液压系统

4)振捣回路

由1台变量泵与振捣马达组成闭式系统。系统压力最高为45MP。振捣回路的液压系统图见3-46。

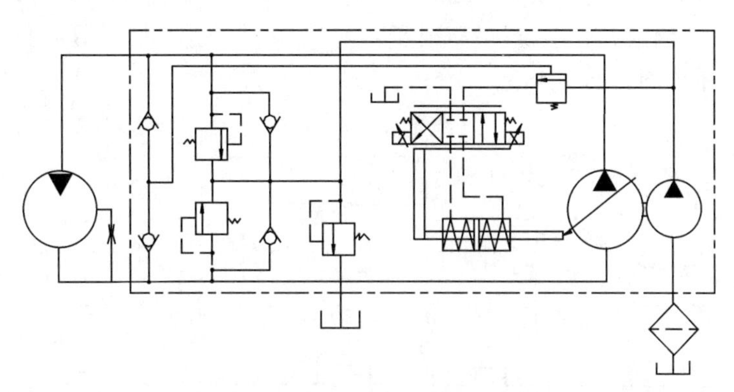

图3-46 ABG Titan422振捣液压系统

3.4.5 VöGELE沥青混凝土摊铺机液压系统

VöGELE沥青混凝土摊铺机的液压系统为多泵多回路系统。

1)行走回路

左右两套独立的双向变量泵—双向变量马达闭式系统分别驱动左右履带。每个行走泵由一个轴向柱塞变量泵和一个补油泵构成,补油泵除向闭式回路补油外,还向变量泵和变量马达的变量机构提供控制油。闭式系统安全阀的最高限压为30MPa。行走泵为电控双向变量泵,最大排量为51mL/r,发动机转速为2150r/min,可以控制摊铺机的前进、后退、转向,可无级变速。补油泵出口压力为3.2MPa,排量为12mL/r。与左侧行走泵同轴还有1台排量为20mL/r的定量泵,最高限压16MPa,向熨平板的振捣回路供油。行走马达最大排量为75mL/r,左侧行走系统液压系统图见图3-47。与右侧行走泵同轴还有1台排量为25mL/r的定量泵,最高限压18MPa,向熨平板上的辅助系统供油。

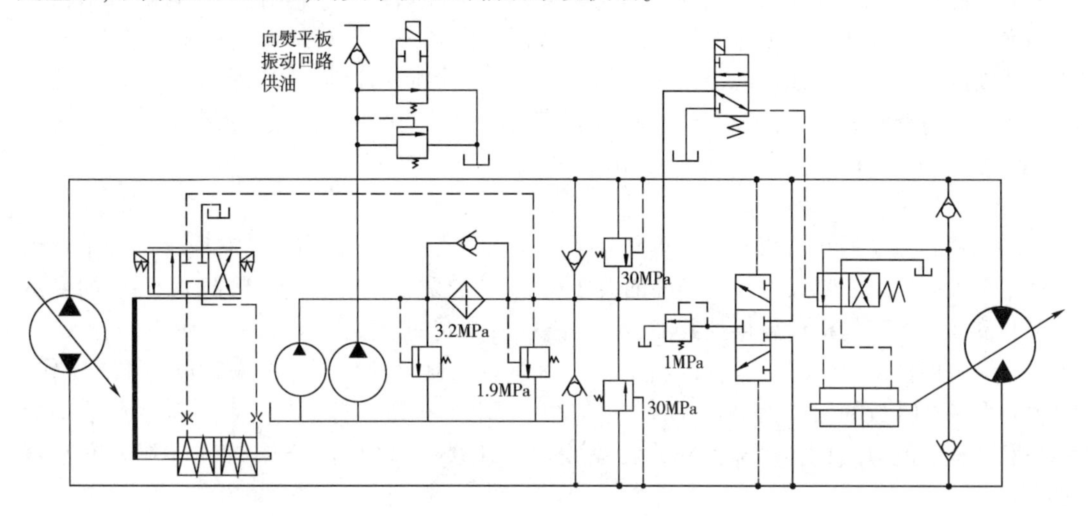

图3-47 VöGELE行走液压系统(左侧)

2)输料回路

一台最大排量为71mL/r的变量泵与两台并联的左、右螺旋分料器定量马达组成开式系统,最高限压28MPa,马达的排量为252mL/r,电液比例节流调速。1台变量泵与两台并联的左、右刮板定量马达组成开式系统,最高限压28MPa,马达的排量为126mL/r,电液比例节流调速。输料液压系统图见图3-48。

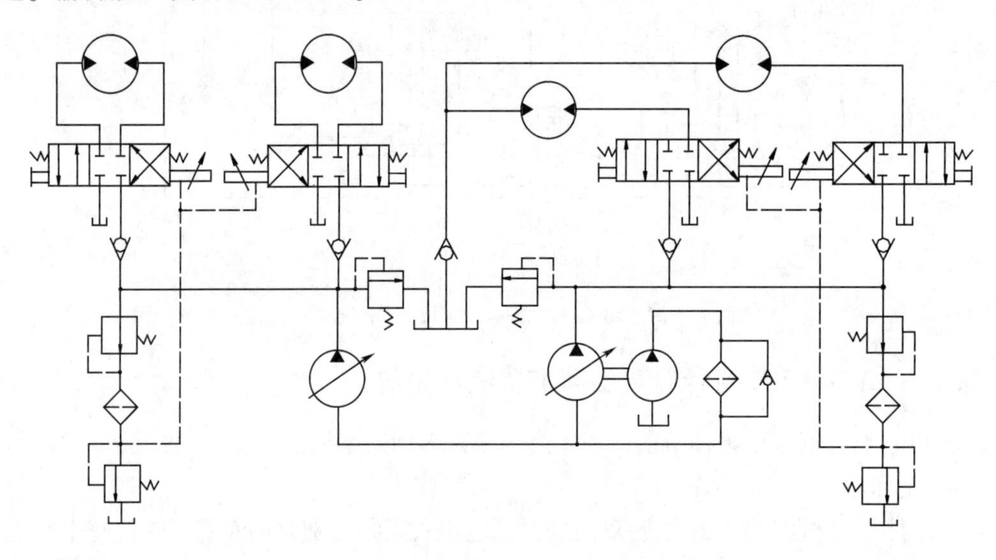

图3-48 VöGELE输料液压系统

3.4.6 SA125履带式沥青混凝土摊铺机液压系统

SA125履带式沥青混凝土摊铺机是由美国BARBER-GREEN公司生产的产品。整机液压系统由行走回路、输料回路和坡度控制及振动成型等液压回路组成。行走回路采用双向变量液压泵、双向变量液压马达来控制摊铺机行走方向和速度,行走马达斜盘倾角有18°和7°两个位置,可用于高低两挡调速范围。输料回路分为左右两个,分别向两个螺旋分料器输送沥青混合料。同侧的刮板输送器和螺旋分料器均由同一液压马达通过机械传动来驱动,输料速度可由开关控制或自动控制。刮板输送器只能单向输送物料,而螺旋分料器则可双向旋转;坡度控制采用自动控制,控制精度较高,振动成形采用熨平板成形装置。SA125履带式沥青混凝土摊铺机整车液压系统如图3-49所示。

1)行走回路

左右两套独立的双向变量泵—双向双排量马达闭式系统分别驱动左右履带。每个行走泵由一个轴向柱塞变量泵1和一个补油泵2构成,补油泵2除向闭式回路补油外,还向变量泵和变量马达的变量机构提供控制油。行走系统安全阀的最高限压为38.5MPa。

操纵电磁换向阀10可控制行走液压马达8斜盘的倾角,使其在18°或7°倾角位置工作,实现大小两个排量的切换,满足不同行驶速度的要求。在通往行走马达8斜盘变量活塞的油路上设有节流口,使行走马达8的斜盘倾角变化缓慢,从而防止摊铺机行驶速度剧烈变化。

液压泵2作辅助供油泵用,通过止回阀3给闭式回路补油同时,给控制液压马达斜盘倾角和常闭式液压制动器9提供控制压力油，以及通过止回阀12推动履带张紧液压缸16，使履带张紧，张紧力由溢流阀13控制，溢流阀13的调定压力为21MPa。液压泵2的压力由溢流阀4调定，调定压力为1.4MPa。

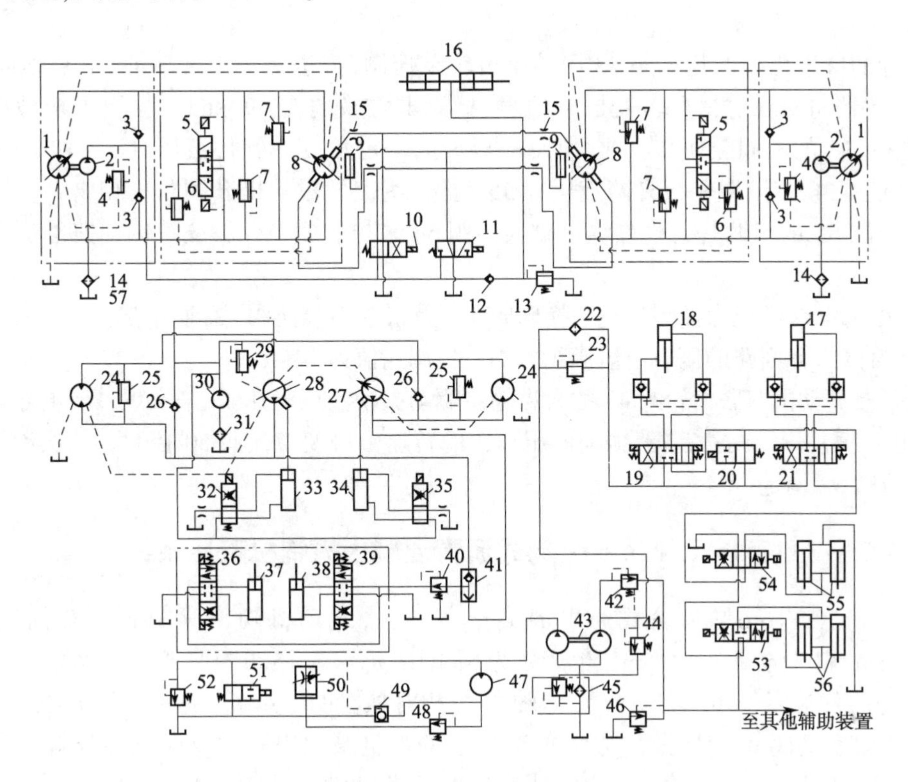

图3-49 SA125履带式沥青混凝土摊铺机液压系统原理图

1、2、27、28、30、43-液压泵；3、12、26-止回阀；4、6、13、44、46、48、52-溢流阀；5-换向阀；7、23、25、29-过载阀；8、24、47-液压马达；9-液压制动器；10、11、19、20、21、32、35、36、39、51、53、54-电磁换向阀；14、22、31-滤油器；15-节流小孔；40-减压阀；16、17、18、33、34、37、38、55、56-液压缸；41-梭阀；42-顺序阀；45-背压阀组；49-液动止回阀；50-可变节流阀；57-油箱

2)输料回路

左右两套独立的变量泵—定量马达闭式系统分别驱动两侧的刮板输送器和螺旋分料器。输料回路的压力由过载阀25调定为28MPa。同侧的刮板输送器和螺旋分料器由同一液压马达通过机械传动来驱动，刮板输送器只能单向供料，而螺旋分料器通过操纵机械机构来改变其旋转方向，实现不同的摊铺需求。

输料量的多少是通过改变输料泵的排量来实现的。摊铺机设有主控装置和辅助控制装置，可实现自动控制和手动控制。在主控装置中进行手动控制时，直接操纵驾驶台上的按钮开关控制电磁换向阀32、35上位或下位工作，通过改变输料泵28、27斜盘倾角来调节输料量的多少；自动控制时，若沥青混合料足够，则开关不通电，保持原状即斜盘倾角最小，当沥青混合料降到最低线时，与闸门相连的电磁阀通电，液压缸移动，使输料泵28、27的斜盘倾角增大，增大泵28、27的流量从而加大输料量。混合料达到要求时，电磁阀又自动断电，输料泵28、27的斜盘倾角又慢慢减小。在辅助控制供料时，其控制油来自输料泵28、27，且经减压阀40减压。

3)其他回路

由双联齿轮泵43,顺序阀42,溢流阀44、46、48、52,振捣液压马达47,液动止回阀49,电磁换向阀19、20、21、51、53、54,可变节流阀50,熨平板坡度控制液压缸17、18,熨平板升降液压缸55和料斗升降液压缸56等组成。

摊铺的坡度由双联齿轮泵43中的小齿轮泵控制,当进行坡度控制时,电磁换向阀20通电,传感器将路面的情况转变成电信号,控制电磁换向阀19和21,使熨平板坡度控制液压缸17、18的不同腔通高压油,使熨平板形成一定角度,同时,液压缸17、18的回油经电磁换向阀54,带动熨平板升降液压缸55动作,使熨平板的提升和角度相吻合。熨平板升降液压缸55的粗调是通过操纵电磁换向阀54来控制的。此坡度控制回路的压力由溢流阀44调定。

经顺序阀42的压力油到达电磁换向阀53,操纵电磁换向阀53即可控制料斗升降液压缸56的升降。此回路的压力由溢流阀46调定,调定值为14MPa。

熨平板振动由双联齿轮泵43的大齿轮泵驱动振动液压马达47来实现。当电磁换向阀51通电时,振动液压马达起振,振动液压马达的转速由可变节流阀50控制。此振动回路压力由溢流阀52调定。

3.4.7 DYNAPAC F16-6W 轮式沥青混凝土摊铺机液压系统

DYNAPAC F16-6W为轮式沥青混凝土摊铺机,发动机功率为79kW,摊铺宽度为2.5~7.5m,料斗容量为12.5m^3,生产率为600t/h,机重为15.6t。该机液压系统为多泵多回路系统。泵源部分共计有7台泵,构成7个相对独立的子系统:左右两个独立的双向变量泵—定量马达闭式行走系统;左右两个独立的定量泵向串联的双向螺旋分料器定量马达和单向刮板输送器定量马达供油,组成开式系统,调速阀调速;两个定量泵分别驱动振捣定量马达和振动定量马达,组成两个开式节流调速系统;由定量泵供油的开式辅助系统。

1)行走系统

左右两套独立的双向变量泵—双向定量马达闭式系统分别驱动左右行走轮。每个行走泵由一个轴向柱塞变量泵和一个补油泵构成,补油泵除向闭式回路补油外,还向变量泵的变量机构提供控制油。行走泵为电液控制双向变量泵,可以控制摊铺机的前进、后退、转向,可无级变速。单侧行走系统液压系统图见图3-50。

2)输料系统

定量泵向串联的螺旋分料器双向定量马达和刮板单向定量马达供油,组成开式系统,螺旋分料器双向定量马达由三位四通电磁换向阀控制旋向,进油节流调速;刮板单向定量马达采用进油节流调速;左、右两套独立。输料液压系统图(单侧)见图3-51。

3)辅助系统

由1台定量泵通过一系列分流阀向转向液压缸、找平液压缸、熨平板升降液压缸、料斗液压缸以及熨平板上的各液压执行元件供油,组成开式系统。辅助液压系统图见图3-52。

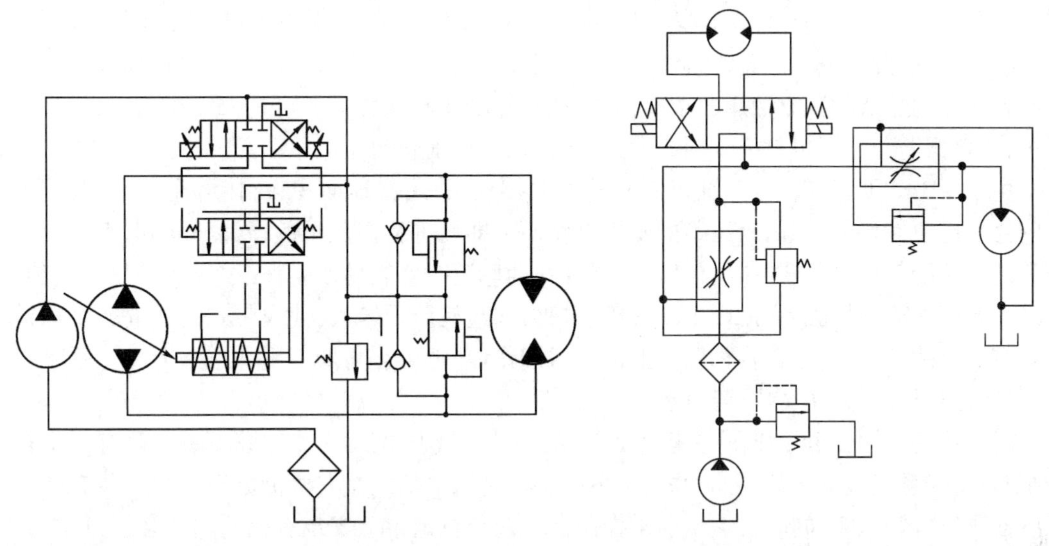

图 3-50　DYNAPAC F16-6W 行走液压系统(单侧)　　图 3-51　DYNAPAC F16-6W 输料液压系统(单侧)

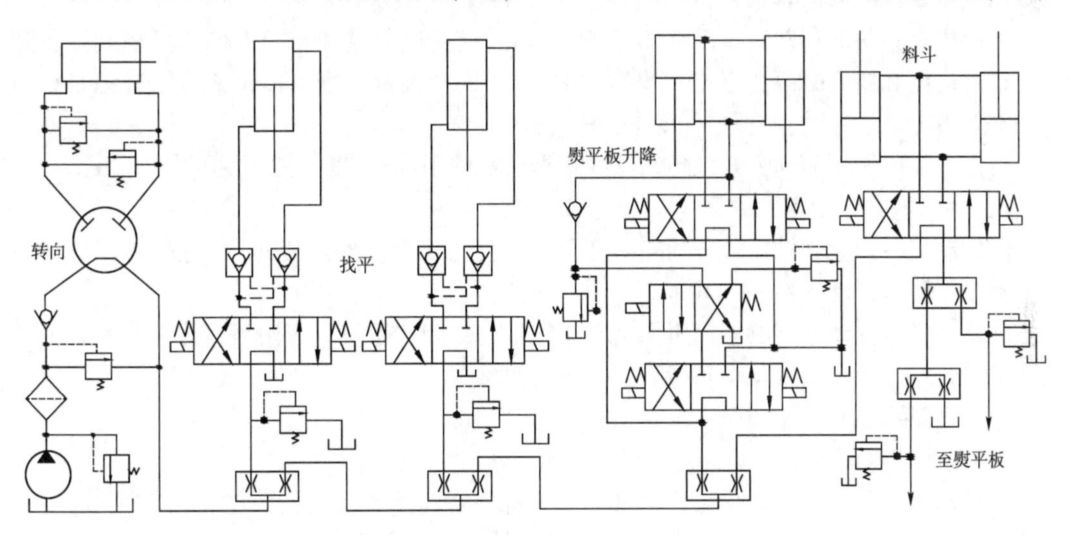

图 3-52　DYNAPAC F16-6W 辅助液压系统图

3.4.8　沥青摊铺机液压系统分析小结

在摊铺宽度小于 5m 的中小型摊铺机中,一般机械传动方案与液压传动方案并存。而在摊铺宽度大于 5m 的大中型摊铺机中,适于采用全液压传动方案。

沥青混凝土摊铺机规格型号较多,各类型的摊铺机结构亦不完全相同,但主要结构均由发动机、传动系统、前料斗、刮板输送器、螺旋分料器、机架、操纵控制系统、行走系统、熨平装置和自动调平装置等组成。

沥青摊铺机的液压系统可分为行走系统、输料系统、自动调平系统、熨平夯实系统、辅助系统等。

1)行走系统

行走液压系统用来驱动摊铺机的前进、后退和转向。沥青摊铺机的底盘有履带式和轮胎式之分。轮胎式转向灵活且连续，摊铺弯道时路表平整，但牵引力小；轮胎式沥青混凝土摊铺机具有良好的机动性，转移方便，但在路基较差的情况下易打滑。前转向轮加装具有同步与差速控制功能的独立液压驱动机构，能使前轮既驱动又转向。可在摊铺作业时，提高牵引力，有效低防止摊铺机打滑。当高速行驶时，还可让前转向轮不驱动。

由于履带式沥青混凝土摊铺机具有较长的接地长度，接地面积大，接地比压小，对不平整的路面适应性好，在稍做预压实的不平整路面上即可进行高质量的摊铺。同时，其牵引性能和通过性能都比轮胎式的好，但转向不灵活，铺弯道时路表易产生波纹，导致平整度欠佳。若采用专用的柔性橡胶履带，则由于其静摩擦力和整机质量较大，使履带式沥青混凝土摊铺机具有更大的牵引力，可在各种路面上进行摊铺作业，也可在高低不平的道路上高速平稳行驶，具有行驶噪声低、速度快等特点。

行走系统采用变量液压泵—变量液压马达组成的闭式液压系统，每一回路都有一个补油泵，对闭式系统进行冷却补油，并向主泵提供控制压力油。左右两侧驱动轮都安装有转速传感器测量行驶速度，同时反馈给电子控制器。两个行走泵上安装有比例调节装置，可在其有效的全流量范围内进行调节，并由电子元件进行控制，实现摊铺速度恒速自动控制。

摊铺机左右两侧行驶液压系统相互独立，通过速度电位器和转向电位器可精确地预选直线行走速度和转向时两侧行走系统的速度，电子同步控制系统可使摊铺机精确地直线行走和在弯道上平滑移动，实现电子变量，液压差速。

行走系统的液压驱动方式及传动路线根据底盘的不同，可以分别采用不同的方案。

(1)轮式底盘上采用的方案。

①发动机—弹性联轴器—分动箱—变量泵—变量马达—换挡变速器、差速器—左(右)链传动或万向节传动—左(右)轮胎。

②发动机—分动箱—电液伺服变量泵+定量马达闭式系统—带两级整体差动和差速锁的两级齿轮箱—链传动—驱动轮(后轮)。左右两套独立。

③前、后桥驱动，四轮转向。

(2)履带式底盘上采用的方案。

①发动机—分动箱—变量泵—定量马达—机械式四挡变速机构—左(右)侧离合、制动机构(转向控制)—左(右)传动箱—左(右)驱动轮—左(右)履带。

②发动机—分动箱—左(右)变量泵—左(右)变量马达—左(右)减速器—左(右)驱动轮—左(右)履带。左右两套独立的闭式液压系统驱动。

2)输料系统

输料系统由料斗、刮板输送器、螺旋分料器和闸门组成。料斗置于摊铺机的最前面，用来接收自卸车卸下的沥青混合料。它由底板与左右侧壁组成，前面敞开，后面以闸门作为后壁，其横截面有梯形和箱型两种。料斗的两侧壁连同其毗连部分(斗底)都可由其下面的料斗液压缸向中央顶翻，以便将料斗内的混合料向中央倾卸。

刮板输送器位于料斗下面，用来将料斗内的混合料连续向后输送到摊铺室内，它由一块与斗底公用的底板和两副装在链条上的许多刮板组成。链条带动刮板沿底板向后移动，将斗内混合料向后刮送，一直送到摊铺室内卸下。左右刮板独立操纵，可控制在同速或不同速下运转。

闸门有左右两扇,可以独立升降,以控制向后输送混合料的强度。闸门开启的大小有标志,操作人员可在驾驶室内观察到。

螺旋分料器由两根大螺距、大叶片、螺旋方向相反的螺杆组成。它们同向旋转时能将混合料自中间向两侧推移。摊铺机一般设有输料电控系统,可根据摊铺室内混合料高度的变化而成比例地调整供料速度。

输料系统将沥青混合料由前料斗送往后方,并将其沿横向布料,其液压系统包括螺旋分料器及刮板输送器液压回路。摊铺机的平稳输料对摊铺质量至关重要,输料过程从料斗开始,通过刮板输送器、螺旋分料器,最终到达熨平板前端。每台摊铺机上装备两套链式刮板输送器和螺旋分料器,对称于机身纵轴左右配置,能左右独立驱动和控制。同一侧的链式刮板输送器和螺旋分料器有同步工作和独立工作两种形式。若同一侧的链式刮板输送器和螺旋分料器同步工作,则只需要由一台液压马达驱动,液压系统简单,但是同一侧的链式刮板输送器和螺旋分料器只能同步加、减速,供料协调性较差。若同一侧的链式刮板输送器和螺旋分料器独立工作,则需要采用2台液压马达分别驱动。这样,同一侧的链式刮板输送器和螺旋分料器的运动速度可以根据不同的工况独立调节。目前采用机电液一体化的控制方式,由超声波料位传感器通过料位控制器,采用比例控制的方式来控制液压马达的转速,以使供料量始终处于均匀稳定状态。

不同生产厂家的沥青摊铺机输料系统的液压驱动方式各不相同,归纳起来有下列几种:

①定量泵+双向马达(螺旋分料器)串联单向马达(刮板输送器),换向阀换向,进油节流调速,左右两套独立(Dynapace 的 F16-6W 采用此种类型,参见图3-51)。

②变量泵+变量马达闭式系统驱动同侧螺旋分料器及刮板输送器,左右两套独立(VOGELE 系列的 1700、1502、1704 采用此种类型)。

③变量泵+两个并联的双向马达,分别驱动左右螺旋分料器,电液比例节流调速(反向无调速),开式系统。变量泵+两个并联双向马达分别驱动左右刮板输送器,电液比例节流调速,开式系统(VOGELE 的 1800 采用此种类型)。

④电控变量泵—定量马达—齿轮减速器—螺旋分料器/刮板输送器,左右独立(ABG 411 采用此种类型)。

⑤变量泵—变量马达闭式系统,4套独立,分别驱动左右螺旋分料器和刮板输送器(VOGELE 2000 采用此种类型)。

⑥变量泵—定量马达闭式系统驱动螺旋分料器,左右两套独立。定量泵—定量马达开式系统驱动刮板输送器,左右两套独立(ABG 422 采用此种类型,参见图3-44)。

3)自动找平系统

自动找平液压系统是使摊铺的混合料具有一定的平整度。自动找平的基本工作原理是:由找平传感器测出基层面实际高度并与标准高度进行比较,当偏差值达到一定程度时,由控制器发出指令,通过液压阀驱动找平液压缸使大臂牵引点产生一定量的位移;牵引点位置改变引起熨平板仰角相应变化,从而使铺层厚度产生变化,弥补路面波动,使铺后表面均匀一致,实现所要求的路面平整度。

自动找平系统包括找平传感器、信号处理及控制指令装置、终端执行装置三个部分。由找平传感器将检验到的误差信号变成电信号,经放大处理,由控制指令装置(横、纵坡仪)传给终端执行机构,并通过液压伺服机构及液压缸调整熨平板的工作仰角以实现自动调平作业。自动调平液压系统的基本形式是阀控缸位置控制系统。

摊铺机自动找平系统的分类主要有如下方面。

①按找平液压系统的类型可分为机液伺服控制系统、电液开关控制系统、电液比例控制系统、电液伺服控制系统四种。

②按找平控制器形式可分为模拟式和数字式两种。

③按找平传感器类型可分为接触式传感器和非接触式传感器两类。接触式传感器包括角位移式电传感器(霍尔效应传感器)和机液式传感器等两种;非接触式传感器包括超声波传感器和激光传感器。

④按找平基准的种类可分为钢丝绳、平衡梁、路沿石、路肩、路基、已铺路面等。

4)熨平(夯实)系统

熨平板位于摊铺机的最后端,将混合料平整并预压实,达到一定厚度及拱度,是直接完成混合料的摊铺、初步振实和抹平的装置。除板体外,还包括拱度调节装置、振动器和加热系统等。

夯实板是左右两块矩形板,由液压驱动的偏心轴驱动作上下振动,对所铺混合料进行初步振实。熨平板紧贴在夯实板之后,分左右两块,由竖板与箱形纵截面的底座组成。用来熨平混合料并做成所需路拱。箱型底座中装有电加热器(或远红外加热器),以便冬季施工时加热混合料。

摊铺机熨平板有单、双之分。单熨平板结构简单,刚度大且便于总体布置。在摊铺较宽的路面时,可在基本熨平板两侧借助螺栓或楔形锁把不同宽度的延伸熨平板固定上去。用它铺筑的混合料在全宽范围内可保证初始压实度均匀一致。

双熨平板即沿摊铺机前进方向前后配置两块熨平板。双熨平板的最大优点是在宽度方向上能自动伸缩。当摊铺宽度变化时,无须停机另外加装或拆卸延伸熨平板。同时,在最小摊铺宽度(基本熨平板的宽度)时,摊铺层将受到两次压实,所以混合料的初始压实度较高;但在摊铺较宽的路面时,由于延伸熨平板与基本熨平板之间有重合段,在该重合处的混合料要受到两次振实,而非重合处仅受到一次振实,因此,在摊铺层的全宽范围内初始压实度就不均匀;又因基本熨平板与延伸熨平板离螺旋分料器的距离不等,故而挡料板前的堆料高度就不一致,这都将影响摊铺层的质量和压实路面的平整度。

熨平板部分的液压系统包括振动液压回路、熨平板提升液压回路、熨平板伸缩液压回路、熨平板振捣液压回路等。

①振动液压回路。振动装置通常采用液压马达驱动偏心块,依靠高速转动的偏心块产生激振力,完成对沥青混凝土的熨平和压实。一般采用定量泵与定量马达构成的开式液压系统,进油或旁路节流调速。振动马达的转速为0~3600r/min。

②熨平板振捣液压回路。摊铺机的振捣装置由偏心轴驱动,振捣行程量由偏心距产生。其主要作用为完成沥青混凝土的预压实,振捣次数通常与摊铺机的前进速度相匹配。

③熨平板提升液压回路。在摊铺机熨平板提升液压回路上一般设有液压防浮锁、液压反爬锁和液压平衡锁(简称“三锁”),进一步提高了沥青混凝土面层的摊铺质量,改善了沥青混凝土摊铺机的工作性能。

④熨平板延伸液压回路。在摊铺过程中,液压伸缩式熨平装置可在一定宽度范围内无级改变摊铺宽度,以适应越过障碍物或变幅的工况要求。当熨平板延伸时,其振捣梁,螺旋摊铺器均需要加长,以满足匹配关系。

5)辅助液压系统

辅助液压系统主要包括对料斗侧翼液压缸、熨平板提升液压缸、螺旋分料器提升液压缸等的控制与驱动,一般采用简单的单泵供油,多个执行元件串联或并联。

料斗位于摊铺机的前部,是承接自卸车卸料和存放沥青混合料的地方,主要由左右边斗、铰轴、支座和料斗侧翼液压缸等组成。料斗侧翼液压缸的作用是将料斗打开,接收来自自卸车的混合料,并在摊铺过程中能够调节料斗中混合料堆积状态,以防止在料斗边角产生离析。

3.5 滑模式水泥混凝土摊铺机

3.5.1 概述

水泥混凝土路面俗称白色路面,与沥青混凝土路面相比它具有力学强度高、承载能力强、水稳定性好、热稳定性好、抗滑性能好、使用周期长、维修费用低等优点。水泥混凝土摊铺机是铺筑白色路面的专用设备,它分为滑模式水泥混凝土摊铺机和轨道式水泥混凝土摊铺机两大类。这两种摊铺机的明显区别在于滑模式可以自行走与自找平,不需要铺设专门的轨道模板,而且滑模式水泥混凝土摊铺机是目前国外发展较快的机种。水泥混凝土摊铺机将搅拌后的水泥混凝土均匀地摊铺在已做好的道路基层上,然后进行振实、整平、抹光等作业,在完成水泥混凝土路面层铺设的同时,达到规定的密实度、平整度和整洁的外观形状。

由于混凝土摊铺机的种类、规格、型号及用途不同,在结构形式上差异较大。但基本结构均由主机架、摊铺作业装置、行走系统、动力系统、液压传动系统和控制系统等组成(图3-53)。其中摊铺作业装置包括螺旋布料器、虚方控制板、内部及外部振捣器、成型盘、定型盘(或抹光器)等(图3-54)。

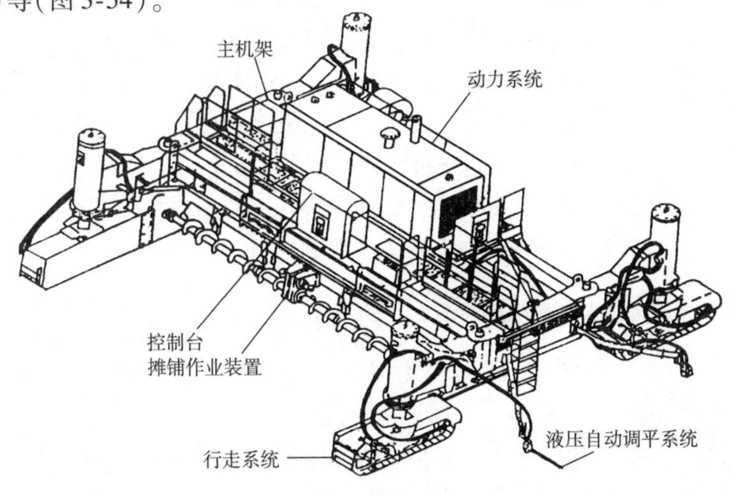

图3-53 滑模式混凝土摊铺机的主要组成部分

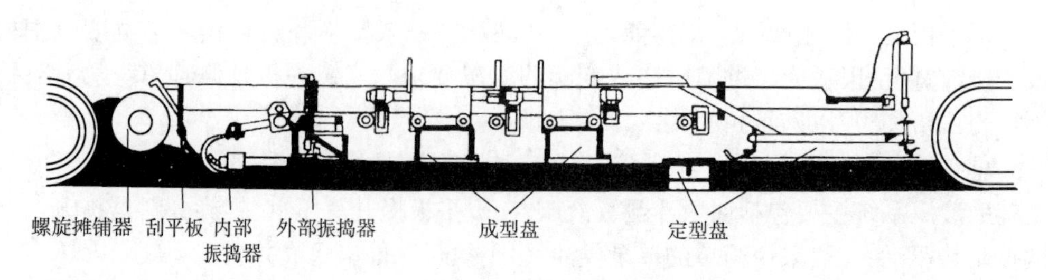

图 3-54　六步连续铺路法示意图

滑模式水泥混凝土摊铺机适用于滑动模板法施工。滑动模板法是通过跟随机械移动的滑动模板使混凝土摊铺层一次成型。滑模式摊铺机通过作业装置和滑动模板对所铺设的面层一次挤压成型，自动化程度高、施工速度快、质量好、可连续铺筑，是新一代高效、省力的机电液一体化混凝土施工机械，被称之为"摊铺机器人"。自从 1956 年美国研制出用于高速公路施工的混凝土滑模摊铺机来，滑模式摊铺机的技术在不断地更新和发展，行走系统已经从早期的电驱动双履带发展成为目前的液压驱动四履带，转向方式也从最初的履带推土机形式转变为 PLC 控制的独立转向方式。1967 年开发了电调平传感器，20 世纪 80 年代又出现了"HYDRA-MATION"全液压伺服控制调平系统。现在，滑模式摊铺机已发展成为最大摊铺宽度可达 21.3m，厚度达 764mm，发动机功率达 430kW，广泛采用传感器、液压及计算机控制技术的机电液一体化现代施工机械。

滑模式混凝土摊铺机的技术特点有如下方面。

①不需附设轨道，可节约大量的模板，整机结构紧凑，施工速度快，生产率高，质量好，降低劳动强度，节省大量的劳动力，大大地提高了工作效率与经济效益，扭转了以往混凝土路面施工点多线长、阻塞交通的状况。

②采用了技术先进的电液控制系统，应用液压传动，提高了摊铺机的自动化程度。

③采用自动转向系统，保证了行驶的直线性和转弯的平滑性，提高了施工速度和质量。

④采用基准线引导自动行走装置，摊铺机运动的轨迹受控于和基准线相接触的 2 ~ 4 组的高灵敏度传感器，摊铺机的各种运动全部采用液压传动，摊铺路面的几何尺寸精度高，可保证路面纵横坡度及平整度等指标。经实践证明，摊铺后路面在 3m 长度范围内的总体平整度≤3mm 的概率达到 92.8%，动态平整度（IRI）≤3.8 的概率达到 93%。

⑤按照设计要求，依靠滑动模板一次成型路面。混凝土的振动、捣实、提浆、抹光等工序均可按设定的参数自动完成。频率可调的振动棒和捣实板不仅保证了混凝土充分密实，而且可以控制提浆厚度，实现路面理想的耐磨效果，提高路面的使用寿命。

⑥由于施工中只能一次成型，不能退回进行补救施工，因而对混凝土的原材料质量、配比、搅拌质量、施工工序及工艺参数等要求较为严格。

3.5.2　滑模式混凝土摊铺机的分类

滑模式混凝土摊铺机可按路面滑模摊铺工序、自动调平系统的形式、行走系统履带的数量、内部振捣器的形式等进行分类。

（1）按路面滑模摊铺工序分类。按路面滑模摊铺工序的不同，滑模式摊铺机可分为两类。一类是将内部振捣器置于螺旋布料器的下方，然后通过外部振捣器和成型盘成型，最后由抹光板抹光;另一类是先用螺旋布料器分料,由虚方控制板控制摊铺宽度上的混凝土高度,然后通过内部振捣器振捣,再进入成型模板成型,最后通过浮动抹光板定型。这两种类型中,前者可使混凝土提早振实且含水量上升,但对纵向上的密实度会带来影响,其优点是机械的纵向尺寸短,易于布置;后者纵向尺寸大,但能使混凝土路面的摊铺质量得到确切的保证。另外,按照第一种滑模摊铺工序,需求有两台机器才能完成路面的摊铺作业,主要用于工作速度要求高、摊铺厚度大于 0.5m 的特殊混凝土施工工程。

(2)按自动调平系统的形式分类。按自动调平系统形式的不同,滑模式摊铺机可分为两类。一类采用电液自动调平系统,另一类采用机液自动调平系统。电液自动调平系统结构简单,便于安装,对电气元件的保护可靠,但对环境的湿度反应较为敏感;而机液自动调平系统由全液压传感器直接控制升降油缸实现调平,结构简单,工作可靠,成本较低,对环境的要求不高,但对系统中液压油的品质和过滤的精度要求较高。

(3)按行走系统履带的数量分类。按行走系统履带的数量,滑模式摊铺机可分为两履带式、三履带式和四履带式。早期的混凝土摊铺机行走系统是两履带式,70 年代出现了四履带滑模式摊铺机,与两履带式比较,四履带式摊铺机找平能力强,直线性好。另外,在达到相同的路面平整度指标的前提下,四履带摊铺机对基层平整度的要求较低。为获得高质量的施工效果,通常在摊铺宽度为 7.5m 以下时,选择两履带滑模式摊铺机;摊铺宽度在 7.5m 以上时,使用四履带滑模式摊铺机。三履带滑模式摊铺机主要是用来摊铺边沟、防撞墙、路肩等车道以外的混凝土构造物。有的机型可以将四条履带变为三条履带,使摊铺机在具有路面摊铺功能的同时,又能兼顾边沟、防撞墙、路肩等车道以外的混凝土构造物,拓宽了滑模式混凝土摊铺机的使用范围。

(4)按内部振捣器形式分类。按内部振捣器形式的不同,滑模式摊铺机可分为采用电振捣棒和采用液压振捣棒两类。目前在滑模式摊铺机上使用的电振捣棒采用高频交流电源,由电动机直接驱动偏心块,不采用行星滚锥高频机构,使性能更为可靠,转速达到 10800r/min,最高的可达 12000r/min,并采用发电机调速的方法实现电振捣棒的变频。液压振捣棒是由高速液压马达驱动偏心轴振动,方式简单、易调速,但由于液压马达位于振捣棒内部,且高速转动,采用的是滑动轴承,棒内空间狭小,因此内泄漏难以得到有效控制。

3.5.3 滑模式混凝土摊铺机的施工工艺流程

滑模式摊铺机的作业过程如图 3-54 所示(以美国 CMI 公司生产的 SF 系列产品为例)。

①螺旋布料器将自卸车或混凝土搅拌车卸在路基上的混凝土料横向均匀地摊铺开。

②由虚方控制板(也称刮平板)计量出进入振动仓的混凝土量,初步刮平混凝土,将多余的料往前推移。

③用内部振捣器对混合料进行初步振实、捣固,排除混合料内部的间隙和空气。

④用外部振捣器再次振实,并将外露大粒径骨料强制压入,使表面形成一定厚度的灰浆层。

⑤由进料控制板(在成型盘前)再次刮平混合料,控制进入成型盘的混凝土量。

⑥用成型盘和侧向滑模板对捣实后的混凝土进行挤压成型。

⑦利用定型盘对铺层进行整平、定形和修边。

滑模摊铺机的施工工艺是根据混凝土路面需要达到的密实度、平整度和外观形状来制订的。摊铺机上所有的工作装置都是为了达到高密实度、高抗折强度以及保证光滑、规矩的外形尺寸和严格的平整度要求。

3.5.4　滑模式混凝土摊铺机的主要组成部分及结构

滑模式摊铺机由于制造厂商和型号、规格的不同而各具特色，但结构基本相同，主要由动力传动系统、自动控制系统、主机架系统、行走系统、摊铺作业系统和辅助系统等部分组成（图3-53）。

1）动力传动系统

滑模式摊铺机的动力一般都采用涡轮增压式柴油发动机，功率则根据具体的机型而定，从几十kW到几百kW，滑模式摊铺机的传动系统采用全液压传动。动力传动路线为：发动机→变速器→液压泵组→液压马达、缸→工作装置。

2）自动控制系统

目前，滑模式摊铺机已广泛采用全液压传动，自动化程度得到很大提高。在自动控制系统中主要采用电液控制技术，充分发挥电气系统控制灵活、多样和液压系统能容量大，可无级调速等各自的优点，通过电液控制元件（电液比例阀、电液伺服阀等）将电和液系统紧密地结合起来，保证整机的行走速度与摊铺作业之间保持协调一致，并且通过自动调平和自动转向系统及其他摊铺作业装置工作参数的调整对摊铺质量进行控制，有效地提高了整机性能。

滑模摊铺机的自动控制系统流程见图3-55所示。

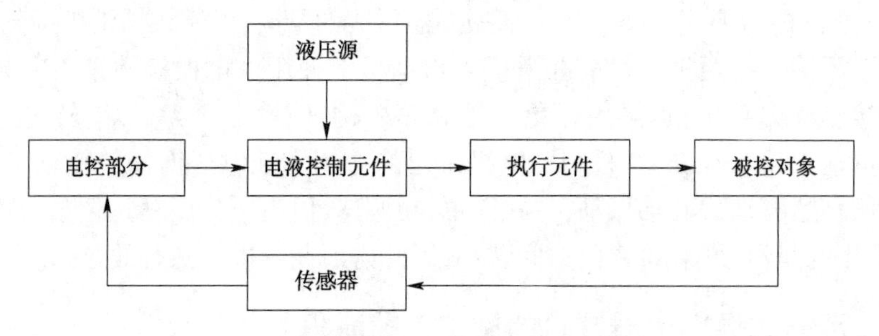

图3-55　滑模摊铺机自动控制系统流程图

（1）电控部分。它主要采用模拟电路、PLC控制器或微机，根据操作人员的指令及来自传感器的反馈信号产生控制信号，经放大器放大后驱动电液控制元件。

（2）电液控制元件。它是连接电与液的中枢与桥梁，可将小功率的电控信号转换成大功率的液压信号去驱动执行元件。根据控制精度及响应速度的不同要求，可采用电磁换向阀、电液比例阀或电液伺服阀。

（3）传感器。它主要检测被控对象的运动参数，大部分采用电传感器，但在有些物理量的检测上也采用其他类型的传感器，如自动调平传感器，有的机型上采用电传感器，有的则采用液压传感器，还有的采用激光、超声波等非接触式传感器。

（4）执行元件。它是驱动各种工作装置工作的液压缸或液压马达，也可以是变量泵的变量机构，其运动受电液控制元件的控制。

(5)被控对象。它主要指摊铺机在作业过程中需要控制的各种物理量,如行走马达的转速、螺旋分料器的转速、机架立柱的升降位置、振捣棒的插入深度和振动频率等。

上述五个部分再加上液压动力源就构成一个完整的闭环控制系统。

3)主机架系统

主机架是整个摊铺机的承载结构,应具有足够的刚度和强度,当摊铺宽度需要变化时还能进行伸缩调整。在主机架上安装有发动机、传动系统、控制台、油箱、摊铺作业装置及其他辅助机构。常见的主机架结构为箱形梁框架结构,由端梁、伸缩横梁、伸缩套、中心梁、支承纵梁和托梁等组成。端梁通过垂直销与行走系统的支腿相连接,左侧端梁侧面通过螺栓与伸缩梁固接。伸缩液压缸一端连接在伸缩套上,另一端通过销轴与端梁连接,与伸缩梁、伸缩套、端梁一起构成了主机架伸缩系统,施工时根据不同的路面宽度要求,通过液压缸的伸缩可十分方便地调整摊铺机主机架的宽度。托梁通过托架与伸缩梁相连,以提高前、后伸缩梁的刚度,并通过连接件同摊铺机工作装置连接。支承纵梁焊接在伸缩套上,与中心梁、托梁共同组成工作装置的悬架系统,承受工作装置的主要载重与施工载荷,螺旋布料器的驱动箱、振捣器、成形盘、抹光板等装置通过托架用螺栓与其连接。

4)行走系统

行走系统包括履带行走装置与支腿总成两部分。

(1)履带行走装置。滑模式摊铺机均采用履带行走机构,各条履带均由一台双向液压马达独立驱动,同侧履带的液压马达均同步。为满足施工速度的要求(一般最佳作业行走速度为3~5m/min),采用高速液压马达、行星齿轮减速器及链传动将动力传至履带主动轮。履带的尺寸依据摊铺机的功率、牵引力和着地比压等因素确定。大型摊铺机的履带长可达3.05m,宽可达0.61m;中型摊铺机的履带宽度可减至0.305m;而小型多功能摊铺机的履带长为1.52m,宽0.254m。

履带行走装置主要由行走马达、减速器、驱动链轮、履带、支承轮、张紧装置及行车架等组成。动力传递路线为:行走液压马达→行星排减速的第一级减速器→行星齿轮减速器→驱动轮轮毂。

(2)支腿总成。支腿连接主机架与履带行走装置,主机架可在四根支腿上升降,满足施工时摊铺层厚度变化的需要,不进行摊铺时可使作业机构脱离施工面,便于摊铺机的移动。支腿支承在四条履带上,不但能够满足机架的升降,而且可以绕各自的轴线转动,使履带变化多种位置,满足摊铺作业和装运要求。支腿在升降过程中可能因载荷不平衡而偏斜,因此在支腿圆筒内设置了一根与轭板焊接在一起的导向支柱。当机架达到最低位置时,支柱顶部承受载荷,使液压缸活塞杆卸荷。由于支柱与轭板焊在一起,转向时与行走履带一起转动,承受转向油缸的推力,带动履带转向,因此将支柱设计成正方形空心结构。转向液压缸的活塞杆与转向臂铰接,缸体与支腿连接箱体铰接。转向时,转向液压缸带动履带偏转而整个机架不动,转向接盘与支腿圆筒作相对转动,但与支柱之间不能有转动,故将转向接盘设计成内方外圆的结构。

5)摊铺作业装置

滑模式摊铺机的作业装置通常由螺旋布料器、虚方控制板、内部振捣棒、外部振捣梁、成型盘、定型盘和副机架等组成,如图3-56所示。

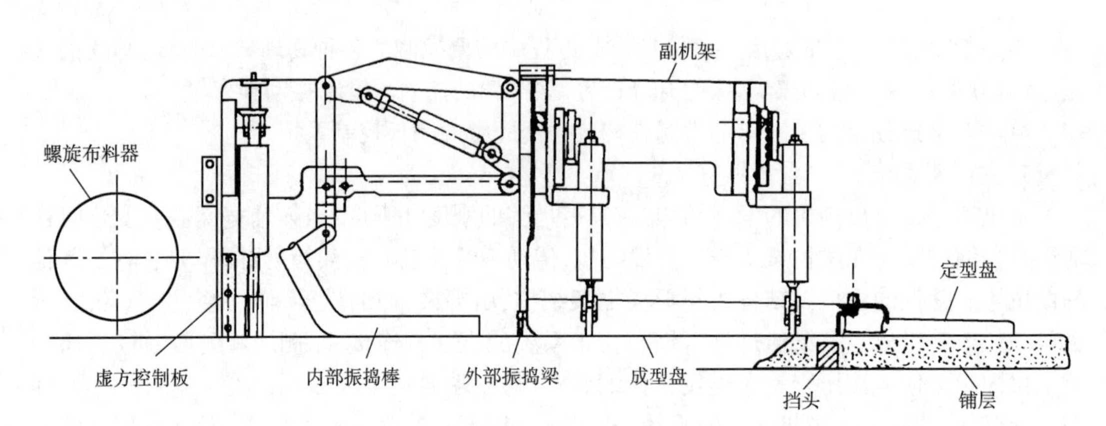

图3-56　滑模式摊铺机的工作装置

(1)螺旋布料器。螺旋布料器位于机器的最前方,其作用是将运料车卸在路基上的混凝土料均匀地摊铺开。螺旋布料器分单根和左右两根两种形式。单根形式适合摊铺单车道,可将卸偏的混凝土料从一侧推到另一侧,而在双车道摊铺时采用两根螺旋布料器较合适,因为两台液压马达可分别驱动左、右螺旋轴正、反转,因此能实现从中间向两边摊铺布料或两边向中间集料。由于采用液压驱动,可根据前方料堆的变化无级调速,达到最佳布料效果。螺旋布料器左右对称。从螺旋布料器马达输出的动力,经减速器、链传动箱到达螺旋布料器轴,带动螺旋布料器旋转。

(2)虚方控制板(刮平板)。虚方控制板安装在螺旋布料器的后面,初步刮平混凝土,控制进入振动舱的混凝土数量,虚方控制板的结构是由螺栓连接起来的两块平板。由三个液压缸控制,可整体式升降,也可以单边或中间单独升降,升降值由刻度尺显示,操作人员可以根据振动舱混凝土砂浆的多少来调整虚方控制板的高度,实践证明,调整到高于成型模板100mm时效果较为理想。

进入振动舱的混凝土料过多,水泥砂浆停留在振动舱里,难以进入成型模板内,影响表面光滑,进料过少,摊铺厚度得不到保证。因此虚方控制板是保证机器正常工作、摊铺出高质量路面的一个重要工序,使施工工艺更加合理。

(3)振捣棒。振捣棒也称为内部振捣器,通过高频振动消除混凝土内部间隙,排除空气并使混合料流体化。滑模摊铺机上使用的振捣棒振幅为0.3mm左右,振动频率最大为200Hz,单个连续可调,一般施工时应在100~183Hz范围内调整。按照混凝土的振动工艺原理,低频振动对大块集料有较大的振实作用,而小粒径的颗粒振实则依赖于高频振动。

振捣棒分为液压振捣棒和电振捣棒两类。液压振捣棒是利用一个高速液压马达驱动偏心轴振动,系统简单、易调速,在操作及振动参数的设定上比电振捣棒优越得多。但由于内泄漏难以控制,在最初使用的200h内,容积效率最高为80%,并且随着使用磨损的加剧,效率会逐渐降低。液压振捣棒失效后,操作人员很难及时发现。由于液压振捣棒效率低,因而液压系统发热量很大,需要采用大容量的散热器。如果采用电振捣棒,摊铺机上需要安装发电机组,系统虽然复杂,但电振捣棒使用可靠、寿命长、效率高,可振实更干硬的新拌混凝土,而且能及时发现振捣棒的故障,便于及时维修、更换。目前摊铺机上所采用的电振捣棒,均使用高频交流电源,由内部电动机直接驱动偏心轴,没有普通电振捣棒上的行星滚锥高频机构,采用调整发电机转速的办法实现调频,采用电振捣棒以后,机器成本增加,但省油、可靠、使用方便。

从滑模法摊铺混凝土路面的施工实践来看,加强振捣力、强化振捣是增加密实度、防止麻面、提高平整度的主要技术措施。较高振动黏度系数(较小坍落度)的混凝土要求较大的振捣力;较低振动黏度系数(较大坍落度)的混凝土要求较小的振捣力,以满足高密实度和高平整度的混凝土路面施工需要。

振捣棒通过支架板及压板夹悬挂在支承横梁上。支承横梁由液压缸控制上、下运动即可实现振动棒的升降。为适应不同路拱的施工需要,振捣棒可整体升降,也可单边或中间段的升降。

(4)捣实板(外部振捣梁)。捣实板由多节组成,多根垂杆悬挂。液压马达通过偏心轮、凸轮盘、主动杆、主动压板使捣实板驱动棒往复运动,带动双臂摇杆摇动,使调整杆和捣实板运动,锤打混凝土铺层,将表面上的粗骨料压入铺层内部,只留下灰浆以便修整路面。捣实板的频率由捣实总开关加以控制,可以在 0 ~ 2Hz 内变化,振幅由偏心轮与凸轮盘之间的安装位置决定,分为 13mm、19mm、25mm 三挡,可根据施工要求来选择。捣实板的高低调整为机械式,实践证明,捣实板工作高度比成型模板低 8 ~ 12mm 时为最佳。在实际施工中,必须根据混凝土料的性质,合理地确定振动参数,以满足施工需要。

(5)成型盘、超铺板和侧模板。成型盘将捣实后的混凝土进行挤压并使铺层形成要求的路面形状,通过路拱调节装置可按设计要求调整中央路拱。在弯道上作业时,可通过改变路面模板一侧的拱度,使中央路拱逐渐消失,直至成为单边坡。驶出弯道后可再将路拱恢复到原设定值,以满足施工要求,这种缓和过渡曲线在施工中经常遇到。

成型盘可根据施工需要调整仰角的大小,仰角过大会影响摊铺质量,一般将高度差控制在 6mm 之内。利用左、右两侧模板组合,可调整成前宽后窄的喇叭口,使混凝土受到挤压,增加密实度。

成型盘由路拱调节装置、成型顶模板、超铺板、侧模板组成。成型顶模板由几个标准组件用螺栓连接而成,中间部分为铰接连接,以便调节路拱。侧模板使铺层边缘两侧挤压成形,并和超铺板一起减少边缘坍落。侧模板由液压缸控制升降。

路拱调整装置分为上部总成和下部总成两部分。上部总成安装在与主机架相连的壳套内,而下部总成用销与成型顶模板的中央部分连接。上部总成由轴承、调拱链轮、主动链轮、调拱马达和驱动链条组成。通过路拱轴与下部总成连接。调拱马达驱动主动链轮,经链条、链轮驱动路拱轴旋转,通过螺母使下部总成上、下移动形成一定的路拱。

(6)定型盘。在成型盘的后端悬挂一块浮动盘,用来对混凝土路面进行二次整平。浮动盘与两侧的浮动模板构成定型盘。

定型盘可调整路拱,以满足路面设计要求,调整方式为机械式。定型盘两侧边模板的扩展与收缩由液压缸控制。

(7)拉杆置放机。拉杆置放机分为侧置式和中置式两种,中置式又分前置和后置两种形式,由施工设计来决定采用哪一种形式。一次摊铺宽度在 8m 以上时,需要在混凝土路面中间打入拉杆(螺纹钢),以加强横向连接;一次摊铺宽度大于 4.5m 时,如需要两幅路面直接连接的,应打侧边横拉杆;如需要三幅路面直接连接的,则中间那幅两侧边都要打入横拉杆。在摊铺机后部中间处设置的液压全自动拉杆打入机构,称为后置式拉杆置放机,根据施工设计要求,由电脑计算拉杆间距和深度,给出信号,自动打入拉杆。在摊铺机前部中央处设置的半机械式拉杆打入机构，称为前置式拉杆置放机。

侧置式拉杆置放机分为半自动式和机械式两种，拉杆间距的大小由施工设计决定。打拉杆的信号由安装在履带上的小车轮直径决定，履带前进，带动小车轮反向旋转，轮子上的定位块与电触点接触时发出喇叭声，操作人员听到信号后拨动开关，液压缸迅速把拉杆压入混凝土中，并自动脱模，这样不断地重复循环，这称之为半自动式；机械式则是操作人员听到信号便迅速用人工打入拉杆。拉杆可以两边同时打入，也可单边打入。

(8)拖布。拖布装在定型盘后面，消除气泡及形成路表面的粗糙度。拖布块长度不宜过长，实践证明，与混凝土路面接触长度在1m内效果最好。要注意每次工作开始前，应把拖布湿润透，工作完毕后要清洗拖布，防止凝结的小水泥点破坏路面的平整度。

(9)水喷射系统。水喷射系统为机器的清洗提供带压力的水，并在需要时为混凝土的拌和加水。由水箱、驱动马达、水泵、喷管和喷嘴组成。液压马达驱动水泵，水经旁通阀和压力开关到达喷管与喷嘴，旁通阀和压力开关限定了系统的最高、最低压力。

6)调平与转向系统

在需要铺筑的混凝土路面旁边，按照路面施工的要求标高及路形，预先拉设一根尼龙绳，作为机器调平和转向的基准线。尼龙绳由拉线桩支承，拉线桩之间的间距为5～15m，尼龙绳通过一组绞盘被拉紧。调平与转向系统能根据基准线自动保持机器预定的高度和方向。

(1)调平原理。在主机架的四个支腿上分别安装有四个水平臂，在臂端安装有调平传感器。调平传感器铰接有触杆，触杆的一端靠其自重始终压紧在尼龙绳上，压力大小可通过调整触杆上的配重加以改变。当摊铺机施工作业时，如果路基降低，机器的行走机构也将下降，此时，压紧在尼龙绳上的触杆就相对在升高，触杆的偏转使传感器产生随动，控制从液压泵出来的高压油进入升降液压缸的上腔，使机器上升，直到机器达到设定的水平位置为止；如果路基抬高，同样的道理，机器会相应地下降。

(2)转向原理。如下3种不同的基准线布置方式可实现自动驾驶。

①双基准线——道路两侧各设一根基准线，可用其中之一控制行驶方向。

②单基准线——道路的任意一侧设置基准线控制行驶方向。

③无基准线——以现场已经存在的路面控制行驶方向。

不论基准线采用何种布置方式，至少要在前、后履带各设置一个转向传感器。当摊铺机在弯道上作业时，转向传感器控制转向液压缸动作，使履带产生偏转，并带动转向反馈传感器动作，使对应的履带同步偏转，按全轮转向的方式实现自动转向。

3.5.5 滑模式混凝土摊铺机液压系统分析

目前的滑模式混凝土摊铺机基本上都采用了液压传动技术和电液控制技术。除个别几种机型在振捣棒的驱动上采用电传动外，绝大部分机型均采用了全液压传动的技术方案。

一般来说，滑模式混凝土摊铺机的液压系统采用多泵、多回路。由行走、螺旋分料、振捣、自动调平及转向等几个相对独立的回路组成。其中行走、螺旋分料回路大都采用闭式系统，其余则采用开式系统。

1)行走回路

最早的滑模式混凝土摊铺机是电驱动行走系统，现在则全部为液压驱动。有的两履带摊铺机行走系统的转向原理与推土机类似,结构简单,但方向改变突然,所铺路边的直线性不好。有的机型则用转向马达和行星齿轮箱实现转向,驱动马达转动时,行星齿轮箱使两履带同步运动;转向马达转动时,行星齿轮箱使一边履带增速,另一边履带减速,实现摊铺机转向;若要转向相反方向,只要转向马达反转即可。这种方式虽复杂,但转向平稳。

与两履带摊铺机相比,四履带滑模摊铺机调平能力更好。为了使左右履带的转向动作协调,所有四履带摊铺机均采用液压伺服系统来实现类似四轮车辆的转向梯形。正如转向梯形在轮式车辆转急弯时不能适应一样,这种伺服系统在摊铺机转急弯时也会表现为不适应。在摊铺转弯半径较小的路面时,要求各履带都能独立转向,转向时各履带动作的协调由 PLC 控制。

行走回路一般采用变量泵—变量马达组成的闭式系统,而有些多功能的中小型摊铺机行走回路也可采用变量泵—定量马达构成闭式回路。

一般大中型摊铺机履带驱动马达采用双向变量马达。其一般仅有两个变量位置,即斜盘摆角最大位置(此时是低转速大转矩,对应的是摊铺时的速度)和斜盘摆角最小位置(此时是高转速小转矩,对应的是不作业时的行走速度)。这两个变量位置的切换由速度选择阀来控制(图3-57),由行走泵的辅助泵供油。

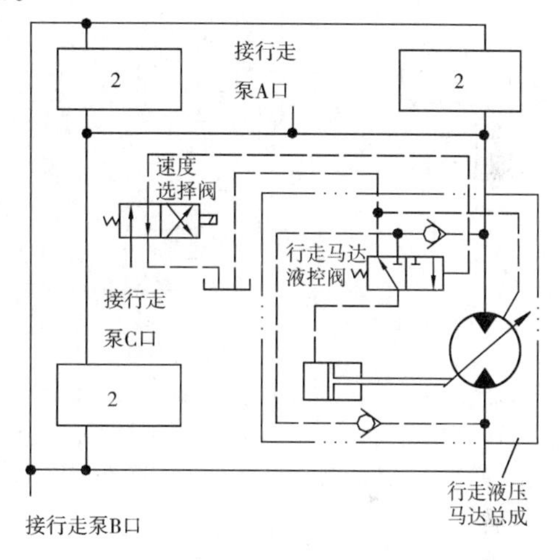

图 3-57 速度选择阀液压回路

行走回路中的液压泵在有的机型中是一台,有的机型中是两台。对于两履带的摊铺机:如果有两台行走泵,则可与左右两侧的行走马达各构成一个独立的闭式回路(这与履带式挖掘机的行走系统类似);如果只有一台行走泵,则需要将左右两侧的行走马达并联,即一台行走泵与两台并联的行走马达构成闭式回路。对于四履带的摊铺机:如果有两台行走泵,则每台泵给同侧前后两个履带的行走马达供油;如果只有一台行走泵向四个行走马达供油,则四个行走马达可全部并联,也可同侧前、后履带的两个马达分别串联后左、右两侧再并联。

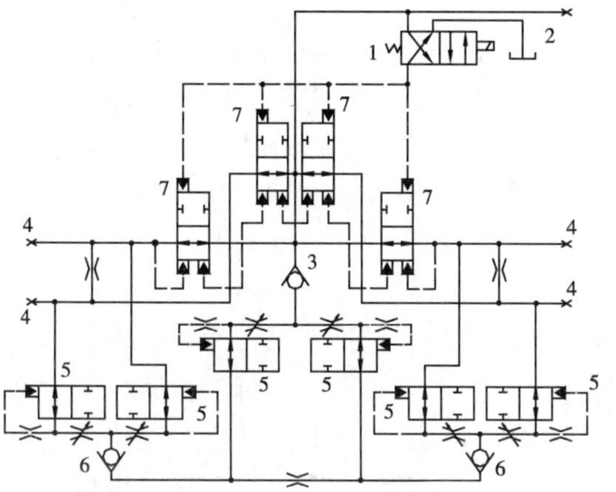

从上面的分析可知,除两履带的摊铺机有两台行走泵这一种情况外,其余几种都存在一台泵要给两台或四台并联的马达供油的情况,需要进行流量分配,因此一般行走回路中均在履带前进时的进油路上设置分流阀,以保证摊铺作业时每个行走马达的同步。图 3-58 所示为 CMI 摊铺机上使用的分流阀工作原理:当履带前进时,二位四通电磁阀 1 右位工作,由主泵来的液压油经油口 2,电磁阀 1 的右位后,同时作用在四个二位二通液控阀 7 的顶部,使上位工作,主泵来的液压油直

图 3-58 分流阀液压回路

1-二位四通电磁阀;2-油口;3-中部止回阀;4-油口;5-二位二通液动流量分配阀;6-端部止回阀;7-二位二通液控阀

接顶开止回阀3，经中部两个二位二通液动流量分配阀5等分流量后，再到下部的四个二位二通液动流量分配阀5，液流经二次流量分配后经油口4到液压马达，每个液压马达所得到的流量均是从主泵来油流量的1/4，从而实现了每个液压马达的流量相等，使之能同步动作。履带倒退时，主泵来油直接进入液压马达，液压马达的回油经油口4后再经过四个液动二位二通阀7的下位流向油口2（如图中箭头所示），所以后退时没有流量分流的问题。

行走泵一般均采用电液比例双向变量泵，其工作原理如图3-59所示：辅助泵从油箱吸油，出口与电液比例阀12的进油口相连。当电液比例阀12中位时，液压油流回到油箱。当阀12左位时，一部分液压油流到变量泵的变量伺服机构10，控制斜盘倾角的变化，另一部分油经过止回阀9之后又分为两路，一路流向油口C给速度选择阀供油（图3-57）；另一路经过止回阀2给行走泵的低压侧补油。行走泵从低压侧吸油，通过油口5（B）向行走马达提供压力油。

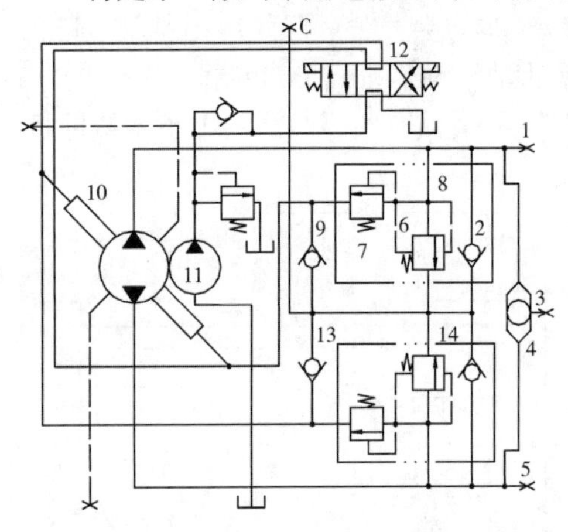

图3-59　行走泵液压原理图

1-油口A；2、14-止回阀；3-仪表压力输出油管；4-梭阀；5-油口B；6-溢流阀；7-定压阀；8-多功能阀；9、13-止回阀；10-变量泵变量伺服机构；11-辅助泵；12-电液比例阀

当电液比例阀12右位时，一部分液压油进入变量泵变量伺服机构10的另一边，控制斜盘倾角反向变动；另一部分油液经过止回阀13后又分为两路，一路流向油口C给速度选择阀提供液压油；另一路经过止回阀14到达行走泵低压侧。行走泵从低压侧吸油，通过油口1（A）给行走马达提供压力油。

由此可见，电液比例阀12可控制行走泵的两个油口1、5（A、B）中哪个是高压口，即控制了行走的方向。阀12左位或右位时开口量的大小正比于输入的控制电信号，而行走泵斜盘倾角的大小正比于阀12开口量的大小，即A口或B口输出的压力油的流量大小与控制电信号的大小成正比。因此在行走回路中变量马达可实现速度分挡，变量泵可实现无级调速。

2）螺旋布料器回路

一般大中型的滑模摊铺机大都采用变量泵—定量马达组成的闭式回路来驱动螺旋布料器，如果是左、右两个独立的布料器，则在液压系统中采用两个完全相同的闭式回路分别驱动，由两台电液比例双向变量泵分别控制左、右螺旋布料器的正、反转及转速，可满足对水泥混合料多种不同的布料要求。除此之外，也有个别机型在螺旋布料器回路中采用了两台开式泵分别驱动左、右布料器马达的开式回路。

3）振捣棒回路

除少数几种机型外，大多数滑模式摊铺机的振捣棒采用液压驱动，其工作原理如图3-60所示：高速液压马达1驱动偏心轴2高速旋转，由偏心轴产生激振力。由于激振频率很高（达10000次/min），因而可产生较大的激振力。在激振力作用下，混凝土中颗粒便受强迫振动，各种大小不同的颗粒产生不同受迫振动振幅，从而颗粒间产生移动，直到挤紧振实。振动频率可通过高精度流量控制阀来调节。

一般多功能型摊铺机或防撞墙、路缘石摊铺机等设置2～4个振捣棒，另外留有2～4个振捣棒供油口,供扩充振捣棒之用。

大中型摊铺机根据摊铺宽度来设置振捣棒的数量,一般 4 ~6m 摊铺宽度时,设置 8 ~12 个;扩展到 7.32 ~7.92m 时,设置 15 ~18 个;摊铺宽度为 9.75 ~13.4m 时,设置 20 ~24 个;对于摊铺宽度在 15.24 ~17m 的特大型摊铺机,则需设置 42 ~48 个振捣棒。

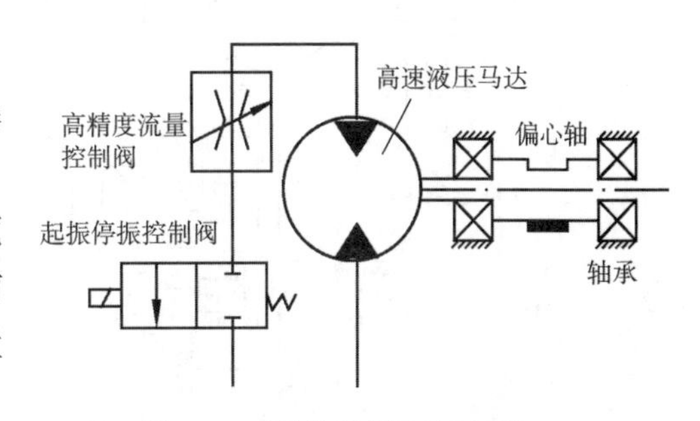

图 3-60 高频振捣器及液压系统

振捣棒液压回路为开式系统,主泵一般采用压力补偿的止回变量泵,向多个振捣棒高速马达并联供油,每个振捣棒振动频率的调整可通过调整高速马达的转速实现。如图 3-60 所示,高速马达的调速是靠调速阀 4 进油路节流调速实现的。振捣棒由于采用液压传动,因而可实现无级调频,可对不同性质的混凝土(如坍落度不同)进行最佳振动频率的振捣。由于混凝土混合料在材料、级配、水灰比及设计要求上是经常变化的,因此要求振动频率也随之变化,才能达到最佳效果,使混凝土在最短时间内即达到充分液化状态。为便于使用,振捣棒除设总开关用来控制振动和停止外,每个振捣棒还设有手动旋钮开关(即阀 4)。实践证明,振捣棒频率偏高为好,最低不能低于 7000 次/min。

4)捣实板回路

捣实板也称外部振捣梁,经振捣棒振动过的水泥混凝土,需要捣实梁捣实,以便把表面上的粗骨料压入混凝土中,然后再到下一个成型工序。捣实液压系统主要由捣实泵、流量控制阀和捣实液压马达等组成,其液压系统如图 3-61 所示。从图中可看出捣实板液压回路是一个简单的定量泵节流调速回路。

5)辅助系统液压回路

摊铺机的辅助系统主要包括主机架宽度伸缩、自动调平、自动转向、喷水、摊铺作业装置调整(包括虚方控制板升降、振捣棒升降、成型盘调拱、定型盘升降、边模调节等),所有的执行元件(液压缸和马达)均由一台辅助系统主泵(单向变量泵)来供油,由换向阀控制执行元件的动作,是一个单泵多回路系统。图 3-62、图 3-63 是 CMI SF350 的辅助系统液压回路,从图中可看出,辅助系统主泵出口的压力油分为并联的 11 路,分别向主机架伸缩回路(由图 3-62 中阀 2 控制的两个并联液压缸 3)、喷水马达回路(图 3-62 中的喷水马达 5)、四个自动调平回路、四个自动转向回路及摊铺作业装置调整回路(图 3-63)11 个回路供油。

①自动调平回路。自动调平就是保证摊铺机的各种作业装置始终能保持在预定的水平高度上,从而保证摊铺质量。自动调平系统的重要元件是自动调平传感器,它直接采集路基高度的变化信息,自动调节铺层厚度,使铺成的路面达到平整度要求。自动调平系统有电液自动调平系统和全液压自动调平系统两种形式。电液自动调平系统由电调平传感器、电液比例阀(或电磁换向阀,用于低精度的调平控制;或电液伺服阀,用于高精度的调平控制)、调平液压缸(即立柱升降液压缸)等组成一个闭环控制系统(图 3-64)。由电调平传感器检测路基的不平整度,根据不平整度的大小产生相应强度的控制电信号驱动电液比例阀工作,比例阀的阀口开度大小正比于控制电信号的大小,比例阀控制了压力油进入调平液压缸的哪一腔及进入流量的多少,因此就可使调平液压缸根据基准线与路基之间的差距进行升降调整,保证摊铺的路面有足够的平整度。

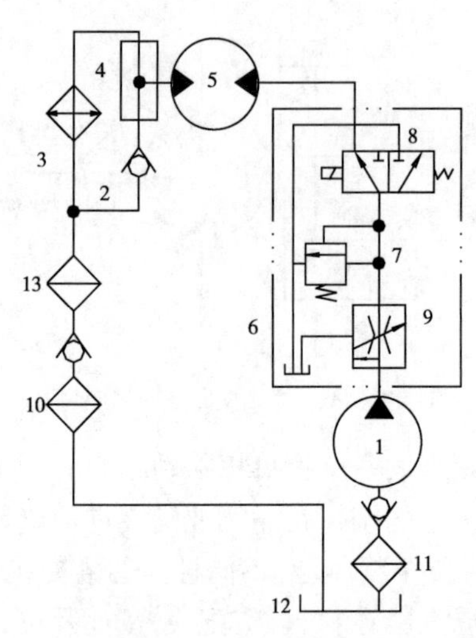

图 3-61　捣实板液压系统

1-捣实泵；2-旁通止回阀；3-回油冷却器；4-回油冷却歧管；5-捣实马达；6-流量控制阀；7-溢流阀；8-电磁阀；9-流量阀；10-回油滤清器；11-滤清器；12-油箱；13-止回阀

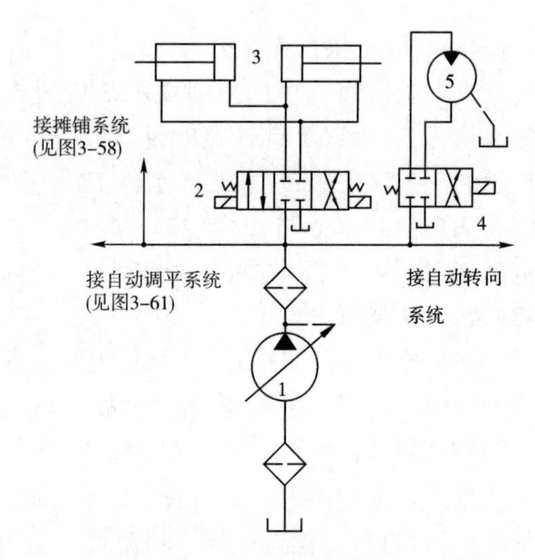

图 3-62　辅助液压系统图

1-辅助泵；2-三位电磁换向阀；3-液压缸；4-两位电磁阀；5-喷水马达

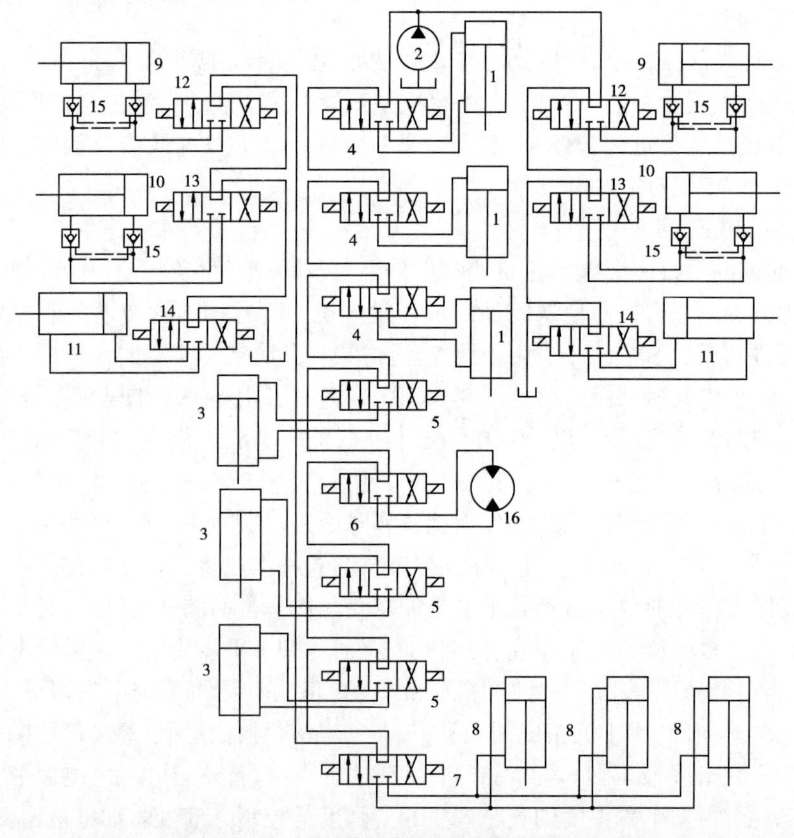

图 3-63　摊铺作业装置调整液压系统图

1-虚方控制板提升油缸；2-辅助泵；3-振捣棒提升油缸；4-虚方控制板电磁阀；5-振捣棒升降电磁阀；6-路拱马达电磁阀；7-浮动盘电磁阀；8-浮动盘提升油缸；9-前边模油缸；10-后边模油缸；11-边缘油缸；12-前边模电磁阀；13-后边模电磁阀；14-边缘电磁阀；15-液压锁；16-路拱马达

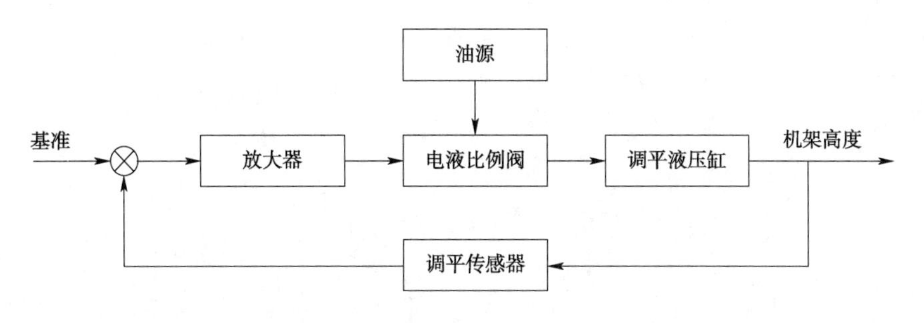

图 3-64　电液调平系统方框图

全液压自动调平系统中的调平传感器与液压控制阀合二为一(图 3-65),由壳体 3、偏心轮轴 5、偏心轮 4、轴承 2 和伺服阀阀芯 1 等组成。伺服阀阀芯 1 在弹簧的作用下与偏心轮 4 保持接触。偏心轮 4 与偏心轮轴 5 固连,轴 5 的伸出端与触杆相连,触杆的另一端始终于基准线相接触。当由于路基不平而使机架下降或抬高时,触杆就会带动轴 5 转动。全液压调平系统的液压回路见图 3-66 所示。电磁阀 4 通电,调平系统处于“自动调平”状态,压力油与调平传感器 3 的 P 口相连。若遇路基下降,则履带连同支腿一起下降,触杆带动传感器 3 的偏心轴顺时针转动,使 C1 口与压力轴口 P 相通,C2 与回油口 R 相通。压力油经 C1 口、液压锁 2 进入支腿液压缸的大腔,活塞杆伸出,使机架升高,随着机架的升高,触杆又带动传感器 3 的偏心轴逆时针转动,使 C1、C2 口逐渐关闭,直到机架与基准线之间的距离恢复原先的设定值。当遇到路基升高时,控制过程正好与上述的相反。

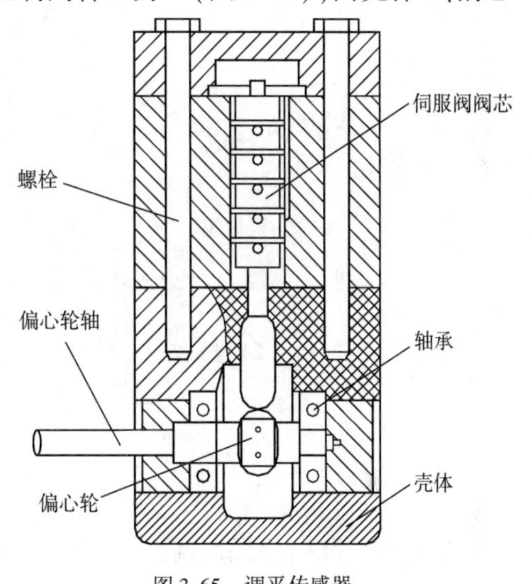

图 3-65　调平传感器

每个调平传感器与各自的支腿液压缸构成四个独立的调平回路,可实现“四点调平法”调平机架。

②自动转向。在摊铺机的四个支腿上各安装一个构造及工作原理与调平传感器完全相同的全液压传感器,根据是否与基准线接触,分别称为转向传感器和反馈阀,转向传感器控制转向油缸的动作,使履带偏转,实现转向。基准线一侧由转向传感器的触杆输入信号,另一侧则是通过转向反馈缆绳(将基准线侧的传感器与无基准线侧的反馈阀连接的方法)实现反馈信号输入,以实现四个履带同步转向。自动转向的液压回路也与自动调平的完全相同(图 3-66)。

③摊铺作业装置调整液压回路。如图 3-63 所示,该回路包括三个串联的虚方控制板升降缸,由三个电磁换向阀控制升、降和停止。三个缸可单独动作,以方便调拱,同时也可以同时动作,使虚方控制板整体升降。三个串联的振捣棒升降缸,也可以单独或同步升降,因此由三个电磁换向阀来操纵。三个并联的定型盘(也称浮动盘)升降缸,由一个电磁换向阀控

制三个缸同步升降,这样有利于路面的最后成型,两个边缘液压缸分别由各自的电磁换向阀控制扩张或收缩定型盘的侧模板。四个电磁换向阀分别控制前、后、左、右边模板的升降,前、后边模板可单立升降,这样,当摊铺机从平地进入坡道作业时,可将边模调出一个小倾角。

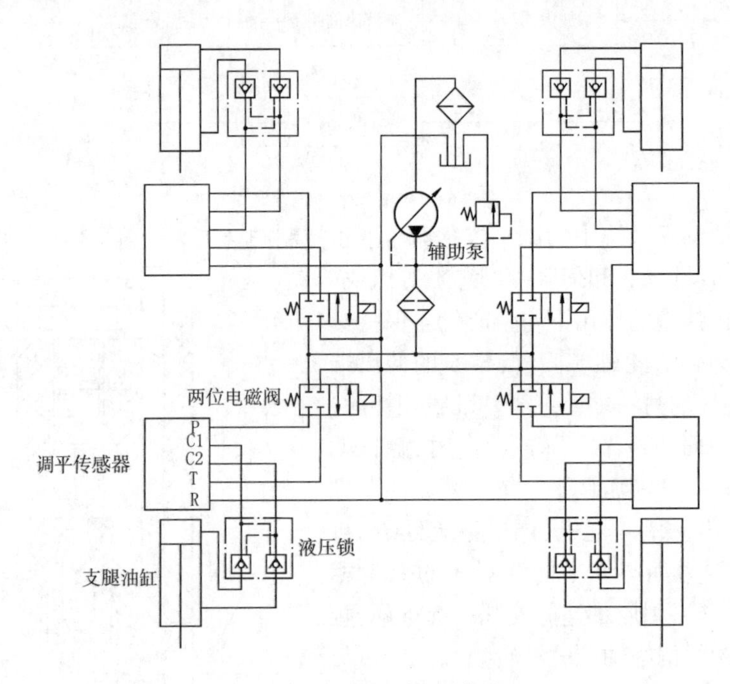

图 3-66　自动调平液压系统图

3.5.6　HTH8500 经济型水泥混凝土滑模摊铺机液压系统

HTH8500 型水泥混凝土摊铺机为经济型的全液压摊铺机,整机的液压系统由自动找平、卷管、驱动及转向、运输轮伸缩及调拱、整平装置五个部分组成,是一个多泵多回路开式系统。图3-67 为该机的液压系统图。

1) 自动找平系统

以找平泵作为油源,四个电磁换向阀 35 作为控制元件,四个液压锁 34 和四个立柱液压缸 33 作为执行元件,由找平传感器发出电信号控制电磁阀动作,从而使四个立柱液压缸工作,该系统为开式变量系统。

2) 卷管系统

由齿轮泵 10 驱动液压马达 8 带动卷管装置转动,当摊铺小车在机架上运行时根据需要收放液压软管,由电磁阀 9 控制马达的启停。该系统是一个定量开式系统。

3) 驱动及转向系统

由双联齿轮泵中的一联向该系统供油,由 11 来调节摊铺机的行走速度,用手动换向阀 15 来控制行走马达的旋向,实现前进、倒退和停车;行走可实现无级变速;用两个节流阀 31 来调节左右行走马达的平衡,使之保持直线行驶;用两个电磁阀 32 来控制摊铺机的转向。

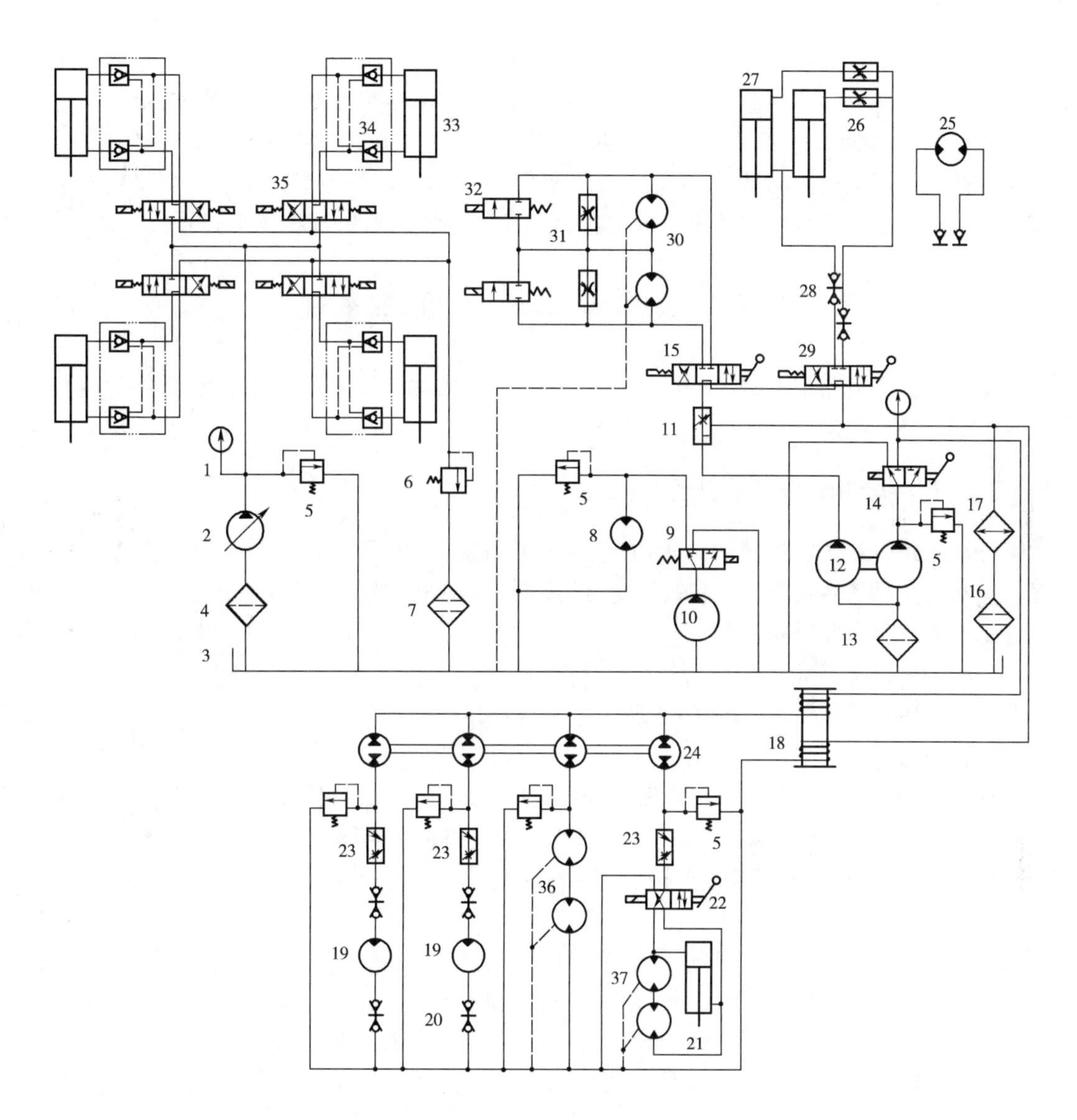

图 3-67　HTH8500 型滑模式水泥混凝土摊铺机液压系统

1-压力表;2-找平泵;3-油箱;4、7、13、16-滤油器;5-溢流阀;6-背压阀;8-卷管装置马达;9-卷管装置控制阀;10-齿轮泵;11-溢流节流阀;12-双联齿轮泵;14、22、29-手动换向阀;15-行走控制阀;17-冷却器;18-卷管装置;19-内部振捣马达;20、28-快速接头;21-整平滚桶转向缸;23-调速阀;24-齿轮分流器;25-调拱马达;26、31-节流阀;27-运输轮伸缩液压缸;30-行走马达;32-转向控制阀;33-立柱液压缸;34-液压锁;35-自动找平电磁换向阀;36-整平滚桶驱动马达;37-整平小车往复驱动马达

4)运动轮伸缩及调拱系统

该系统与驱动及转向系统共同一个定量泵,通过手动换向阀 15 的“M”型中位机能将这两个系统串联起来。用两个节流阀 26 调节运输轮伸缩的速度和锁紧运输轮伸缩缸 27。调拱马达 25 与运输轮伸缩缸不同时工作,因此两者共用一路油源用快速接头 28 来切换。

5)整平装置

由双联泵12中另一联向整平系统供油，由齿轮分流器24将流量分成四路分别供给两个内部振捣马达19、两个整平滚筒驱动马达36、两个整平小车往复驱动马达37及一个整平滚筒转向缸21。两个内部振捣马达19并联，其速度由两个调速阀23分别调节，可实现无级变速。两个整平滚筒驱动马达36串联，其速度由分流器分配的流量确定。两个整平小车往复驱动马达37串联，并与整平滚筒转向缸21并联，其速度由调速阀23来调节。

3.6 道路施工机械液压系统

本节选取了道路施工机械中除了前几节已分析过的机种之外最常用的三个机种进行分析：振动压路机、稳定土拌和机、平地机的液压系统。

3.6.1 振动压路机液压系统

振动压路机是压实机械的一种，在路基和路面施工中，压实作业是一道非常重要的工序。振动压实是依靠碾重静压和振动动力的共同作用来增强压实的效果。振动压路机是道路施工中的一种主要压实机械。

1)YZJ12振动压路机液压系统

该机为单钢轮压路机。图3-68是YZJ12振动压路机的液压系统图，由振动、转向和行走三个相对独立的回路构成。

振动回路和转向回路为双泵双回路开式定量系统，由一个双联齿轮泵14分别向这两个回路供油，振动马达9的转动由电液振动控制阀8控制，转向器7控制进入左、右转向液压缸的流量，使铰接式车架绕铰接点转动，实现转向。

行走回路则是闭式变量系统，前钢轮驱动马达23与后桥驱动马达22并联，两个马达均为双向定量马达。行走泵15为带补油泵的柱塞式变量泵，补油泵除向闭式回路补油外，还向行走泵15的变量机构以及振动回路的电液振动控制阀8提供控制油。前钢轮驱动回路为变量泵—定量马达组合，后桥驱动回路为典型的带冷却补油回路的变量泵—定量马达组合。前钢轮驱动马达及后桥驱动马达的旋向及转速由行走泵15控制，可实现行走的无级调速。

2)YZC12Z振动压路机液压系统

YZC12Z振动压路机的振幅为0.2～0.8mm，振频为32～50Hz，最大激振力为150kN，最小激振力为23.4kN，振动轮尺寸(宽×直径×厚度)为1950mm×1350mm×21mm，振动部分质量为2300kg。该型号振动压路机为双驱双振，振频、振幅可调型双钢轮振动压路机，机械部分与普通双钢轮振动压路机大体相同，整体结构采取前后车架单铰连接，并配有蟹行机构，具有良好的机动性能、通过性能和贴边压实性能，同时，其采用三级减振结构，将工作时的振动产生的不利影响减小到最低限度。

该振动压路机的液压系统中全面采用电液控制技术，所有的操作指令由控制器发出，液压执行机构的工作情况由相应的反馈传感器传回控制器，可以对压路机的各种动作实现自动控制或遥控。

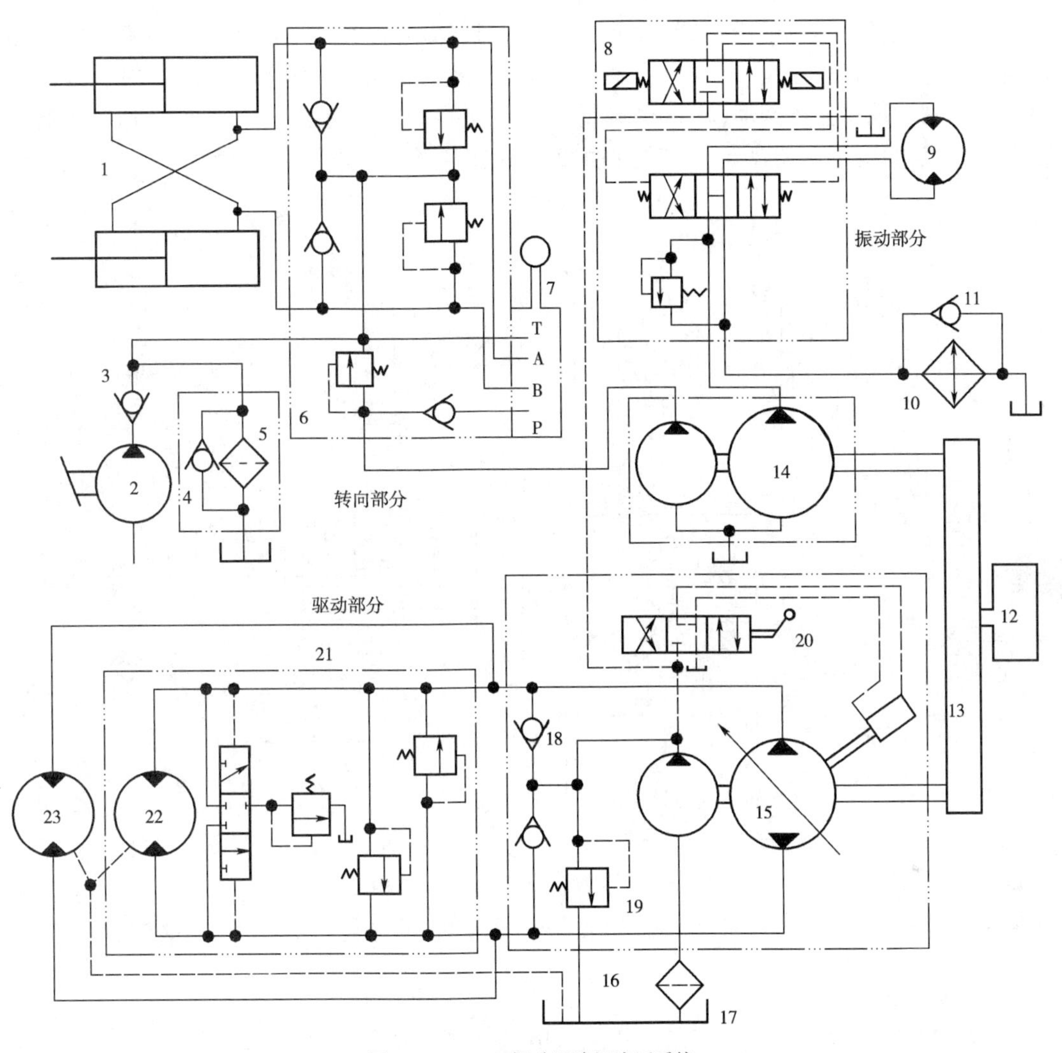

图 3-68　YZJ12 振动压路机液压系统

1-转向油缸；2-手压泵；3，4，11，18-止回阀；5-滤油器；6-阀块；7-转向器；8-电液振动控制阀；9-振动马达；10-散热器；12-发动机；13-分动箱；14-双联齿轮泵；15-行走泵；16-精过滤器；17-油箱；19-溢流阀；20-行走控制阀；21-后桥驱动马达总成；22-后桥驱动马达；23-前钢轮驱动马达

调幅机构采用套轴调节的形式，通过液压系统调节内外偏心块的相位角，可以实现无级可调振幅。YZC12Z 振动压路机的液压系统主要由行走、振动、转向、调幅、蟹行等多个子系统组成，其中行走、振动子系统为闭式变量系统，其余的子系统均为开式定量系统。

（1）行走系统。

YZC12Z 振动压路机的行走系统采用液压闭式回路前后轮驱动，可以充分发挥机器性能，提高压实效率，同时满足路面平整度和钢轮附着力的要求。制动采用停车制动、工作制动和紧急制动三级制动系统。YZC12Z 型压路机行走液压系统由行走变量泵、行走变量马达构成变量泵—变量马达闭式系统，其原理如图 3-69 所示。前后轮行走马达的旋向与转速由行走泵的电液比例阀 Y1a、Y1b 控制，可方便地实现无级调速，以满足压路机的压实作业工况。两个双速变量行走马达并联连接，每个马达高、低速挡的切换由两位三通电磁阀 Y2 通过F1、F2分别控制。马达减速器输出轴制动缸G1、G2的解除制动油源由补油泵提供,并由两位三通电磁阀Y3控制。手动泵主要用于停车时松开制动,便于压路机故障时拖动。行走时的紧急制动采用液压制动,辅以机械制动。当按下紧急制动按钮后,二位二通电磁阀F3处于上位工作,变量泵斜盘变量缸立即回归零位,产生液压制动。

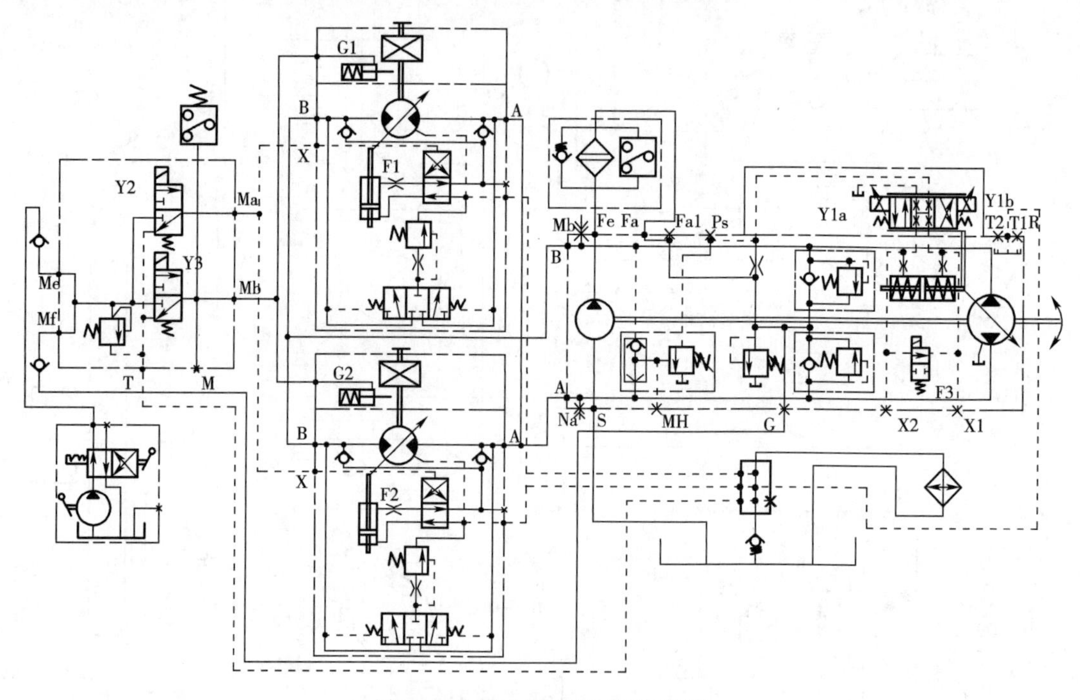

图3-69　压路机行走系统液压原理图

Y1a、Y1b-行走泵变量机构电液比例阀；Y2-高、低速切换阀；Y3-制动解除阀；F1、F2-行走马达变量缸；F3-变量泵归零阀；G1、G2-行走马达制动缸

(2)转向系统。

YZC12Z振动压路机的转向采用铰接式电液比例控制转向方式,使得整机转向灵活,转弯半径小;轮迹重合,铺层表面质量好;操纵方便。转向液压系统采用定量泵供油,电液比例阀控制转向液压缸的方案。转向控制系统采用转向盘转动指令电位器,产生的电信号通过转向器控制比例阀2的开口方向及开口大小,比例阀2的开口方向控制压路机的转向方向;比例阀2的开口大小控制转向缸4的运动快慢,即控制转向速度的大小。采用反馈传感器检测实际转动角度的大小,构成闭环反馈控制系统。转向液压系统原理如图3-70所示。

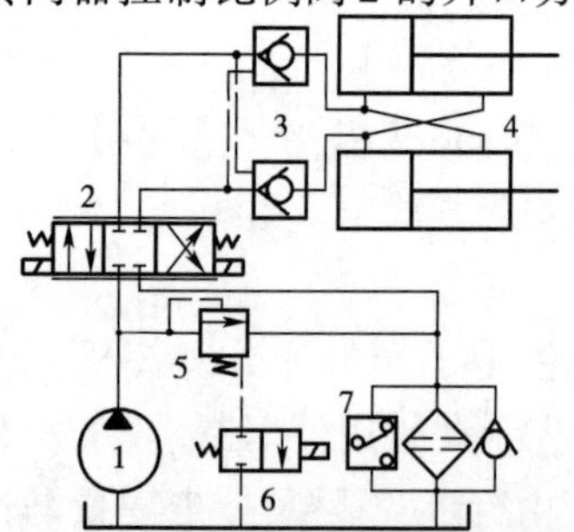

图3-70　压路机转向系统液压原理图

1-辅助系统液压泵；2-电液比例转向阀；3-液压锁；4-转向缸；5-溢流阀；6-卸荷控制阀；7-带发讯器的滤油器

(3)振动系统。

该压路机振动系统采用变量泵—定量马达闭式回路。通过调节变量泵的排量来控制振动马达的转速,使振动频率能够在较大范围内的连续无级调节;通过控制变量泵斜盘的倾角方向可以改变振动马达的旋转方向,实现振动轴旋转方向的变换。振动液压系统原理如图3-71所示。

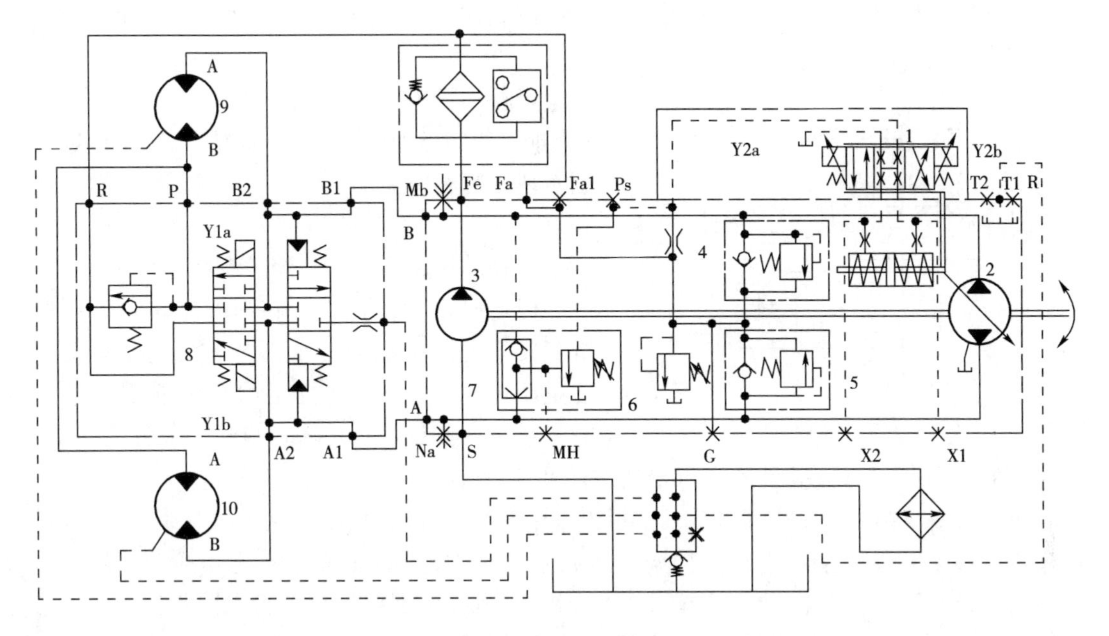

图 3-71　压路机振动液压原理图

1-电液比例振动控制阀;2-振动泵;3-补油泵;4、5-双作用安全阀;6-补油溢流阀;7-梭阀;8-振动方式选择阀;9、10-振动马达

振动泵 2 为电液比例变量泵,驱动两个串联的前后钢轮振动马达 9 和 10,通过比例阀 1 改变变量泵的排量从而改变振动马达转速,达到调节振动频率的目的。通过振动方式选择阀 8,可以实现前轮单振、后轮单振及前后轮同时振动等不同的振动功能。4 和 5 为高压溢流阀,可以控制系统最高压力。定量泵 3 为补油泵,主要作用是:补偿由于泄漏而损失的油液,使闭式系统中振动泵正常工作;提供补油压力,帮助斜盘式柱塞泵柱塞回程,保证滑靴贴紧斜盘,为马达提供背压,防止因高速运转或因负载波动使运动副产生敲击而影响工作;向振动泵的电液比例振动控制阀 1 提供控制油压,也可向其他辅助工作系统提供动力。系统补油压力的大小,由补油溢流阀 6 调定。梭阀 7 作用是在主油路之间建立一个低压通路,工作过程中使低压回路的一部分热油经低压溢流阀放回油箱,这样闭式回路中的油液能不断得到更新,既起到散热作用,又起到对油路的清洁作用。

(4)调幅系统。

调幅系统采用定量泵供油,电磁换向阀控制调幅液压缸的移动,液压缸不同的行程位置对应不同的振幅大小。在调节的过程中,泵的供油量基本一定,液压缸移动的距离完全取决于电磁阀开通时间的长短。采用位移传感器反馈调幅液压缸的位移来进行反馈控制的目的就是根据当前所给控制信号和振幅大小判断是否需要要调整以及如何调整液压缸的移动。每当检测到需要调节的时候并不是一次调节到位,而是分多次进行,每次的调节量很小(每次通电时间很短,液压缸调整量很小),这样既可以保证控制的精度,又能根据液压系统的反应速度,合理调整每次调节的时间间隔。

(5)蟹行系统。

YZC12Z 振动压路机蟹行系统采用一个双活塞杆的液压缸(相当于两个液压缸的底部接

在一起）来驱动，通过六个两位电磁换向阀的协同动作，不同的通断组合可以控制蟹行缸的活塞杆实现几种不同的伸缩状态：两活塞杆全部伸出、两活塞全部缩进、一伸一缩（根据伸缩的蟹行缸不同有两种情况，但效果都是一样的，在实际使用中只取其中一种情况）。系统能够分别实现左蟹行、右蟹行和蟹行中位，其原理如图3-72所示。

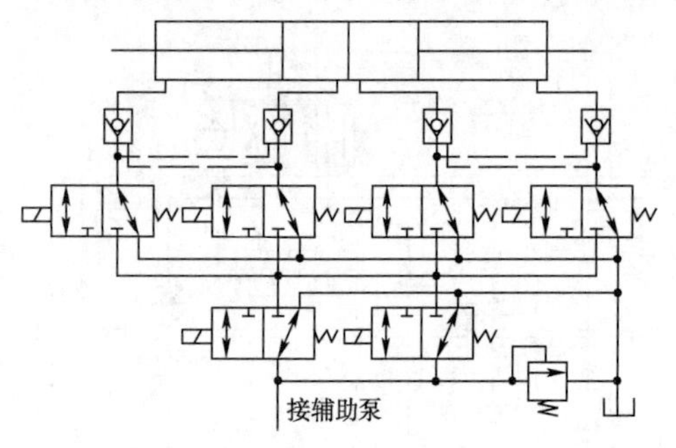

图3-72　压路机蟹行系统液压原理图

3）振动压路机液压系统分析小结

行走回路、振动回路、转向回路是振动压路机液压系统最基本的三个部分。无论是单钢轮还是双钢轮压路机，其行走回路一般都由独立的变量泵—变量（或定量）马达闭式系统构成，通过控制双向变量泵的排量控制行走的方向和速度。

对于双频双幅的压路机其振动回路可以采用开式系统，也可以采用闭式系统，采用双排量泵或者双排量马达实现高、低两挡振动频率，振幅靠振动轴旋向的改变来切换。

对于新型的振动频率、幅值连续可调的压路机，其振动回路采用与行走回路类似的变量泵—定量马达闭式系统构成，其主要通过控制双向变量泵的排量控制振动频率的大小以及振动轴的旋转方向。除此之外，其还需要一个单独的开式系统控制振幅的大小。

转向系统一般采用普通的开式系统，采用液压缸实现铰接转向。

3.6.2　路拌式稳定土拌合机液压系统

路拌式稳定土拌和机主要用于道路、机场及其他工程所需的稳定材料的现场拌和，即将土壤添加剂与级配土壤进行充分拌和，以满足工程要求。路拌式稳定土拌和机按照拌和转子所处的位置分为中置式和后置式两种，中置式的稳定土拌和机的拌和转子位于前后桥之间，一般采用机械或液压传动，后置式的稳定土拌和机其拌和转子位于后桥之后，一般均为全液压驱动，其液压系统的形式也大同小异。下面以德国宝马（BOMAG）公司生产的MPH-100稳定土拌和机为例，分析它的液压系统。该机的液压系统图见图3-73。

MPH-100稳定土拌和机的主液压系统分为牵引驱动系（行走部分）和转子动力系（工作装置部分）两个部分，每个部分均为变量泵闭式系统。两个主泵（牵引泵2及转子泵6）均是带补油泵的柱塞式变量泵。牵引驱动系是典型的变量泵—定量马达组合闭式回路，回路中溢流阀的调定压力为31MPa，牵引马达为双向定量马达，该机的前进、倒退及行走速度可由牵引泵2来控制，并可实现无级变速。整个牵引驱动系采用高度集成化的液压元件，一共只有两个组件。牵引马达组件1中包括双向定量马达、换油溢流阀、液控换向阀及两个高压溢流阀。牵引泵组件中除了牵引泵及补油泵之外还有补油溢流阀、牵引补偿器、变量控制阀等。

转子动力系也是变量泵—定量马达组合的闭式回路，两个并联的转子马达9、10为单向马达。转子系中进油路溢流阀的调定压力为33MPa，回油路溢流阀的调定压力为1.7MPa。转子的转速由转子泵6来控制，并可实现无级变速。转子系也采用了集成式的液压元件，整个转子系除了转子马达外只有三个元件：转子泵组件（包括转子泵、补油泵、补油溢流阀、转子补偿器、变量控制阀）；回油路滤油器；跨接溢流阀组（包括进、回油溢流阀）。可见该机液压系统的集成化程度是很高的。

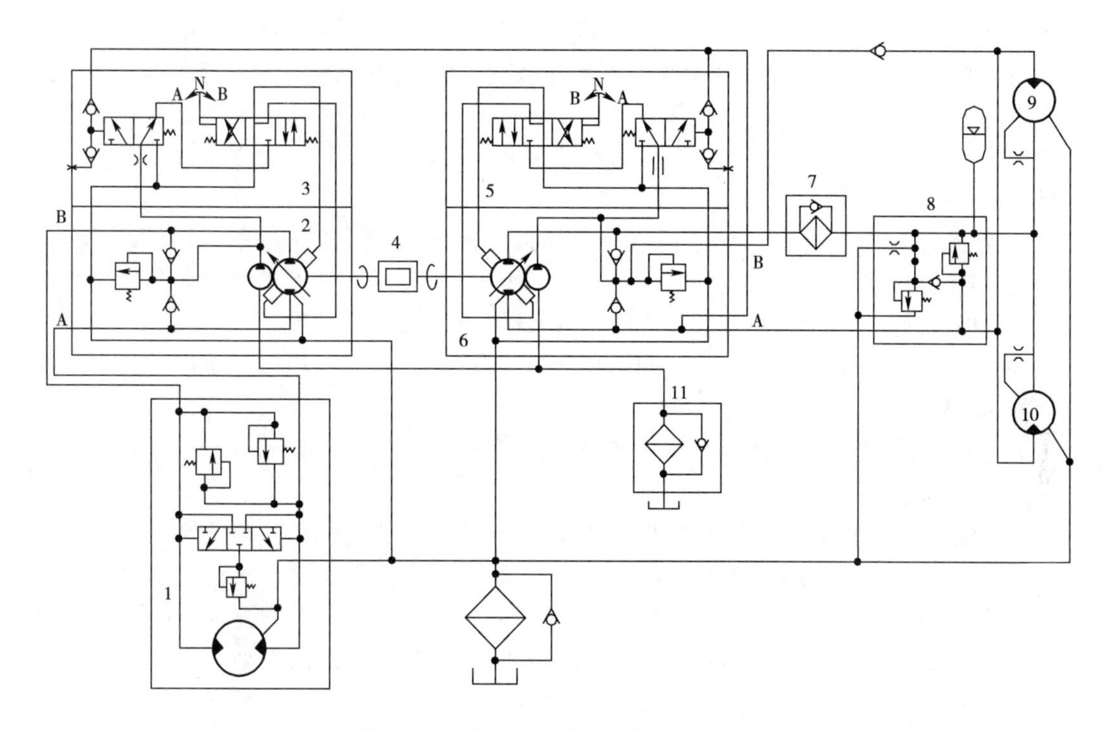

图3-73　宝马MPH100稳定土拌和机液压系统

1-牵引马达组件；2-牵引泵；3-牵引补偿器；4-发动机；5-转子补偿器；6-转子泵；7-转子回油滤油器；8-跨接溢流阀组；9-右转子马达；10-左转子马达；11-主吸油滤油器

该机的另一大特点是装有压力感应控制装置，该装置能根据牵引驱动系与转子动力系的要求，自动调配发动机的动力。

转子在规定的0～304.8mm切削深度范围内工作时，转子系与牵引系所需要求的功率会受土壤状况、土中障碍物、坡度变化等影响而变化。为适应这一变化，在转子泵与牵引泵之间连接一根压力感应管。当转子负荷加大而需要增大动力（提高系统压力），以维持转动时，牵引补偿器3立即施力于牵引控制阀向中间位置移动，以减缓机器的前进速度。这套装置的功能不受操作者所使用的控制杆的控制，因而只要很小的感应力即可达到功率调整的目的。

转子在工作中碰到土中埋藏的障碍物而使负荷突然加大时，会停止转动。此时，牵引补偿器3将促使牵引泵控制阀返回到中间空挡位置，从而切断机器行驶动力，使之停止前进。此刻转子泵所输出的高压油全部通过安全阀回油箱。为防止液压油发热，操作者应将转子控制杆置回到中间空挡位，然后提起转子，清除掉障碍物。

3.6.3　平地机液压系统

1）概述

平地机是一种装有铲土刮刀，能对土壤进行切削、刮送和整平等作业的土方机械，主要包括：在施工中可进行路基、路面的整形；砾石或砂石路的维修；挖沟；草皮或表层土的剥离；修刮边坡；材料的推移、拌和、回填、铺平等。如果配置推土铲、土耙、松土器、除雪犁、压路辊等辅助装置和作业机具时可进一步扩大使用范围，提高工作能力或完成特殊要求的作业。因此，平地机是一种效率高、作业精度高、用途广泛的工程机械，被广泛用于公路、铁路、机场、停车场等大面积场地的平整作业，也被用于路堤整形及林区道路的整修等作业，是国防工程、矿山建设、道路修筑、水利建设和农田改良等施工中的重要设备。

自20世纪20年代起，平地机经历了从低速到高速、小型到大型、机械操纵到液压操纵、机械换挡到动力换挡、机械转向到液压助力转向再到全液压转向以及整体机架到铰接机架的发展过程。整机可靠性、耐久性、安全性和舒适性都有了很大的提高。

平地机一般由发动机、机械及液压传动系统、工作装置、电气与控制系统以及底盘和行走装置等部分组成。

平地机工作装置包括刮土工作装置和松土工作装置。

(1)刮土工作装置。

平地机刮土工作装置主要由刮刀、回转圈、回转驱动装置、牵引架、角位器及相应的液压缸等组成。牵引架的前端与机架铰接，可在任意方向转动和摆动。回转圈支承在牵引架上，在回转驱动装置的驱动下绕牵引架转动，并带动刮刀回转。刮刀背面上的两条滑轨支承在两侧角位器的滑槽上，可以在刮刀侧移液压缸的推动下侧向滑动。角位器与回转耳板下端铰接，上端用螺母固定，松开螺母时角位器可以摆动，并带动刮刀改变切削角(铲土角)。因此，刮土工作装置的液压系统需要控制刮刀如下六种动作：①刮刀左侧提升与下降；②刮刀右侧提升与下降；③刮刀回转；④刮刀随回转圈一起侧移，即牵引架引出；⑤刮刀相对于回转圈左移或右移；⑥刮刀切削角的改变。其中，①、②、④、⑤由相应的液压缸控制，③采用液压马达或液压缸控制，而⑥由人工调节或液压缸调节，随后用螺母锁定。

(2)松土工作装置。

松土工作装置通常用来疏松坚硬土壤或破碎路面及裂岩。松土工作装置通常留有较多的松土齿安装孔。疏松较硬土壤时插入的松土齿较少，以正常作业速度下驱动轮不打滑为限；疏松不太硬的土壤时可插入较多的松土齿，此时则相当于耙土器。

松土工作装置的结构类型有双连杆式和单连杆式两种，按负荷程度松土工作装置分重型和轻型两种。重型作业用松土工作装置共有7个齿安装装置，一般作业时只选装3个或5个齿。轻型松土工作装置可安装5个松土齿和9个耙土齿，耙土齿的尺寸比松土齿的小。双连杆式松土工作装置近似于平行四边形机构，其优点是松土齿在不同的切土深度时松土角基本不变(40°~50°)，这对松土有利，此外，双连杆同时承载，改善了松土齿架的受力情况。单连杆式松土工作装置由于其连杆长度有限，松土齿在不同的切土深度时松土角度变化较大，其优点是结构简单。

2)PY190平地机液压系统

PY190平地机液压系统如图3-74所示，包括泵源回路、工作装置回路、转向回路和制动回路。

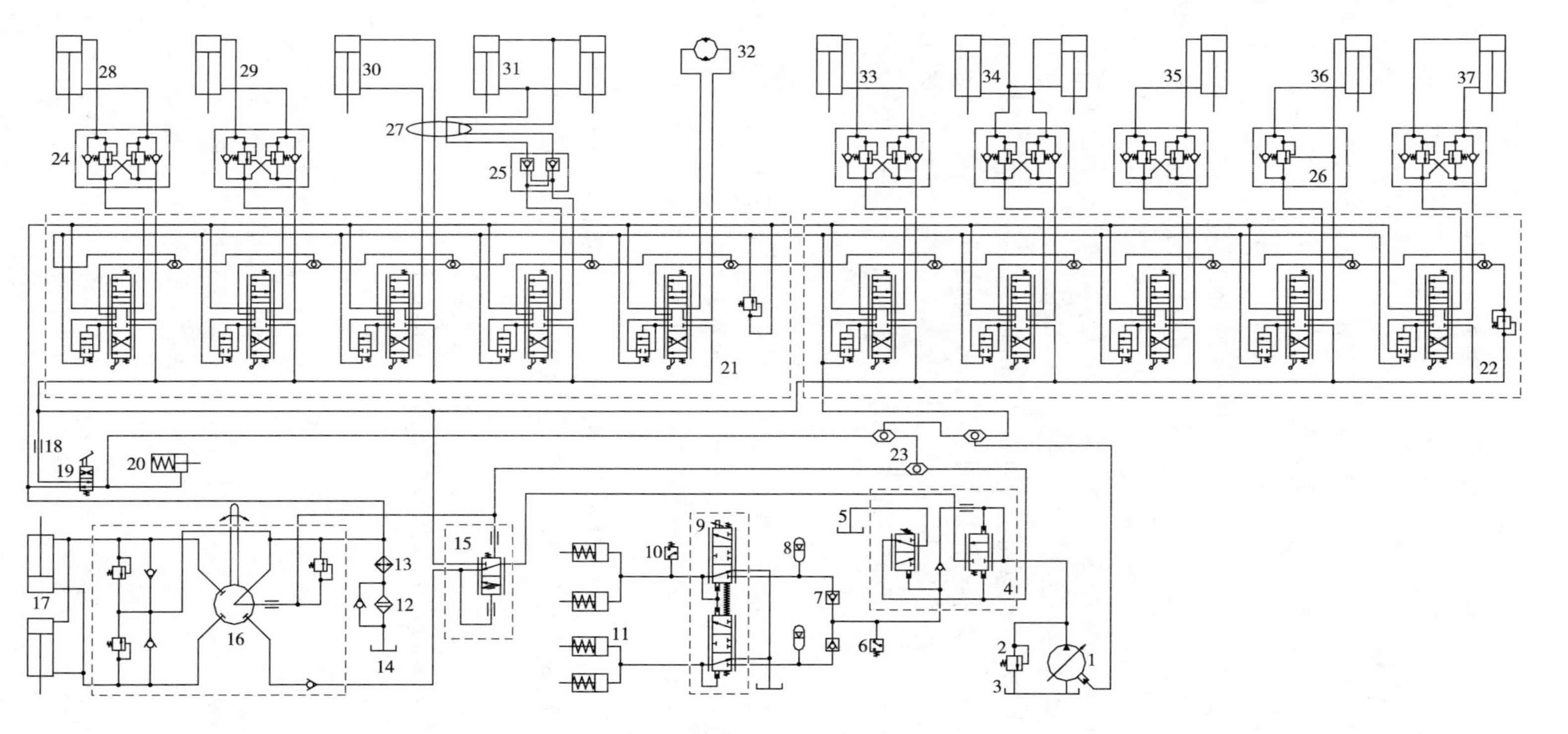

图 3-74　PY190 平地机液压系统

1-主泵;2-溢流阀;3、5、14-油箱;4-充液阀;6-制动器低压报警开关;7-止回阀;8-蓄能器;9-制动阀;10-制动灯开关;11-制动缸;12-过滤器;13-冷却器;15-转向优先阀;16-液压转向器;17-转向缸;18-阻尼器;19-踏板式两位四通换向阀;20-锁销缸;21-左换向阀组;22-右换向阀组;23-梭阀;24-双向平衡阀;25-液压锁;26-平衡阀;27-回转接头;28-左铲刀提升缸;29-后松土耙缸;30-铲刀引出缸;31-铲土角变换缸;32-铲刀回转液压马达;33-铲刀摆动缸;34-铰接转向缸;35-前轮倾斜缸;36-前推土板缸;37-右铲刀提升缸

(1)泵源回路。

主泵1采用A10VO45开式变量柱塞泵,最大排量45mL/r,主泵1出口处溢流阀2设定压力为22MPa。主泵1通过充液阀4首先向制动回路提供压力油,当两个蓄能器8的压力达到8MPa时,充液阀4上位接入,自动切断向制动回路的供油;主泵1的压力油经过充液阀4的上位进入转向优先阀15,当15上位时,泵源的油液全部供给转向回路;当不需要转向,或者转向回路需要流量较小时,转向优先阀15下位接入,主泵1向两个并联的多路换向阀组21、22以及踏板式两位四通换向阀19并联供油。

(2)工作装置回路。

泵源油液分为并联的三路,一路进入左换向阀组21后,通过5个并联的多路换向阀分别控制左铲刀提升缸28、后松土耙缸29、铲刀引出缸30、铲土角变换缸31、铲刀回转液压马达32的运动;另一路进入右换向阀组22后,通过5个并联的多路换向阀分别控制铲刀摆动缸33、铰接转向缸34、前轮倾斜缸35、前推土板缸36、右铲刀提升缸37的运动;第三路通过踏板式两位四通换向阀19控制锁销缸20解锁。

在铲刀左右提升缸28、37的回路上设有双向平衡阀24,以防止牵引架后端所悬挂质量和地面反作用力冲击力引起闭锁液压缸产生位移。为实现推土铲平稳下降,在前推土板缸36的下腔(有杆腔)设有平衡阀26,控制油液的回油速度。在前轮倾斜缸35、铰接转向缸34、铲刀摆动缸33、后松土耙缸29的回路上设有双向平衡阀24,确保各个工作装置运动无惯性冲击。

(3)转向回路。

PY190型平地机的转向回路由主泵1通过转向优先阀15向液压转向器16供油,驱动转向缸17;转向回路中设有双作用安全阀,设定压力为20MPa。液压转向器16的排量为200mL/r,由转向优先阀15保证转向回路有足够的流量供应,使得转向平稳、可靠。

(4)制动回路。

由两个蓄能器8供油,通过制动阀9控制制动缸11制动,当制动缸进油时,制动灯开关10靠压力自动接通;当制动回路压力低于规定值时,制动器低压报警开关6依靠压力自动报警。

3)CAT16G平地机液压系统

图3-75为美国卡特彼勒公司的16G平地机液压系统,包括泵源回路、工作装置回路和转向回路。

(1)泵源回路。

泵源回路包含主泵和冷却泵,主泵为恒压变量轴向柱塞泵,通过组合阀3分别向工作装置回路和转向回路供油。组合阀包括卸荷阀、安全阀和减压阀,其中,卸荷阀主要用来减小发动机的起动负荷。由于液压系统是中位关闭系统,环境温度较低时油路中的油液流动速度较慢,此时卸荷阀打开,使液压泵的输出油液直接流回油箱,便减小了发动机的起动负荷。当平地机进入正常工作状态时卸荷阀则关闭。安全阀将系统压力控制在26.85Mpa。减压阀安装在通往转向液压系统的回路上,转向负荷压力超过12.35Mpa时减压阀则关闭。

主泵有两级设定压力,第一级为14.8MPa,第二级为24.1MPa,压力级别的改变由工作装置回路中执行元件的负载大小决定,即由通向柱塞泵的控制油路来控制。当所有的操纵阀处于中位或执行元件的负载较小时,主泵按第一级压力进行调节;当执行元件遇到大的阻力时,控制油路的压力上升,当压力达到12.35MPa时,推动主泵内的往复阀,将主泵的压力转换到较高的设定压力上,泵出口的压力随负载的增加而上升;当压力小于19.2MPa时,主泵以最大流量输出油液,当压力大于此值时,随压力升高,主泵输出的流量减少。主泵的流量范围为11.4~250L/min,根据工况自动调节流量,使系统压力保持正常。例如,复合动作时流量将自动增大;当整个系统处于非工作状态即阀均处于中位时,主泵的流量达到最小,以减少发动机功率的消耗。两级工作压力可以分别适应不同的工况,从而可减少能量损失。

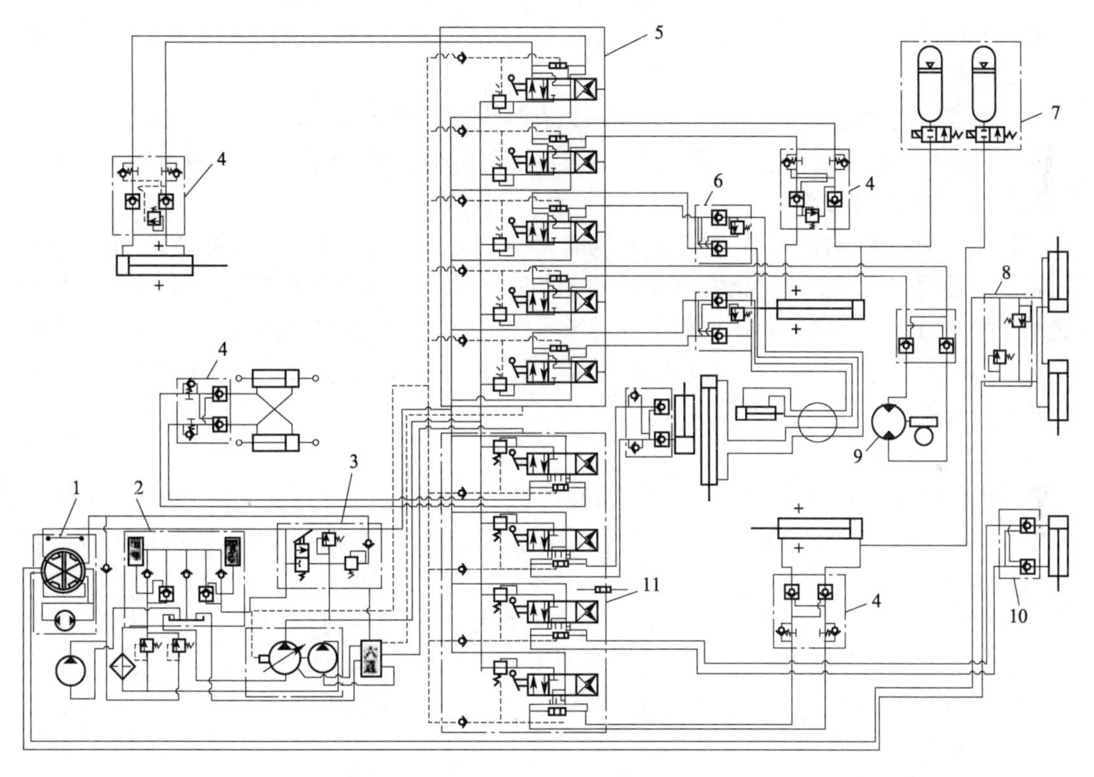

图3-75 CAT 16G平地机液压系统

1-转向器;2-油箱;3-组合阀;4、6、10-液压锁;5、11-多路换向阀;7-蓄能器;8-过载阀;9-回转马达

冷却泵专门用来将油箱的油液循环冷却,而主泵回路中的油液不经过散热器。进入油箱的油液要经过两个精滤器和粗滤器。两个精滤器各有一个分路阀,如果精滤器被油污堵塞,油压上升,分路阀会打开,油液经分路阀直接进入粗滤器并流回油箱。此时会显示精滤器堵塞信息,提醒操作人员清洗或更换精滤器。液压油散热器的入口处设有旁通溢流阀,散热器堵塞时溢流阀打开,油液不经散热器而直接通过滤清器流回油箱,但此时油温会上升。

(2)工作装置回路。

工作装置回路为中位关闭系统。多路换向阀分为两组:一组为四联换向阀11,控制刮刀右侧升降,前轮倾斜,牵引架引出和铰接架转向等动作;另一组为五联换向阀5,控制刮刀铲土角变换，刮刀回转，刮刀侧向移动，刮刀左侧升降及松土器升降等动作。转向回路控制前轮转向动作。

多路换向阀的每一联由换向阀、减压阀、分辨阀、止回阀等组成，其中，减压阀使主泵到换向阀之间的油路能建立起正常的工作压力，无论换向阀工作与否都可以保证转向系统正常工作。由于减压阀及恒压变量控制的作用，在多数情况下可以实现执行元件的复合动作。由于减压阀的结构特点，它具有稳定流量的功能，使执行元件的运动速度较少地受外负载变化的影响。由于液压缸的大小腔活塞工作面积不同，在相同流量时活塞杆的伸、缩速率不同，为此在换向阀通往液压缸的油口上，按照液压缸活塞杆伸、缩速率相等的要求设置节流孔，使进入油缸小腔的油液阻力较大，从而保持液压缸活塞杆伸缩的速率相等；止回阀和分辨阀的作用是将执行元件高压腔油压通过控制油路反馈到变量泵的往复阀，供主泵压力级别变更之用。

所有的换向阀的滑阀机能为“Y”型，所以在换向阀与执行元件之间均设置液压锁，它们具有三种功能：防止工作装置发生位置漂移，保证其定位可靠；防止软管受到意外的油液压力冲击；兼作中间管接头。

为了保护刮刀装置，在左、右升降液压缸大腔油路上各装一个储能缓冲器，它由电磁阀控制。电磁阀在接通位置时压力油进入储能器底部，当刮刀遇到坚硬障碍物时，充入氮气的储能器使刮刀抬起。电磁阀在关闭位置时液压缸中的油液不能进入储能器，升降液压缸没有缓冲作用，可保证刮刀作业定位准确。储能器安装在机架上部，靠近升降液压缸的地方，使管路尽可能的短，以减小液体惯性。

(3)转向回路。

转向回路采用液压转向器，此时中位关闭，工作压力由组合阀中的减压阀控制为12.35MPa，在转向缸的油路上装有双作用过载阀，以防止外部过高的冲击负荷损坏转向管路与机械杆体。转向回路还装有辅助转向装置，当发动机熄火，泵源丧失向转向器供油的能力时，组合阀中减压阀的出口油压下降，此处的压力传感器自动接通辅助转向电动机，驱动辅助泵运转，继续向转向器供油，起到安全保护作用。在辅助转向泵油路上装有安全阀，控制转向系统压力仍为12.35MPa，压力超过此值时安全阀开启，油液经滤油器流回油箱。

4)平地机液压系统分析小结

平地机液压系统包括工作装置液压回路、转向液压回路和操纵控制液压回路等。

工作装置液压回路用来控制平地机各种工作装置(刮刀、耙土器、推土铲等)的运动，包括刮刀的左、右侧提升与下降，刮刀回转，刮刀相对于回转圈侧移或随回转圈一起侧移，刮刀切削角的改变，回转圈转动，耙土器及推土铲的收放等。

平地机转向回路除少数采用液压助力系统外，多数则采用全液压转向系统，即由转向盘直接驱动液压转向器实现动力转向。

平地机工作装置的液压系统目前的类型主要有：按液压泵的类型分为定量系统和变量系统；按液压泵的数目可分为单泵系统和双泵系统，后者一般用双液压回路；按液压回路的数目可分为单回路和双回路；按工作装置液压回路与转向液压回路之间关系可分为独立式液压回路和复合式液压回路等。

3.7 道路养护机械液压系统分析

3.7.1 自落式破碎机液压系统

1)概述

自落式破碎机通过液压缸和钢丝绳、滑轮组将重锤提升到一定高度,然后重锤以接近自由落体的加速度下落。控制系统使提锤和落锤能自动地重复循环。自落式破碎机的主要功能是:通过反复锤击来破碎或拆除水泥、石块、沥青或其他坚硬的材料;在路面开挖前将沥青或水泥面层破成小块,以便于开挖;在一些狭窄的地方(如管沟等)通过重锤的锤击进行夯实;更换锤头工具后可进行打桩和拔桩。

自落式破碎机一般可分为自行式和拖式两种。自行式为轮式行走底盘,行驶方式与汽车类似,作业时通过液压驱动的爬行器行走,可自行连续作业。拖式破碎机本身无动力行驶功能,必须依靠其他车辆或机械牵引。

自落式破碎机一般由底盘、动力源、工作装置、液压系统、驾驶操作装置等组成。有些自行式的破碎机还带有液压、气动成电气动力输出,可驱动附加的工作装置(如切缝机、冲击钻、气嘴、绿化机具等)进行开边缝、凿槽、面板钻孔、伸缩缝养护、绿化等多种作业。

自落式破碎机的技术特点是:一般均采用与汽车类似的底盘,正常行驶时与汽车行驶方式类似;破碎作业时,采用液压传动的爬行器行走,使行走可无级变速;工作装置全部采用液压传动,重锤的提升、下落可自动或手动重复进行;重锤的提升高度、打击频率可由操作人员根据破碎、夯实、打桩作业时对冲击能量的不同需求进行调整;重锤可沿横导架左右移动,可扩大横向作业面的宽度、重锤还可绕垂直轴左右偏摆9°,可以有效地对某些特殊地点(如墙角等处)进行破碎或夯实;操纵性好,一个操作人员即可完成驾驶和破碎工作。

2)结构及工作原理

自落式破碎机的结构如图3-76所示,主要部分及其工作原理有如下内容。

①底盘:轮式底盘,前桥驱动,发动机后置,由于工作装置在机械的头部,因此前桥载荷大。底盘也是机械行走系统、动力源、工作装置、驾驶操作台的安装基础。

②竖导架:由左右两根V形竖导轨构成的门形架,通过移动架连接在横导架上,重锤在两竖导轨之间上下运动。竖导架在横导架上的液压马达和传动链条的牵引下可沿横导架左右平移,也可在垂直控制液压缸的作用下左右偏摆9°。

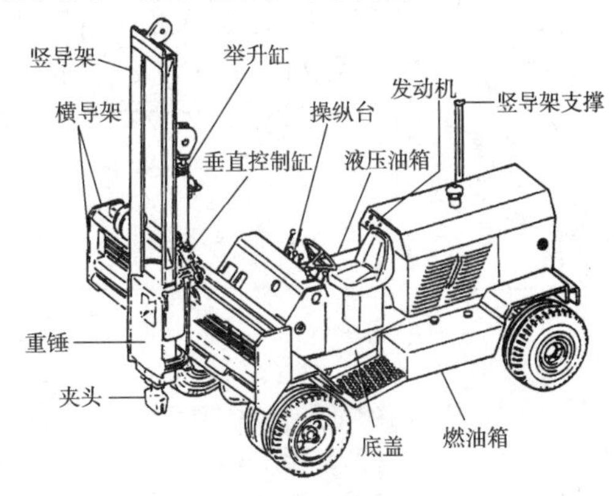

图3-76 自落式破碎机

③横导架:铰接在底盘上,由上下两根V形横导轨与边框构成矩形框架,竖导架的移动架靠液压马达驱动的链条牵引沿横导轨可左右移动。整个工作装置(包括横导架、竖导架、重锤等)在倾翻液压缸的作用下,可绕横导架与

底盘的两个铰接点向后倾翻，在机械行驶时可将竖导架的顶部放在底盘后方的竖导架支承上，有助于安全行驶。

④工具夹头：与重锤固连在一起，可根据不同的作业要求更换合适的破碎刀具或夯锤、拔桩夹等工具。

⑤提升液压缸：与滑轮组配合，通过钢丝绳提升重锤，并允许重锤以接近自由落体的加速度下落。

3）自落式破碎机液压系统分析

该自落式破碎机的动力采用 Deere 4039D 四缸柴油发动机，2500r/min 时的输出功率为60kW，燃油箱容积 91L。

行走系统正常行驶时为机械传动，最高速度为 32km/h，共有四个前进挡，一个倒挡；前桥驱动，后轮转向，发动机不工作时仍可转向；前桥荷为 4540kg，后桥荷为 1498kg。破碎作业时，由液压爬行器驱动行走系统，爬行速度无级可调，最高行走速度为 19.2m/min。

破碎锤质量为 616kg；冲击行程为 0.3 ~2.7m。破碎锤循环次数（频率）在 0.6m 行程时为 42 次/min；在全行程时为 24 次/min。

该自行式破碎机的竖导架在运输状态时可由液压缸倾倒；作业时可由液压马达控制的链条、链轮系统拖动左右横移，横移距离 1740mm；作业时竖导架可左右偏摆 9°。

自落式破碎机的液压系统一般采用双泵或单泵开式定量系统。图 3-77 是一款典型的自落式破碎机液压系统图，液压系统的主泵采用 167L/min（12MPa）、61L/min（10.3MPa）的双联齿轮泵，液压油箱容积 91L。大排量齿轮泵 13 通过重锤举升阀 8 向举升缸 6 供油，重锤举升阀 8 由举升先导阀 9 控制，可手动换向，也可自动换向。

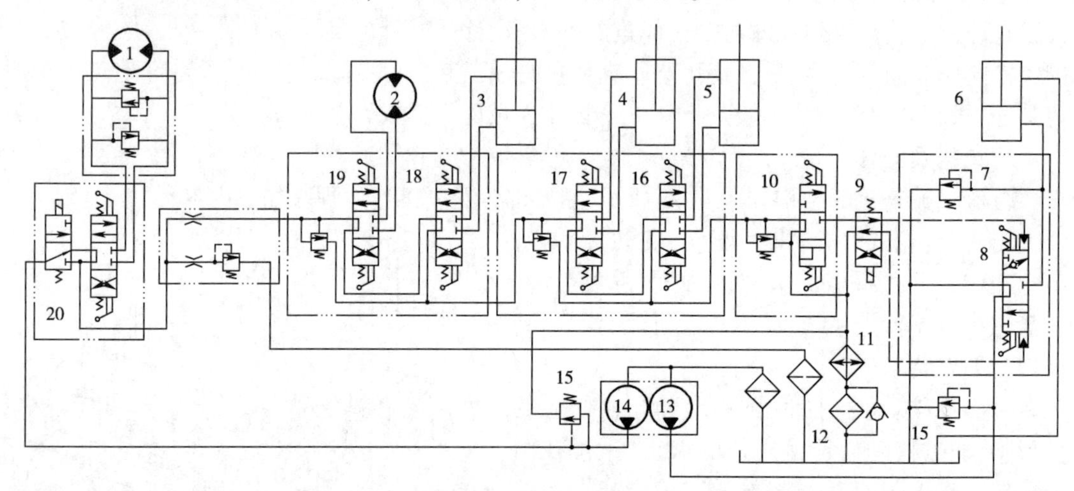

图 3-77　自落式破碎机液压系统

1-爬行器马达；2-横移链轮马达；3-自动调整缸；4-倾翻控制缸；5-侧摆控制缸；6-举升缸；7、15-溢流阀；8-重锤举升阀；9-举升先导阀；10-手动/自动选择阀；11-散热器；12-滤油器；13-大排量齿轮泵；14-小排量齿轮泵；16-侧摆控制阀；17-倾翻控制阀；18-自动调整阀；19-横移阀；20-爬行控制阀

小排量齿轮泵 14 通过一组手动换向阀 20、19、16、17、18 向爬行器马达 1、横移链轮马达 2、侧摆控制缸 5（也称为垂直控制缸）、倾翻控制缸 4 及自动调整缸 3 五个执行元件供油，同时还通过手动/自动选择阀 10 给重锤举升先导阀 9 供油。当手动/自动选择阀 10

上位工作时,举升先导阀9的P口获得压力油,重锤举升阀8就会随举升先导阀9左、右位的切换而左、右换位,从而控制重锤的自动提升和下落。当手动/自动选择阀其他的两个位置工作时,举升先导阀9的P口都不会有压力油,重锤举升阀8只能靠手动操作换位。

3.7.2 路面铣刨机液压系统

1)概述

路面铣刨机是一种利用装满铣刀的滚筒(简称铣刨鼓)旋转,对路面进行铣刨的、高效率的路面修复机械,适用于铣刨需要维修的沥青路面或水泥路面。铣刨后可形成整齐、平坦的铣刨面和齐直的铣刨边界,为重新铺设沥青混合料或混凝土创造条件。修复后的新老铺层衔接良好,接缝平齐。另外还可用于变形路面的平整、路面切槽及混凝土路面拉毛等作业。采用路面铣刨机可以迅速地切除路面的各种病害,并且剥离均匀,不伤基础,易于重新铺筑;铣刨下来的沥青混合料渣可以直接用于路面表层的铺设,如果这些料渣已低于要求,还可以与新的沥青加温搅拌后,再重新使用。

路面铣刨机分为热铣刨和冷铣刨两种。热铣刨机是在铣刨前用液化气、丙烷气或红外线燃烧器将路面加热,然后进行铣刨。这种铣刨方式切削阻力小,但消耗能量大。热铣刨机多用于沥青路面养护及再生作业。

冷铣刨机是直接在需要养护的路段上进行铣刨。该机铣刨的料粒较均匀,适应性广,但切削刀齿磨损较快。冷铣刨机多用于铣削沥青路面隆起的油包及车辙等。目前,冷铣刨机的发展特点是:为适应各种路面条件下的维修与养护,大、中、小型冷铣刨机规格齐全,各类机型铣刨宽度变化范围为300~4200mm。中小型一般为轮式,铣刨装置与后轴同轴线,料输送带后置的较多,铣削深度只与后轮行车状况有关;大中型一般为履带全液压式,铣刨装置在两轴之间,料输送带多为前置,便于操纵,装有自动调平装置及功率自动调节器,使铣刨深度保持恒定及发动机处于高效状态。

2)路面铣刨机液压系统分析

(1)主要技术参数。

该路面铣刨机采用日野K13-T水冷发动机,2000r/min时功率为235kW;前端为可左右摆动的折叠式输送带及1500L的洒水水箱,中部为发动机动力单元,中央下部为一级输送带,后部为铣刨装置。作业时机械全长10.2m,铣刨宽度1.2m,最大铣刨深度150mm;轮式行走系统,作业速度范围0~10m/min,最高行驶速度为5.4km/h,爬坡能力30°,最小回转半径5m。

铣刨鼓转速:100r/min;铣刨鼓直径:830mm;铣刨刀头数:89个;铣刨鼓位移量:250mm。

一级输送带尺寸:500mm×7500mm;速度:0~168m/min;输送量:80m^3/h。

二级输送带尺寸:500mm×12600mm;速度:0~227m/min;输送量:100m^3/h;摆动角度:约30°。

行走泵:1台电子排量控制的轴向变量柱塞泵;最大排量:75mL/r;额定压力:28MPa;转速2350r/min。

铣刨泵:1 台手动轴向变量柱塞泵;最大排量:124.8mL/r;额定压力:35MPa;转速2000r/min。

输送带泵:1 台排量为 24.7mL/r 的齿轮泵;额定压力:14MPa;转速 2350r/min。

辅助泵:1 台排量为 19mL/r 的齿轮泵;额定压力:18MPa;转速 2350r/min。

行走马达:4 台双排量轴向柱塞马达;排量:42.3mL/r 及 21.2mL/r 两挡可调;额定压力:28MPa;减速比:1:51.1;制动力矩:31.8kgf·m。

铣刨马达:1 台定量轴向柱塞马达;排量:89mL/r;额定压力:35MPa;减速比:1:26。

输送带马达:2 台排量为 158mL/r 的摆线马达;额定压力:14MPa。

转向反馈马达:1 台排量为 195mL/r 的摆线马达;额定压力:17.5MPa。

(2)泵源。

发动机通过分动箱驱动 1 台行走泵、1 台铣刨泵及 2 台齿轮泵分别组成行走、铣刨两个变量闭式系统以及输送带、辅助两个定量开式系统(图 3-78)。

(3)行走系统。

行走系统采用 4 轮驱动,每个行走轮由 1 台带减速器的双速变量马达驱动。由电子排量控制的轴向变量柱塞泵 3 通过分流阀 4 驱动并联的四台行走马达 6、7、8、9,构成变量泵—变量马达闭式系统。由变量泵 3 控制机械的前进、后退及停止,并可无级调速。通过换油阀 12 将闭式系统的部分热油换出,行走泵 3 带有排量为 17mL/r 的补油泵,除了向闭式系统补油外,还向变量机构提供控制油,通过制动阀 13 向制动缸提供解除制动压力油。通过双速切换阀 10 的控制,行走马达可分别提供行走和作业时高、低两挡速度的切换。行走制动采用机械弹簧,液压解除制动。

(4)铣刨系统。

由带减速器的铣刨马达 2 驱动铣刨鼓,铣刨泵 1 为手动伺服轴向变量柱塞泵,与铣刨马达 2 构成变量泵—定量马达闭式系统。由铣刨泵 1 控制铣刨鼓的正转、反转及停止,并可无级调速。铣刨泵 1 带有排量为 27.9mL/r 的补油泵,向变量机构提供控制油。铣刨马达 2 内部集成了换油阀及双向安全阀。

(5)输送带系统。

由双联齿轮泵 14 中排量为 24.7mL/r 的齿轮泵驱动 2 台串联的输送带马达 15、16 构成定量开式系统;由输送带控制阀 17 控制输送带的运动。

(6)辅助系统。

由双联齿轮泵 14 中排量为 19mL/r 的辅助泵驱动一系列串联的执行元件,构成 4 个定量开式回路。辅助泵通过切换阀 18 选择向转向回路或其他回路供油,切换阀 18 右位工作时辅助泵的油分为 3 路:一路经过顺序阀 20 向铣削滚位移缸 21 供油,该液压缸可使铣刨鼓有 250mm 的位移量以避开障碍物,或者对路缘等构造物进行铣刨;另一路经过分流阀分成并联的两路,其中并联的一路向串联的前轮升降缸 22、第二级输送带折叠缸 23、右后轮升降缸 24、第二级输送带偏转缸 25、左边盖缸 26 等 5 个液压缸供油,组成串联定量系统;并联的另一路向串联的第二级输送带升降缸 27、右边盖缸 28、左后轮升降缸 29、保护罩升降缸 30、保护罩开合缸 31、转向缸 32 共 6 个液压缸供油,组成串联定量系统。各个液压缸由各自的换向阀控制。

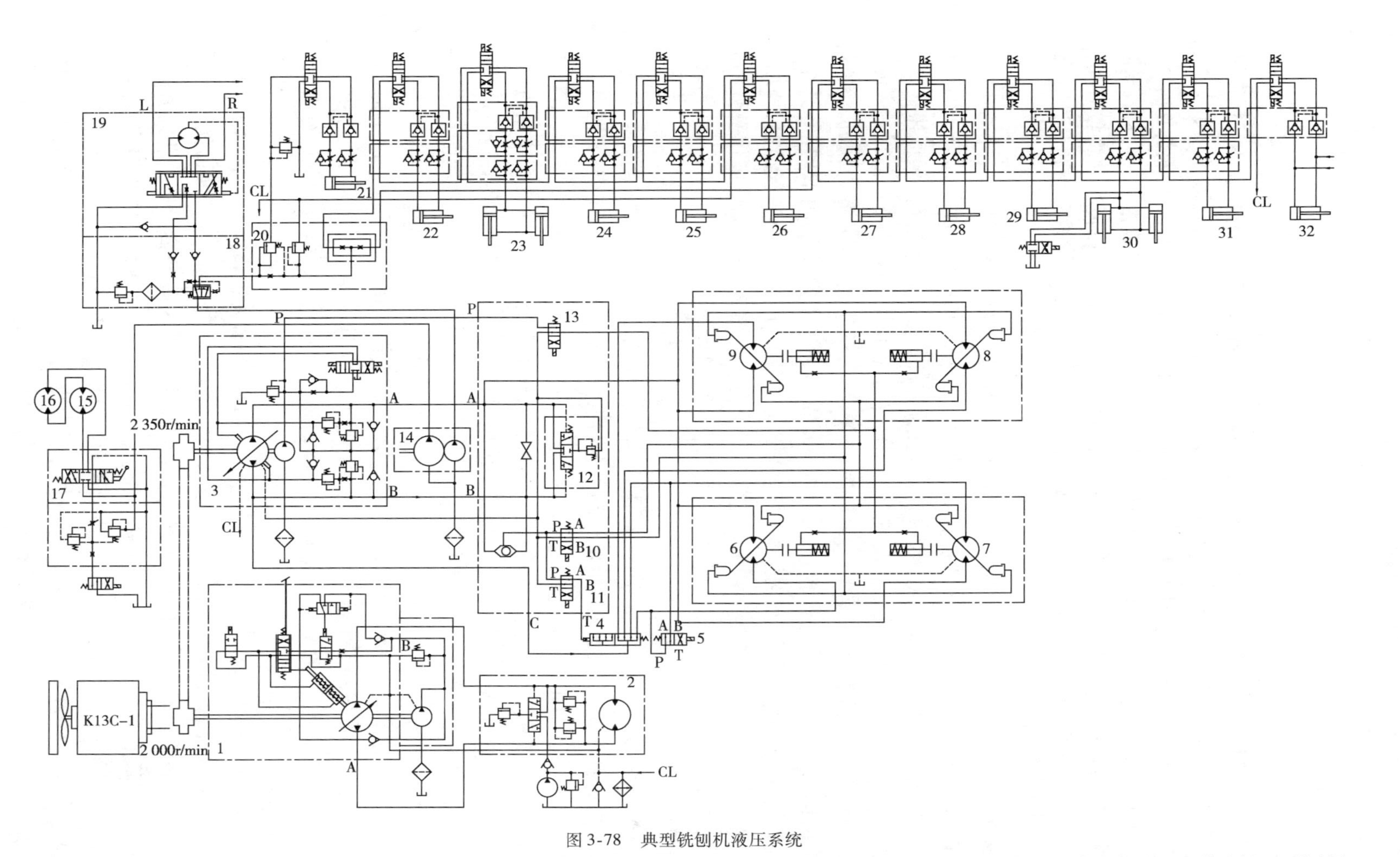

图 3-78 典型铣刨机液压系统

1-铣刨泵;2-铣刨马达;3-行走泵;4-分集流阀;5-联通阀;6-右前轮马达;7-左前轮马达;8-左后轮马达;9-右后轮马达;10-双速切换阀;11-分集流先导阀;12-换油阀;13-制动阀;14-双联齿轮泵;15-第一级输送带马达;16-第二级输送带马达;17-输送带控制阀;18-切换阀;19-转向阀;20-顺序阀;21-铣削滚位移缸;22-前轮升降缸;23-第二级输送带折叠缸;24-右后轮升降缸;25-第二级输送带偏转缸;26-左边盖缸;27-第二级输送带升降缸;28-右边盖缸;29-左后轮升降缸;30-保护罩升降缸;31 保护罩开合缸;32-转向缸

3.7.3 自行式桥梁检测车液压系统

1）概述

自行式桥梁检测车是一种用于大、中型桥梁的病害维修和预防性检查作业的专用车辆，具有实施检测作业方便、不中断交通、工作机动灵活、作业效率高、操作灵活方便、安全可靠性好等突出优点。自行式桥梁检测车采用机、电、液一体化技术，在重型汽车底盘上加装了工作装置，保持了原车底盘优良的整车动力性、燃油经济性、安全性、排放指标、噪声指标等。

自行式桥梁检测车的工作装置采用了回转、升降、伸缩等机构，可以便捷地将载有操作人员和检修设备的工作平台送至桥下任意工作位置，并在底盘上加装了稳定器机构，最大限度地保证了操作者的安全。

自行式桥梁检测车的控制系统采用电液比例及自动调平跟踪控制技术，可分别在汽车上、工作平台内进行工作平台空间位置的控制并保持工作平台始终处于水平状态。同时也可以在桥边进行遥控操作，采用三点互锁、电气系统优先的控制方式，能充分保证操作的安全性和可靠性。

桥梁检测车的工作装置由回转臂架、垂直臂架、伸缩臂、举升臂和工作平台构成，桥梁检测车既可由回转臂架控制整个工作装置的回转运动，又可通过工作平台的回转控制其在桥下的工作角度；回转臂架与垂直臂架连接，垂直臂架通过四连杆与伸缩臂装置连接，伸缩臂装置通过举升臂与工作平台连接。举升臂连着工作平台和伸缩臂，既可调整工作平台的高度又能保持工作平台的平稳，能深入到桥底进行测绘、维护等作业。

2）桥梁检测车液压系统分析

该车采用单泵多回路定量开式系统，如图 3-79 所示，油源的主泵 1 采用定量泵，另有一台应急发动机 2 驱动应急泵 3，与主泵 1 合流后进入回路切换阀组 7，向系统供油，泵出口安全阀设定压力为 17.5MPa。

回路切换阀组 7 中从左至右为急停阀、举升阀和工作平台阀 3 个串联的两位四通电磁换向阀。油源的油液首先进入急停阀，当急停阀断电时，全部油液卸荷回油箱；当急停阀通电时，油源的油液通过该阀进入起升阀和工作平台阀，依靠起升阀和工作平台阀的不同工作位置组合，向不同的回路供油。

当起升阀和工作平台阀都断电时，油源的油液进入行走操纵阀组 9，仅向行走回路供油，行走操纵阀组 9 中的溢流阀设定压力为 17.5MPa，通过三位四通换向阀控制桥梁检测车在工作时的前进、后退和停止，2 台行走液压马达 17 并联，通过分流阀供油，以保证行走的直线性。

当起升阀通电，工作平台阀断电时，油源的油液进入举升臂操纵阀组 8，仅向举升回路供油；举升操纵阀组 8 中的溢流阀设定压力为 17.5MPa，通过并联的 4 个三位四通换向阀，分别控制工作平台升降缸 11、回转臂架马达 12、垂直臂架升降缸 13、平行四边形辅助支承缸 14 和平行四边形升降缸 16。工作平台升降缸 11、垂直臂架升降缸 13、平行四边形升降缸 16 都是双缸并联，依靠刚性连接同步。在工作平台升降缸 11 的大腔油路上设置了双作用安全阀，压力设定为 14MPa；在回转臂架马达 12 的两条油路上均设置了双作用安全阀，压力设定为 8MPa。在垂直臂架升降缸 13 和平行四边形升降缸 16 的回路中设置了超中位阀 15。

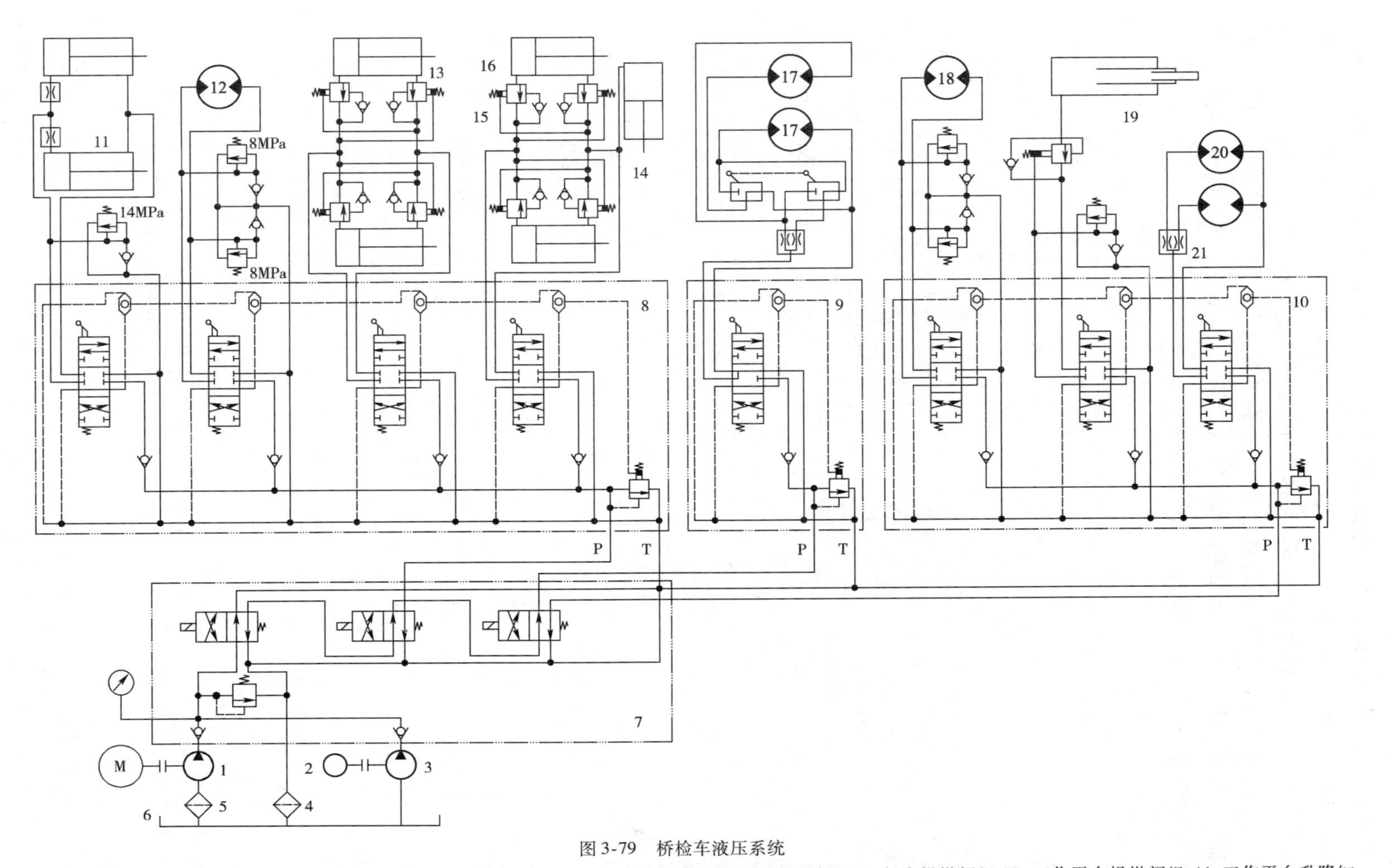

图 3-79　桥检车液压系统

1-主泵;2-应急发动机;3-应急泵;4-回油滤油器;5-进油滤油器;6-油箱;7-回路切换阀组;8-举升臂操纵阀组;9-行走操纵阀组;10-工作平台操纵阀组;11-工作平台升降缸;12-回转臂架马达;13-垂直臂架升降缸;14-平行四边形辅助支承缸;15-超中位阀;16-平行四边形升降缸;17-行走马达;18-工作平台回转马达;19-塔台升降缸;20-工作平台伸缩马达;21-分流阀

当起升阀断电，工作平台阀通电时，油源的油液进入工作平台操纵阀组10，仅向工作平台回路供油；工作平台操纵阀组10中的溢流阀设定压力为17.5MPa，通过并联的3个三位四通换向阀，分别控制工作平台回转马达18、塔台升降缸19、工作平台伸缩马达20。在塔台升降缸19的大腔油路及工作平台回转马达18的两条油路上均设置了双作用安全阀，压力设定为8MPa。塔台升降缸19为单作用的柱塞缸，在回路中也设置了超中位阀。两台工作平台伸缩马达20并联，通过分流阀21供油保证同步。

第四章　工程机械液压系统故障诊断技术

因为液压系统具备能容量大、惯性小、结构紧凑、传动路线布局方便灵活、能在大范围内实现无级变速、传递运动平稳均匀、易实现缓冲及安全保护、操纵简单方便等一系列特点,所以越来越多的工程机械采用液压系统来完成动力传递。随着液压技术、电液比例与伺服控制技术、机电液一体化技术的发展与应用,大大提高了现代工程机械的作业质量及自动化程度。但是,液压系统在使用时也存在许多方面的问题,例如油液的泄漏和气体的混入将影响机构运动的平稳性和准确性;油液对温度变化范围和污染程度的要求比较严格;液压元件精度高,造价贵;特别是液压系统的故障诊断比较困难。液压系统的故障既不像机械传动那样显而易见,又不如电气传动那样易于检测。液压系统要能够正常、可靠地工作,必须具备许多性能要求,主要包括:液压缸的行程、推力、速度及其调节范围,液压马达的转向、转速及其调节范围等技术性能,液压系统的运转平稳性、精度、噪声、效率等。如果在实际运行过程中能完全满足这些要求,整台工程机械将正常、可靠地工作;如果有某些不正常情况出现,从而不完全能或不能满足这些要求时,则认为液压系统出现了故障。本章将从液压系统的工作原理出发,着重讨论液压系统的故障诊断技术,帮助读者了解液压系统常见故障的现象及产生的原因,掌握判断和排除液压系统故障的方法。

4.1　概　　述

4.1.1　液压系统故障诊断的概念

液压系统故障诊断技术是一门了解和掌握液压系统运行过程中的状态,进而确定其全体或局部是否正常,以便发现故障、查明原因的技术。

液压系统故障是液压元件或系统丧失规定功能的一种现象,也可称为失效。液压系统故障诊断技术实质上就是一种给液压系统看病的技术。

液压系统故障诊断是要对故障及其产生故障的原因、部位、严重程度等作出判断,是对液压系统健康状况的精密诊断,这种诊断需要由专业的技术人员来完成。

4.1.2　液压系统故障的特点

液压系统的故障一般具有以下五个特点。

(1)故障的多样性和复杂性。

液压系统出现的故障可能是多种多样的,而且在大多数情况下是几个故障同时出现。例如:系统的压力不稳定与振动、噪声同时出现;系统压力达不到要求与动作故障联系在一起;机械、电气部分的问题与液压系统的故障交织在一起。

(2)故障的隐蔽性。

液压系统是依靠在密闭管道内并具有一定压力能的油液来传递动力的,系统的元件内部结构及工作状况不能从外表进行直接观察。因此,它的故障具有隐蔽性,不如机械传动系统故障那样直观,而又不如电气传动系统那样易于检测。液压装置的损坏与失效,往往发生在系统内部,由于不便拆装,现场的监测条件也十分有限,难以直接观测,各类泵、阀、液压缸与液压马达无不如此。由于表面症状的个数有限,加上随机性因素的影响,使得液压系统故障分析比较困难。大型液压阀板内部孔系纵横交错,如果出现串通与堵塞,液压系统就会出现严重失调,在这种情况下寻找故障点的难度很大。

(3)引起同一故障原因和同一原因引起故障均具多样性。

液压系统的故障症状与原因之间存在各种各样的重叠与交叉。一个故障的产生原因有多种可能性,而且这些原因常常是互相交织,互相影响。如:系统压力达不到要求,其可能是泵引起的,也可能是溢流阀引起的,也可能是两者同时作用的结果。此外,油的黏度是否合适、系统的泄漏等都可能引起系统压力不足。再例如,引起执行器速度慢的原因有:负载过大;执行器本身磨损、内泄过大;系统内存在泄漏口;系统调压故障;系统调速故障以及泵故障等。

另一方面,液压系统中的一个故障源可能引起多处的症状。往往同一原因,但因其程度的不同、系统结构的不同、与其配合的机械结构的不同,所引起故障现象也可以是多种多样的。例如同样是混入空气,严重时能使液压泵吸不进油;轻微时会引起流量、压力的波动,同时会产生噪声和机械部件运动过程中的爬行现象。再例如,叶片泵定子内曲线磨损之后,会出现压力波动增大和噪声增大等故障,泵的配流盘磨损后会出现输出流量下降、泵表面发热及油温升高等症状。

对于一种症状有多种可能原因的情形,应采取有效手段剔除不存在的原因。对于一个故障源产生多个症状的情形,可利用多个症状的组合来确定故障源。对于故障源叠加现象,应全面考虑每个影响因素,分清各因素作用的主次轻重。

(4)故障产生的偶然性与必然性。

液压系统的故障有时是偶然发生的,有时却是必然发生的。液压系统在运行过程中,受到各种各样的随机性因素的影响,如环境温度的变化、机器工作任务的变化等。外界污染物的侵入也是随机性的。由于随机性因素的影响,故障具体发生点及变化方向更不确定,使判断与定量分析更加困难。故障偶然发生的情况如:溢流阀的阻尼孔突然堵塞使系统突然失压;换向阀的阀芯突然卡死,不能换向;电器老化,使电磁铁吸合不正常而引起电磁阀不能正常工作。这些故障没有一定的规律可循。

故障必然发生的情况是指那些持续不断、经常发生、由特定原因引起的故障,如油黏度低引起的系统泄漏、液压泵内部间隙大导致容积效率下降等。随着使用条件的不同而产生不同的故障。例如环境温度低,使油液黏度增大,油液流动困难;环境温度高,油液黏度下降,引起系统的流量和压力不足;在不干净的环境工作时,往往引起严重污染,并导致系统出现故障。另外,人员的技术水平也会影响到系统的正常工作。由于液压系统故障具有上述特性,所以当液压系统出现故障后,要很快确定故障部位是比较难的。必须对故障进行认真地检查、分析、判断,才能找出其原因。一旦找出原因后,往往处理比较容易。

(5)液压元件失效分布的分散性。

由于设计、加工、材料及应用环境等方面的差异,液压元件的磨损恶化速度相差较大,液压元件的实际使用寿命严重分散,一般的液压元件寿命标准在现场无法使用,只能对具体的液压系统与液压元件确定具体的磨损评价标准,这又需要积累长期的运行数据。

4.1.3 液压故障的分类

工程机械液压系统故障最终主要表现在液压系统或其回路中的元件损坏,或伴随漏油、发热、振动、噪声等现象,导致系统不能正常工作。液压故障按不同的分类方法可分为以下几种。

1)按故障性质分类

按故障性质可以分为突发性及缓发性(非突发性)两种。

突发性故障的特点是具有偶然性。它与使用时间无关,如管路破裂、液压阀芯卡死、液压泵压力失调、速度突然下降、液压振动、噪声、油温急剧上升等。这种故障都具有偶然性和突发性,一般与使用时间无关,因而难以预测,但它一般不影响液压设备的寿命,较容易排除。

缓发性故障的特点是与使用时间有关,尤其是在使用寿命的后期表现最为突出,主要是与磨损、腐蚀、疲劳、老化、污染等劣化因素有关。缓发性故障通常是可以预防的。故障原因是各种液压元件或液压油各项技术参数的劣化过程而逐渐发展而成的。

2)按故障显现情况分类

按故障显现情况可分为实际故障和潜在故障两种。

实际故障又称为功能性故障,由于这种故障实际存在,使液压系统不能工作或工作能力显著下降,例如关键液压元件损坏等。

潜在故障与缓发性故障相似,尚未在功能性方面表现出来,但可以通过观察及仪器测试出它潜在的影响程度。

3)按故障发生的原因分类

按故障发生的原因可分为人为故障和自然故障两种。

由于设计、制造、运行安装、使用及维修不当等造成的故障均称为人为故障。例如由于使用了不合格的液压元件或违反了装配工艺、使用技术条件和操作技术规程;或安装、使用不合理,维护不当,使液压系统过早地丧失了应有的功能。

液压系统在其使用期内,由于不可抗拒的自然因素的影响而引起的故障都属于自然故障。如正常情况下液压元件的磨损、腐蚀、老化等损坏类型都属于这一故障范围,一般在预防维修中按期更换寿命即将终结的液压元件即可排除这类故障。

4)按液压故障发生的时间分类

按液压系统不同运行阶段发生的故障可分为运行初期故障、中期故障和后期故障三种。

(1)液压系统运行初期的故障。

液压系统经过调试阶段后,便进入正常运行的初期阶段,此阶段故障的特征是:管接头因振动而松脱;密封件质量差,或由于装配不当而被损伤导致泄漏;管道或液压元件油道内的毛刺、型砂、切屑等污物在油流的冲击下脱落,堵塞阻尼孔或滤油器,造成系统压力和执行元件速度不稳定；由于负荷大或外界环境散热条件差，使油液温度过高，引起泄漏，导致系统压力和执行元件速度的变化。一般在初期因设计、制造、运输、安装、调试等原因使得故障率变得较高，随着运行时间延长及故障的不断排除，故障率将逐步降低。

(2)液压设备运行中期的故障。

液压设备运行到中期，故障率最低，这个阶段液压系统运行状态最佳，是系统的有效工作寿命期。但应特别注意控制油液的污染，如果使用不当或对潜在的故障不及时诊断与排除，即使在有效寿命期也不能排除出现各种故障的可能性。

(3)液压设备运行后期的故障。

液压设备运行到后期，由于长期运行过程中的磨损、腐蚀、老化、疲劳等因素逐渐使故障增多。液压元件因工作频率和负荷的差异，易损件先后开始正常性的超差磨损。此阶段故障率较高，泄漏增加，系统效率降低。针对这一情况，要对元件进行全面检验，对已失效的液压元件应进行修理或更换，以防止液压系统不能运行而导致停机。

5)按液压故障特性分类

按照液压系统故障所具有的特性，可分为共性故障、个性故障和理性故障三种。

(1)共性故障。

共性故障是指各类液压系统和液压元件经常出现的故障，其故障特点是相同的，如振动和噪声、液压冲击、爬行、进气等故障。由于这些故障分析比较全面，所以故障规律性较强，诊断率也比较高。

(2)个性故障。

个性故障是指各类液压系统和液压元件所特有的特殊性故障，其故障特点是各不相同的。其故障特性均为个别特殊故障，故称为个性故障。

(3)理性故障。

理性故障是由于液压系统设计不合理或不完善、液压元件结构设计不合理或选用不当而引起的故障，如溢流阀额定流量太小而导致发出尖叫声等。这类故障必须通过设计理论分析和系统性能验算后，才能最终得以诊断。

4.1.4 液压系统故障诊断技术的分类

液压系统故障诊断技术一般可分为简易诊断技术和精密诊断技术。

1)简易诊断技术

简易诊断技术又称主观诊断法。它是指靠人的五觉（味觉、视觉、嗅觉、听觉和触觉）及个人的实际经验，利用简单的仪器对液压系统出现的故障进行诊断，判别产生故障的部位及原因。

2)精密诊断技术

精密诊断技术，即客观诊断法。它是指在简易诊断法的基础上对有疑问的异常现象，采用各种检测仪器设备和电子计算机系统等对其进行定量分析，从而找出故障部位和原因。这类方法主要有仪器仪表检测法、油液分析法、振动声学法、超声检测法、计算机诊断专家系统等。

由于精密诊断技术所需要的各种仪器设备比较昂贵，且不适宜于在工程机械的施工现场使用。所以,在实际的工程机械液压系统故障诊断中,主要采用简易诊断技术,在必要时要采用精密诊断技术。

4.2 工程机械液压系统故障诊断的策略与步骤

4.2.1 液压系统故障的征兆

一般情况下,任何故障在演变为大故障之前都会伴有种种不正常的征兆,液压系统故障的常见征兆为:

①出现不正常的声音,如液压泵、液压马达、溢流阀等部位的声音不正常。

②出现执行元件作业速度下降及无力现象。

③出现油箱液位下降、油液变质现象。

④液压元件外部表面出现工作液渗漏现象。

⑤出现油温过高现象。

⑥出现管路损伤、松动及振动。

⑦出现焦煳气味等。

4.2.2 液压系统故障诊断的策略

(1)由此及彼、触类旁通。

液压系统在原理、结构、功能及加工装配工艺等多方面存在着不同类型的相似性。以实物的相似性为桥梁,在认识一事物的情况下去认识另一事物,在液压系统故障诊断问题的探讨中有重要的意义。由于条件的限制,人们可能通过类比、仿真、故障模拟等方式去认识类似的另一事物。利用事物之间的相似性,可缩短认识过程,降低把握新事物的困难程度。

(2)积极假设、严格验证。

假设—验证分析法将积极的探索精神与严密的逻辑论证紧密地结合起来,是典型的科学思维方法在液压系统故障诊断中的具体应用,很值得在实践中广泛推行。

(3)化整为零、层层深入。

化整为零、层层深入的基本思路是在分析问题时,将分析对象划分为低层次的若干子系统,每个子系统又做出进一步的划分,直至最基本的构成单元。液压系统是复杂庞大的,难以直接查出故障的具体位置,又不能盲目搜寻,只能逐步深入地判断故障点。在液压系统中,一个症状对应一系列的故障原因,通过对故障原因的总结与分类,可以划分出故障原因的不同层次及各层次所包含的子系统。故障原因的化整为零可通过因果关系图或故障树图等方法来实现。

(4)聚零为整、综合评判。

液压系统发生故障以后,其故障信息是多方面的,它们通过不同的途径传播。由于液压故障因果关系的重叠与交错,只从某一方面进行判断系统的故障可能无法得出正确的结论。通过对液压系统多方面信息的综合考察,可以缩小故障判断的不确定性,得出更加具体的结论。在故障诊断过程中,除了对系统的主要症状作必要的观测外,还要考察其他方面的情况，看是否有异常现象，将各种症状综合起来，形成一个有机的故障信息群。信息群中的每条信息说明一个问题，随着信息量的增多，问题得以具体描述与刻画，答案也就显露出来了。

(5)抓住关键、顺藤摸瓜。

现代液压系统日趋复杂，往往是机、电、液、气系统并存，相互交织。进行故障诊断时必须通过系统图来理清故障线索，这时要采取抓住关键问题、顺藤摸瓜的策略，使查阅系统图更加有的放矢。

鉴于液压系统故障的特点及故障诊断的重重困难，讲究策略是必要的。上述液压系统故障诊断策略不仅对现场液压系统故障的诊断十分奏效，而且为建立液压系统故障诊断专家系统的推理机提供了极有价值的设计思路。

4.2.3 进行液压系统故障诊断需具备的条件

(1)掌握扎实的理论知识。

要想有效地诊断与排除工程机械液压系统的故障，首先要掌握液压技术的基本理论和基础知识，如液压流体力学的基本规律，液压元件的结构、工作原理及其特性，液压系统的工作原理等。因为分析液压系统故障时，必须从它的基本工作原理出发，分析其丧失工作能力或出现某种故障的原因是由于设计与制造缺陷而带来的问题，还是因为安装与使用不当而带来的问题。只有懂得液压系统的工作原理才有可能做出正确的判断，否则故障诊断与排除就会带有一定的盲目性。对于大型、精密、昂贵的工程机械来说，错误的诊断必将造成维修费用高、停工时间长，导致降低生产率等经济损失。

(2)具备丰富的实践经验。

工程机械液压系统的故障大量属于突发性故障，这些故障在液压系统运行不同时期的表现形式与规律各不相同。因此诊断与排除这些故障，不仅要有专业理论知识，还要有丰富的设计、制造、安装使用、维护等方面的实践经验。

(3)掌握系统的工作原理。

进行液压系统故障诊断和排除最重要的一点是要熟悉和掌握液压系统的工作原理。系统中每一个元件都有它的作用，应该熟悉每一个元件的结构及工作特性。除此之外还要熟悉系统的容量以及系统合理的工作压力。

每一个液压系统性能指标都有其最大额定值，例如最大额定速度、最大额定转矩或最大额定压力等，负载超过系统的额定值就会增加故障发生的可能性。液压系统性能指标的最大额定值，称为液压系统的容量。

合理的工作压力是系统能充分发挥效能的压力，应低于元件或设备的最大额定值。要想知道工作压力是否超过了元件的最大额定值，就要用压力表检查压力值。一旦确定了正确的工作压力，就应把它们标注在液压原理图上供以后分析时参考。

因此，在对一种新机型的液压系统作故障诊断前，要认真阅读该机的使用维护说明书，以对该机液压系统有一个基本的认识。通过阅读使用维护说明书，应掌握液压系统的主要参数，如主安全阀的开启压力、先导操纵压力和流量等；熟悉液压系统的原理图，掌握系统中各元件符号的职能和相互关系，分析每个支回路的功用；对每个液压元件的结构和工作原理也应有所了解；对照机器了解每个液压元件所在的部位以及它们之间的连接方式。

4.2.4 液压系统故障诊断与排除的步骤

1)故障诊断前的准备工作

阅读机械设备的使用说明书，掌握以下情况：液压系统的构成、工作原理、性能及机械设备对液压系统的要求；液压系统中所采用各种元件的结构、工作原理、性能。阅读机械设备使用有关的档案资料，诸如生产厂家，制造日期、液压元件的状况、使用过程原始记录、使用期间出现过的故障及处理方法等，还应掌握液压传动的基本知识。由于同一故障可能是由多种不同的原因引起的，而这些不同原因所引起的同一故障有一定的区别，因此在处理故障时首先要查清故障现象，认真仔细地进行观察，充分掌握其特点，了解故障产生前后机械设备的运转状况，查清故障是在什么条件下产生的，弄清与故障有关的一切因素。

2)分析判断

在现场检查的基础上，对可能引起故障的原因做初步的分析判断，初步列出可能引起故障的原因。分析判断时应注意：首先要充分考虑外界因素对液压系统的影响，在查明确实不是外界原因引起故障的情况下，再将注意力集中在液压系统内部来查找原因。其次，在分析判断时，一定要把机、电、液三个方面联系在一起考虑，切不可孤立地单纯考虑液压系统。第三，要分清故障是偶然发生的还是必然发生的。对必然发生的故障，要认真分析故障原因，并彻底排除，对偶然发生的故障，只要查出故障原因并做出相应的处理即可。具体诊断故障时，应遵循“由外到内，先易后难”的顺序，对导致某一故障的可能原因逐一进行排查。

3)调整试验

调整试验就是对仍能运转的机械设备经过上述分析判断后所列出的故障原因进行压力、流量和动作循环的试验。以便去伪存真，进一步证实并找出哪些更可能是引起故障的原因。调整试验可按照已列出的故障原因，依照先易后难的顺序一一进行；也可首先对故障概率较大的部位直接进行试验。

4)拆卸检查

拆卸检查就是对经过调整试验后被进一步认定的故障部位进行打开检查。拆解时，要注意保持该部位的原始状态，仔细检查有关部位，且不可用脏手乱摸有关部位以防手上污物进入到液压系统中。

5)处理故障

对已诊断出并已经确认的故障部位进行修复或更换，勿草率处理。

6)重试与效果测试

按照技术规程的要求，仔细认真地处理故障。在故障处理完毕后，重新进行试验与测试。注意观察其效果，并与原来故障现象对比。如果故障已经消除，就证实了对故障的分析判断与处理的正确性；如果故障还未排除，就要对其他怀疑部位继续进行诊断，直至故障消失。

7)故障原因分析总结

按照上述步骤故障排除后，对故障要进行认真地分析总结，以便对故障的原因及其规律得出正确的结论，从而提高处理故障的能力，也可防止同类故障再次发生。

4.3 工程机械液压系统故障的诊断方法

液压系统故障诊断的最基本方法有观察诊断法、逻辑分析法及仪器检测法等。观察诊断法、逻辑分析法属于定性分析方法,而仪器检测法具有定量分析的性质。

4.3.1 观察诊断法

观察诊断法就是凭借人的眼、鼻、耳、手的视觉、嗅觉、听觉及触觉与液压技术的基本理论以及工程经验结合起来分析液压系统是否存在故障,并且判断故障部位及原因的一种最直观的诊断法,属于故障简易诊断技术。

观察诊断法是工程机械液压系统故障诊断的一种最为简易和方便的方法。通常是通过眼看、手摸、耳听、嗅闻等手段对零部件的外表进行检查,判断一些较为简单的故障,如破裂、漏油、松脱、变形等。观察诊断法可在机械工作或不工作状态下进行。视觉检查首先应在机器不工作状态下进行,用眼观察有无破裂、漏油、松脱、变形、动作缓慢或不均、爬行等现象。必要时可辅以其他手段和方法,例如当有油液渗漏又不严重而难以准确确定位置时,不要盲目拆卸或更换,可用洁净的擦布把可疑部位擦干,然后,仔细观察渗漏点,必要时,还可以在该部位喷撒白色粉灰,以便更准确地找到渗漏点。当停机状态下不易观察到故障时,可以开机检查,进行故障复现,但开机检查要注意作好安全防护措施,防止由于故障复现引起的故障情况加重。

手摸可以用来感觉漏油部位的漏油情况,特别适合用于一些眼睛不能直接观察到的地方。手摸还可以判断油管油路的通断,由于液压系统油压较高且具有一定的脉动性,当油管内(特别是胶管)有压力油流过时,用手握住会有振动或类似摸脉搏的感觉,而无油液流过或压力过低时则没有这种现象。据此,可以初步判断油压的高低及油路的通断。另外,手摸这一方法还可用于判断带有机械传动部件的液压元件润滑情况是否良好,当润滑不良时,通常会出现元件壳体过热现象,用手感觉一下壳体温度的变化,便可初步判断内部元件的润滑情况。用手触摸泵壳或液压件,根据冷热程度就可判断出液压系统是否有异常温升,若泵壳过热,则说明泵内泄漏严重或吸进了空气。温度与手感感应的对照情况大致是:40℃左右,手感如触摸高烧病人;50℃左右,手感较烫,手摸时间长后掌心有汗;60℃左右,手感很烫,一般可忍受10s左右;70℃左右,手指可忍受3s左右;80℃左右,手指只能瞬时接触,且疼痛加剧,可能被烫伤。

耳听主要用于根据液压元件中的机械零部件损坏造成的异常响声判断故障点以及可能出现的故障形式、损坏程度。液压故障不像机械故障那样响声明显,但有些故障还是可以利用耳听来判断的,如液压泵吸空、溢流阀开启、液压元件内部运动部件卡死等故障,都会发出不同的响声,如冲击声或“水锤声”等。当遇到金属元件破裂时,还可敲击可疑部位,倾听是否有嘶哑的破裂声。

嗅闻可以根据有些部件由于过热、摩擦、润滑不良、气蚀等原因而发出的异味来判断故障点。比如有“焦化”油味,可能是液压泵或液压马达由于吸入空气而产生气蚀,气蚀后产生高温把周围的油液烤焦而出现的。此外,还要注意有无橡胶味及其他不正常的气味。

观察诊断法虽然简单,但却是较为可行的一种方法,特别是在工程机械施工现场缺乏测试仪器、工具的情况下更为有效。只要逐步积累经验,运用起来就会更加自如。可以将观察诊断法概括为"六看四听,四摸一闻,三阅六问"12 个字。

"六看"是指:看工作机构的运动速度;看各测压点的压力值;看油液的清洁度、黏度,以及油液是否变质、表面是否有泡沫、油量够不够等;看各个管接头、液压缸端盖、泵轴端等处是否有渗漏、滴漏;看液压缸杆工作时有无因振动而产生的跳动;看工作循环,判断系统工作压力、流量的稳定性。

"四听"是指:听泵、压力阀是否有噪声;听换向时是否有冲击声;听是否有气蚀与困油的异常声;听液压泵、液压马达运转时是否有敲打声。

"四摸"是指:摸液压泵、油箱、阀类元件的外壳表面温度;摸运动部件和油管是否有高频振动;摸执行元件有无爬行;摸各个管接头以及安装螺钉的松紧程度。

"一闻"是指:闻是否有油液变质的味道,是否有橡胶因温度过高产生的特殊气味。

"三阅"是指:查阅技术档案中的故障档案;查阅日检、定检卡;查阅维护记录。

"六问"是指:问系统工作有何异常,液压泵有无异常;问油液、滤芯更换的时间;问故障前压力阀、流量阀是否调节过,有何异常现象;问故障前是否更换过液压件、密封件;问故障后系统有哪些异常;问过去常出现哪些故障,是如何排除的。

一般情况下,任何故障在演变为大故障之前都会出现相关的征兆(见 4.2.1),只要勤检查就不难被发现。将这些现场观察到的现象作为第一手资料,根据经验及有关资料数据,就能判断出是否存在故障、故障的性质、发生的部位及故障产生的具体原因等,进而就可以着手进行排除故障。

4.3.2 逻辑分析法

逻辑分析法是根据液压系统工作原理进行逻辑推理的一类方法,也是液压系统故障诊断最核心的方法。该方法是根据液压原理图,按照合乎逻辑的思考方式对故障现象进行分析推理,根据逻辑关系,逐一查找原因,排除不可能的因素,最终找出故障点。这种方法比较简单,但要求判断者有比较丰富的知识和经验。

逻辑分析法要求诊断故障的人员首先要了解机械设备的性能,认真阅读说明书,对机械设备的规格与性能、液压系统原理图、液压元件的结构与特性等进行深入仔细的研究。查阅设备运行记录,了解设备运行历史和当前状况,阅读故障档案,调查情况,向操作者询问设备出现故障前后的工作状况和异常现象等。其次要进行现场观察,如果机械设备还能启动运行,就应当亲自启动一下,操纵有关控制部分,观察故障现象及有关工作情况。最后要对上述情况进行综合分析,逻辑推理,对故障作出诊断。逻辑分析法包括列表法、框图法、因果图法及故障树分析法等。

1)列表法

列表法就是利用表格将液压系统发生的故障、故障原因、故障部位及故障排除方法简明地列出的一种方法,见表 4-1 所示。

油温过高及油液中气泡过多故障表　　表4-1

故　障	故障原因分析	故障排除方法
油温上升过高	(1)工作油液黏度高; (2)液压油消泡性差; (3)高温暴晒,工作油液劣化加剧; (4)换向阀操作过猛,系统常处于溢流状态	更换合格、合适的液压油,平稳操作,防止冲击,尽可能减少系统溢流损失
油液中气泡增多	(1)油液中混入空气; (2)噪声增加; (3)油温上升	检查油液是否过量,液压泵的密封性,使用消泡性好的液压油

2)框图法

框图法是利用矩形框、菱形框、指向线和文字组成的描述故障及故障判断过程的一种图示方法。有了框图,即使故障复杂,也能做到分析思路清晰,排除方法层次分明,解决问题一目了然。

框图法中的框包括矩形框和菱形框。矩形框称为叙述框,它表示故障现象或要解决的问题,只有一个入口和一个出口;菱形框表示进行故障诊断的过程,属于检查、判断框,一般有一个入口,两个出口,判断后形成两个分支,在两个出口处,必须注明哪一个分支对应的是满足条件的,哪一个分支对应的是不满足条件的。框图法的应用如图4-1所示。

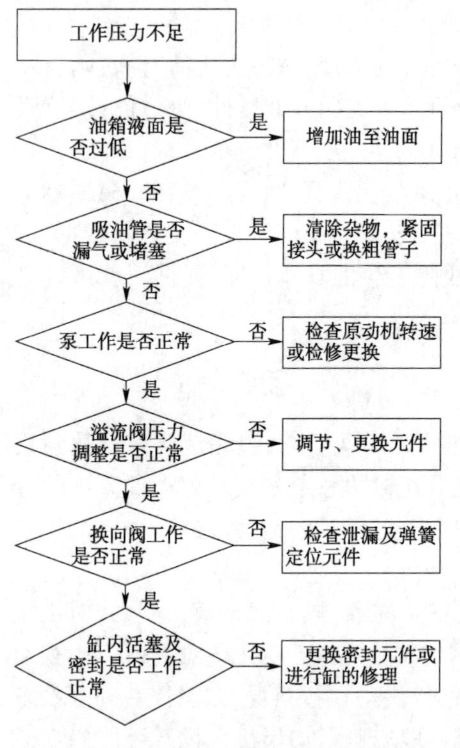

图4-1　框图法应用示意图

3)因果图法

因果图法是将故障的现象与可能的原因联系在一起进行故障诊断的方法。由于其图形与鱼骨相似,故又称为鱼刺图法。这是一种将故障形成的原因由总体至部分逐渐细化的分析方法,是对液压系统故障进行分析诊断的重要方法。其目的是判明基本故障,确定故障的原因、影响和发生概率。这种方法已被公认为是可靠性、安全性分析的一种简单有效的方法。

因果图的一般结构是图的右端表示故障模式,与故障模式相连的为主干线(鱼脊骨)。在主干线两侧分别为引起故障的可能的“大原因”“中原因”“小原因”。“大原因”“中原因”“小原因”之间具有一定的逻辑关系。

4)故障树分析法

故障树分析法简称为FTA,属于失效模式影响分析法的一种,主要用于复杂系统的可靠性、安全性及风险的分析与评价。它是一种将液压系统故障形成的原因由总体至部分按树枝状逐步细化的分析方法,其目的是判明基本故障,确定故障的原因、影响和发生概率。故障树分析法用于液压系统故障诊断,是根据系统的工作特性与技术状况之间的逻辑关系构成的树状图形,对故障发生的原因进行定性分析,并运用逻辑代数运算对故障出现的条件和概率进行定量分析。正确建造故障树是进行故障树分析的关键环节,只有建立了正确、完整的故障逻辑关系,才能保证分析结果的可靠性。在进行故障诊断时,顶事件是给定的。顶事件确定之后,把顶事件作为第一级用规定的符号画在故障树的最上端,分析引发顶事件的可能因素,并将其作为第二级并列地画在顶事件的下方,然后,按照这些因素与顶事件之间的关系,选择相应的逻辑门符号,使这些因素与顶事件相连接,按照这样的方法,依次分析第二级以后的各个事件及其影响因素,并按照相互的逻辑关系相互联结,直到不能进一步分析的底事件为止,最后形成一个自上而下倒置的树状逻辑结构图。

(1)故障树诊断原理。

故障树模型是一个基于被诊断对象结构、功能特征的行为模型,也是一种定性的因果模型,以系统最不希望事件为顶事件,以可能导致顶事件发生的其他事件为中间事件和底事件,并用逻辑门表示事件之间联系的一种倒树状结构。它反映了特征向量与故障向量(故障原因)之间的全部逻辑关系。图 4-2 为一个简单的故障树,图中顶事件为系统故障,由部件 A 或部件 B 引发,而部件 A 的故障又是由两个元件 1、2 中的一个失效引起,部件 B 的故障是在两个元件 3、4 同时失效时发生。

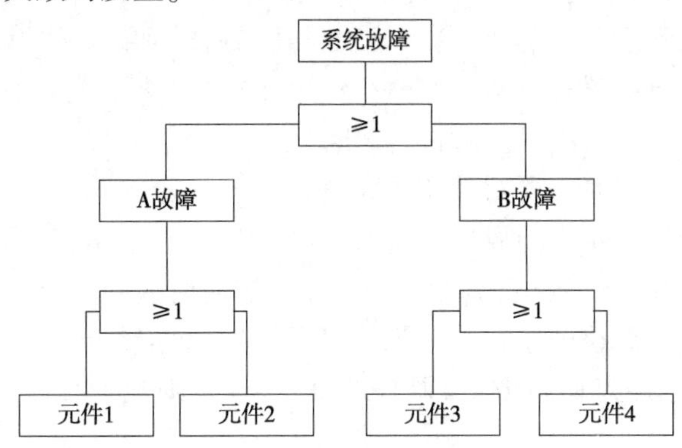

图 4-2　故障树分析法示意图

(2)故障树诊断法步骤。

①选择合理的顶事件。一般以待诊断对象故障为顶事件。

②对故障进行定义,分析故障发生的直接原因。

③建造正确合理的故障树。分析故障事件之间的联系,用规定的符号画出系统的故障树结构图。这是诊断的核心与关键。

④故障搜寻与诊断。根据搜寻方式的不同,又可分为逻辑推理诊断法和最小割集诊断法。逻辑推理诊断法是采用从上而下的测试方法,从故障树顶事件开始,先测试最初的中间事件,根据中间事件测试结果判断测试下一级中间事件,直到测试底事件,搜寻到故障原因及部位。最小割集诊断法中的割集是指故障树的一些底事件集合,当这些底事件同时发生时,顶事件必发生,而最小割集是指割集中所含底事件除去任何一个时,就不再成为割集了。一个最小割集代表系统的一种故障模式。故障诊断时,可逐个测试最小割集,从而搜寻故障源,进行故障诊断。

故障树是一种图形演绎,它把系统故障与导致发生该故障的各种可能原因形象地绘制成树形故障图表,较直观地反映故障、元部件、系统及故障因素、原因之间的相互关系。

4.3.3 工程机械液压系统故障的现场诊断方法

液压系统是一个由有机联系的多元件构成的复杂整体,故障现象和故障原因并非是一一对应关系,呈现出复杂性和多样性的特点,从而给液压系统故障诊断带来了相当大的困难。工程机械液压系统的故障大部分属于突发性的,故障产生和发现的地点一般是施工现场,由于客观条件的限制,更加大了故障诊断的难度。因此,结合工程机械使用、维修的实践经验,对工程机械液压系统故障的现场诊断方法进行归纳整理是十分必要的。

1)操作调整检查法

操作调整检查法主要是在无负荷动作和有负荷动作两种条件下进行故障复现操作,而且最好由本机操作手进行,以便与平时的工作状况相比较,更快、更准地找出故障。检查时,首先应在无负荷条件下将有关的各操作杆均操作一遍,将不正常的动作找出来,然后再实施有负荷动作检查。例如一台液压传动的履带式推土机,空载行驶时一切正常,但一推土就跑偏,这样的故障不通过负荷动作就检查不出来。因此,在检查故障时,无负荷操作和有负荷操作都要进行,以便准确地查找故障,正确地分析故障原因。

另外需要注意进行故障复现操作与正常操作还是有区别的。正常工作时,要求动作要轻柔、准确,一般不要过载工作。而在检查故障时,有时则需要有意过载操作,使溢流阀开启或故障复现,从这些特殊状态中对故障进行诊断。

在进行操作检查时,有时需要对液压系统进行一些必要的调整,以帮助判断故障原因。所谓调整,是指调整液压系统中与故障可能相关的压力、流量、元件行程等可调部位,观察故障现象是否有变化,变化大还是小、变好还是变坏。如前所述的推土机跑偏问题,因其行驶系统的动力源为变量泵,调整油泵排量并操作试验,看是否能纠正跑偏问题。如能解决,则是由于使用过久而出现偏差而造成的,调整即可。否则,则检查相应的液压泵、阀、液压马达等。

调整时要注意调整变量的数量和幅度,一是每次调整变量应仅有一个,以免其他变量的干扰使故障判断复杂化,如果调整后故障现象无变化,应将调整的变量复位,然后再进行另一个变量的调整;二是调整的幅度要控制在一定的范围内,防止因过大或过小而造成新的故障;三是调整后的操作要谨慎小心,在没有确定调整是否得当前,不要长时间进行同一动作。

2)对比替换检查法

这是在缺乏测试仪器时判断液压系统故障的一种有效方法。一种情况是用两台型号、性能参数相同的机械进行对比试验,从中查找故障。试验过程中可用新元件或完好机械上的对应元件对故障机械的可疑元件进行替换,再开机试验,如性能变好,则故障即知。否则,可继续用同样的方法或其他方法检查其余部件。另一种情况是目前许多大中型工程机械的液压系统采用了双泵或多泵双回路系统。对这样的系统,采用对比替换法更为方便。而且,现在许多系统采用了高压软管连接,为替换法的实施提供了更为方便的条件。遇到可疑元件需要更换另一回路的完好元件时,不需拆卸元件,只要交换相应的软管接头即可。例如一台具有双泵双回路液压系统的挖掘机有一个回路工作无力,怀疑液压泵有问题,可交换两回路的液压泵软管接头，再次起动发动机，观测对比两个回路的压力，即可判断是否液压泵有故障。

当然，用对比替换法检查故障，由于结构限制、元件储备、拆卸不便等原因，从操作上来说是比较复杂。但对于如平衡阀、溢流阀、止回阀之类体积小、易拆装的元件，采用此法是较方便的。具体实施替换法的过程中，一定要注意连接正确，不要损坏周围的其他元件，这样才能有助于正确判断故障，又能避免出现人为故障。在没有搞清具体故障所在的部位时，应避免盲目拆卸液压元件及总成，否则会造成其性能上的降低，甚至出现新的故障。所以，在检查过程中，要正确使用好对比替换法。

3）现场油液检查法

除上述操作调整，对比替换之外还应检查油液的情况。一是检查液面位置是否满足要求、油箱结构是否有特殊之处、油箱底沉淀物的种类等，由此判断故障原因。例如，某工程机械采用双泵双回路的行走系统，其中一侧履带无动作，在排除了管路堵塞、漏气等表面故障的可能性以后，遂采用对比替换检查法对两回路的泵、阀、马达均进行了交换，仍不能解决问题，无意间打开液压油箱的固定上盖板后，发现两回路的液压泵进油口不在同一水平面上，由于液压油箱内的液面高度较低，使故障侧回路进油口露出液面，造成吸空而无动作。加满油箱后故障即得到排除。二是检查主回油滤清器，若有块状金属、有机物或有某种金属粉末，则可能是某种元件损坏的脱落物。可根据其材质、形状分析是哪个元件被损坏。三是检查油质，有条件时应作黏度、清洁度、含水量和酸值化验，并了解前次换油的时间和油质。没有化验条件时，也应凭经验对油质进行检验对比，可将被检油和标准油分别放在相同的小瓶内摇晃一下，对比气息。若有的颜色混浊发白，说明含水量过大，已经乳化；若颜色变成较深的棕色，说明该油氧化比较严重。

4）根据液压系统图查找故障法

读懂液压系统图是从事工程机械使用、维修工作的技术人员和技术工人的基本功，也是查找液压系统故障一种最基本的方法。液压系统是一个有机的整体，各个元件之间不是相互独立的，而是相互之间存在内在的联系。通过工作装置动作观察、压力表读数，对照液压系统图分析，一般可初步判断故障点的大致方位。

对较为简单的液压系统，可以根据故障现象，按照动力元件、控制元件、执行元件的顺序，结合前述方法现场检查的结果，在液压系统图上推理分析故障原因。例如，在诊断某挖掘机动臂工作无力故障时，从原理上分析，工作无力是由于油压下降或流量减小造成的；从系统图上看，造成压力下降或流量减小的可能因素有油箱缺油、油箱吸油滤油器堵塞、油箱通气孔不畅通、液压泵内漏严重、操纵阀上主安全阀压力调节过低、操纵阀内漏严重、动臂缸过载阀调定压力过低、动臂缸内漏严重、回油路不畅等。根据现场的检查结果，即可排除某些因素，将故障范围缩小，根据缩小后的范围再上机检查，然后再分析，直至找出故障点。

对于较为复杂的液压系统，通常可按控制油路和工作油路两大部分分别进行分析。每一部分的分析方法同上。特别是对于先导操纵式液压系统，由于控制油路较为复杂，出故障的可能性也较大，更应进行重点检查与分析。有些工程机械的液压系统包含有多个回路或子系统，应该根据故障现象，对照系统图仔细进行分析。例如整机不能动作或动作不正常，很有可能是操作系统、补油系统或者液压油造成的故障。再例如，一台液压挖掘机某一侧的履带和斗杆以及回转同时出现故障，并且都是由同一个泵供油，则可能是该子系统的液压泵或阀的故障。若一个液压泵给几个执行元件供油，仅一个执行元件有故障，则故障点可能在该元件的操作阀及之后的元件。遇到有些液压系统在某种工况下是合流供油，其故障特征不很明显。这时应对照液压系统工作原理图，进行试验是非常必要的。在试验时，要使发动机达到规定的转速，测量各部件工作速度，有条件时最好能带一定负荷。试验值如果低于说明书规定的20%的就表明不正常了。液压系统的故障诊断过程，就是故障层层分解，区域逐渐缩小的过程，一般可分为几步进行。首先，将故障分解到某个液压回路中；其次，分解到某个元件；最后通过对这些元件的检查，确定故障点。

随着机电一体化技术在机械上的广泛应用，许多大中型工程机械液压系统开始采用了机电液一体化系统，以提高机械的自动化程度，减轻操作人员的劳动强度，对这样的工程机械，在检查分析液压系统的故障前，一定要首先排除电控系统的故障。否则，会对液压系统故障的检查造成障碍。

4.3.4 参数测量法

液压系统故障诊断是一门综合性的技术，要做好这项工作，除需要专门的知识和丰富的经验外，也需要一些基本的检测方法作指导。参数测量法是使用专门的测试仪器仪表对从系统中拆下的怀疑有故障的液压元件进行参数测量；或者将专门的测试仪器仪表接入液压系统中进行参数测量，然后将测量值与正常值相比较从而判断液压元件或系统是否有故障的一种方法。

反映液压系统工作状态的参数是系统的工作压力、温度、流量等，液压系统在工作过程中出现的任何问题都直接或间接地与这几个参数有关。任何液压系统正常工作时，系统参数都工作在设计值和设定值附近。工作中若这些参数偏离了预定值，则系统就会出故障或有可能出现故障。当液压系统发生故障时，必然是系统中的某个元件或某些元件有了故障，进一步可断定液压回路中的某一点或某几点的参数已偏离了预定值，需维修人员迅速进行处理。这样，在测量这些参数的基础上，结合逻辑分析法，即可快速准确地找出故障点。参数测量法不仅可以诊断系统故障，而且还能预报可能发生的故障（即液压系统的状态监测），并且这种预报和诊断都是定量的，大大提高了诊断的速度与准确性。

一般来说，用仪器仪表检测是判断液压系统故障最为准确的方法。主要是通过对系统各部分液压油的压力、流量、油温的测量来判断故障点。其中，压力测量应用较为普遍，而流量大小可通过执行元件动作的快慢做出粗略的判断（但液压元件的内泄漏只能通过流量测量来判断）。液压系统压力测量一般是在整个液压系统选择几个关键点来进行（如泵的出口、执行元件的入口、多回路系统中每个回路的入口、故障可疑元件的出入口等部位），将所测数据与系统图上标注的相应点的数据进行对照，可以判定所测点前后油路上的故障情况。在测量中，通过压力还是流量来判断故障以及如何确定测量点，要灵活地运用液压传动的两个工作特性，即力（或力矩）是靠液体压力来传递的，负载运动速度仅与流量有关而与压力无关。

参数测量法虽然可以测得相关点的准确数据，但也存在一个操作烦琐的问题。主要是液压系统所设的测压接头很少，要测某个点的压力或流量，一般都要制作相应的测压接头；

另外,系统图上给出的数据也较少。所以,要想顺利地利用参数测量法进行故障诊断,必须做好以下几方面工作:一是对所测系统各关键点的压力值要有明确的了解,一般在液压系统图上会给出几个关键点的数据,对于没有标出的点,在测量前也要通过计算或分析得出其大概的数值;二是要准备几个不同量程的压力表,以提高测量的准确性,量程过大会测量不准,量程过小则会损坏压力表;三是平时多准备几种常用的测压接头,主要考虑与系统中元件、油管接口连接的需要;四是要注意有些执行元件回油压力的检查,由于回油路堵塞等原因造成回油压力升高,以致执行元件入口与出口的压力差减小而使元件工作无力的现象时有发生。

利用参数测量法诊断液压系统故障,首先要根据故障现象,调查了解现场情况,对照实物仔细分析该机的液压系统原理图,弄清其工作原理及各检测点的位置和相应标准数据。在此基础上,对照故障现象进行分析,初步确定故障范围,拟订检查诊断的程序,然后借助仪器对可疑故障点进行检测,将实测数据和标准数据进行比较分析确定故障原因与故障点。诊断步骤如下。

(1)对设备具体工作情况的了解、检查。认真听取操作人员介绍情况,亲自上机查看,必要时进行操作检查。然后,一定要检查油量。

(2)判明液压系统的工作条件和外围环境状况。必须搞清楚是机械部分、电气部分、还是液压系统本身的故障,同时查清液压系统的各种工作条件是否符合系统正常运行的要求。

(3)区域判别。根据故障现象、特征确定与该故障有关的区域,逐步缩小发生故障的范围,检测此区域内的元件情况,分析故障发生的原因,进而最终找出故障的具体原因。

(4)掌握故障种类进行综合分析。根据参数检测结果,以及故障的最终现象,逐步深入地找出多种直接的或间接的可能原因。为避免盲目性,必须根据系统基本原理,进行综合分析、逻辑判断,减少怀疑对象,逐步逼近,最终找出故障部位。

(5)建立系统参数运行记录表。建立液压系统运行状态参数记录表,这是预防、发现和处理故障的科学依据。故障记录分析表是使用中经验的高度概括和总结,有助于对故障现象做出准确的定量分析。

(6)验证可能故障的原因时,一般从最可能的故障原因或最易检验的地方开始,这样可降低拆卸的盲目性和二次故障的发生率,减少拆装工作量,提高诊断速度。

4.3.5 计算机辅助诊断法

计算机辅助诊断是在状态监测与诊断过程中建立的一种以计算机辅助诊断为基础的多功能自动化诊断系统。计算机技术的发展使人工智能专家系统得以实现,它是诊断技术的高级形式,是诊断技术发展的方向之一。它可以根据人们事先设计好的程序进行有条不紊的逻辑判断和推理,模拟人类专家的思维过程。它关键是仍要将人们在日常工作中逐渐积累起来的大量经验与计算机判断结合起来才能得到正确判断。这种诊断方法特别适用于各类工程机械液压系统的在线监测和故障的自诊断。

4.4 工程机械液压系统故障诊断技术发展综述

现代工程机械液压系统向着高性能、高精度和机电液一体化的方向发展,液压系统的可靠性成为十分突出的问题之一，除对液压系统进行可靠性设计外，液压系统故障检测和诊断技术越来越受到重视，成为液压技术发展的一个重要方向。由于液压系统的封闭性，给系统的状态监测及不解体在线故障诊断带来困难。随着超大规模集成电路、微电子技术、计算机技术、液压控制技术、传感器技术、信息技术以及机电液一体化技术的发展，大大地促进了液压系统状态监测与故障诊断技术的发展。

4.4.1 基于液压系统状态监测的故障诊断技术

液压系统状态监测是利用现代科学技术手段和仪器设备，依据对液压系统中流量、压力、温度等基本参数，执行机构（液压马达和液压缸）的运动参数进行在线监测。一台工程机械能够正常运转、可靠工作，它的液压系统必须具备诸多性能要求。这些性能包括：液压缸的行程、推力、速度及其调节范围；液压马达的转向、转矩、转速、调节范围等技术性能；液压系统运转平稳性、控制精度、噪声、效率、油温、多执行元件系统中各个执行元件之间动作的协调性等运转品质。如果液压系统在实际工作中，能完全满足这些要求，整个机械就能够正常、可靠地工作；如果不能完全满足这些要求，就会影响到液压系统的正常工作，就可以认为液压系统出现了故障。在工程机械及其液压系统中设置足够多的检测点，应用各种传感器得到上述参数，通过计算机软件对这些参数加以分析、判断，进而评价和判断液压系统是否正常。这样，在对工程机械液压系统进行状态监测的同时，对工程机械液压系统出现的故障也可以自我作出诊断，及时发出故障信息提示操作人员；对于严重的故障，无须等到人工干预，计算机系统就会采取预先设置好的安全措施，保证机械和液压系统的安全。

基于液压系统状态监测的故障诊断技术主要是以液压系统的状态监测为特点，对液压系统的特征信号进行检测、分析处理，利用特征信号进行故障诊断。主要包括以下两个方面。

(1)液压系统状态参数的在线监测。

利用各种传感器对液压系统的主要参数（如压力、流量、温度、执行元件的运动参数、振动和噪声等）进行在线实时检测（包含滤波、放大等信号调理及A/D转换过程），包括对单个液压元件（通常是液压系统中的重要元件）参数和整个系统特征参数的检测。这是状态监测与故障诊断系统的重要环节，要求实时、准确地获得各参数的真实信号，因此在传感器设计、选择、安装上要做大量的工作。从某种意义上讲，传感器的技术水平很大程度地决定了故障诊断系统的准确性和真实性。

状态监测技术是多学科交叉的实用性新技术。其应用过程包含了信号测取、特征提取、状态识别及状态趋势分析。可以看出，状态监测技术是以现代科学技术为先导的一门应用性科学。从状态监测技术在工程机械液压系统的应用上来看，它至少将在以下几个方面有进一步的发展：为了提高检测效率，有效地测取信号，在被检测对象不解体或部分解体条件下使用的多功能高效测试仪器将会不断被研制开发出来；将会开发出以人工神经网络为基础的神经网络信号处理技术以及相应的优良硬件和软件；进一步开发以人工智能为基础的智能型识别检测诊断技术；研制开发实际使用效果优良的以人工神经网络为支持系统，集信号测试与处理及识别诊断于一体的综合集成检测诊断专家系统。

(2)液压系统工作状态的识别与故障自诊断。

主要包括信号特征分析、工作状态识别和故障诊断等过程。对现场实测信号进行信号分析和数据处理(如频域分析、时域分析、小波分析等),以提取表达工况状态的特征量,在此基础上进行工作状态的识别和故障诊断。由于实际液压系统元件常常具有严重的非线性特征(如液压阀的饱和、滞环、死区、表现出流量－压力的严重非线性等),这时使用经典故障诊断方法便出现了困难,而采用基于模糊诊断法、神经网络诊断法和专家系统诊断法等现代智能诊断法会使此类系统的故障诊断变得方便。

故障自诊断技术在工程机械液压系统故障诊断过程中的应用具有重要意义。它可以及时准确地发现故障,为有效地排除工程机械液压系统的故障提供帮助,减少损失。为使工程机械安全运行,故障自诊断系统用传感器检测液压系统各部位的状态,并通过计算机系统判断,当出现故障时可自动进行声光报警,提示操作人员停机检查;当面临有可能危及人身和设备安全的重大故障时,除可自动进行声光报警外,还应具有自动熄火停机的功能。

4.4.2 基于人工智能的液压系统故障诊断技术

目前的故障诊断技术有三种。第一种是对收集的数据,采用多变量解析和因果关系的树形结构的处理方法。第二种是基于系统理论的识别法,从系统的输入、输出信息中寻求系统状态的模型,估计状态特征参数后,再根据这一状态特征参数与正常值之间差值的大小来识别异常状态的方法。第三种是利用知识工程学,即采用专家系统的诊断法,将人工智能应用于故障诊断。

近年来,人工智能及计算机技术的飞速发展,为故障诊断技术提供了新的理论基础,产生了基于知识的故障诊断方法。基于规则知识的诊断是根据液压系统故障诊断专家以往诊断的经验,将其归纳成规则,并运用经验规则通过规则推理来进行故障诊断。该方法具有诊断过程简便、快速等优点。此方法由于不需要对象的精确数学模型,而且具有某些"智能"特性,因此是一种很有生命力的方法。基于知识的故障诊断方法主要可以分为专家系统故障诊断方法、模糊故障诊断方法、神经网络故障诊断方法和数据融合故障诊断方法等。

在工程机械液压系统出现的故障中,一种故障现象可能是由多种原因引起,而一种原因发生故障可能会产生多种现象,尤其对于复杂的液压系统,既有确定性的因素,又有随机的因素,各种因素交错,使故障更具有渐变性与隐蔽性的特点。对于这样的故障,可以用多种方法来描述,从中找出各种可能产生故障的全部原因,但要确定究竟何种原因,就比较困难了。因此,一般工程机械液压系统往往选择基于知识的故障诊断方法。

智能诊断技术是人工智能技术在设备故障诊断领域中的应用,它是计算机技术和故障诊断技术相互结合与发展的结果。智能诊断的本质特点是模拟人脑的机能,有效地获取、传递、处理、再生和利用故障信息,成功地识别和预测诊断对象的状态。人工智能是智能诊断技术的核心,它是计算机科学的前沿研究领域。

在液压技术领域,智能诊断的对象主要是:构成与控制机理均较为复杂的液压系统、连续运行的液压系统、要求高精度与高可靠性的液压系统等,其故障的多样性、突发性、成因的复杂性、危害的严重性,使得仅靠人工诊断难以及时、顺利地完成。另外,液压系统中的液压泵与伺服阀等关键元件,因其重要性和复杂的故障机理也是智能诊断的主要对象。

智能诊断的主要任务是找出症状可能原因中的真正原因并指出其存在可能性的大小、判断失效的严重程度、预测恶化的趋势、识别故障模式、解释故障机理等。

智能诊断技术既能模拟人脑处理各类模糊信息，又具有人脑所不及的高运算速度；它能根据诊断的误差自动修正诊断的模型，并具备自动获取知识的能力和适应环境变化的能力。但智能诊断离不开人的参与，相互间需要信息交流与积极配合，以形成人—机联合诊断的功能，实现对多故障、多过程，突发性故障的快速实时诊断和早期诊断的目标。智能诊断的主要方式有以下几种。

1）模糊诊断法

液压系统工作过程中，系统及元件的动态信号大多具有不确定性和模糊性，许多故障征兆用模糊概念来描述比较合理，如振动强（弱）、偏心严重、压力偏高、磨损严重等。同一系统或元件，在不同的工况和使用条件下，其动态参数也不尽相同，因此对其评价只能在一定范围内作出合理估价，即模糊分类。模糊推理方法采用 IF-THEN 形式，符合人类思维方式。同时模糊诊断法不需要建立系统的精确数学模型，对非线性系统尤为合适，因此在液压系统故障诊断中得到了应用和发展。

故障诊断是通过研究故障与征兆（特征元素）之间的关系来判断液压系统的状态。由于实际因素的复杂性，故障与征兆之间的关系很难用精确的数学模型来表示，随之某些发展状态也是模糊的。这就不能用“是否有故障”的简易诊断结果来表达，而要求给出故障产生的可能性及故障位置和程度如何。此类问题用模糊逻辑能较好地解决，这就产生了模糊故障诊断方法。

模糊故障诊断典型方法是模糊故障向量识别法，其诊断过程如图 4-3 所示。

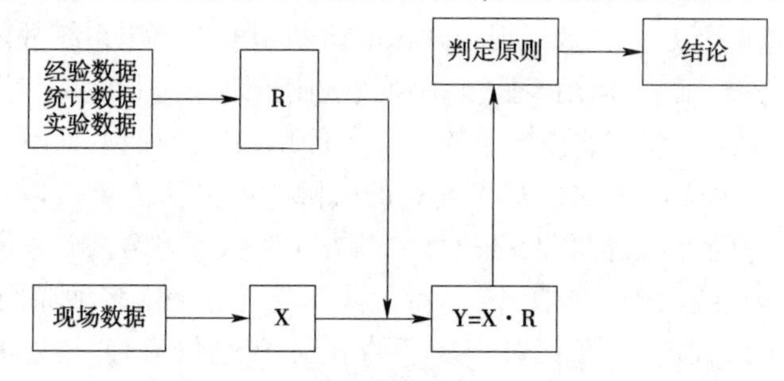

图 4-3　模糊故障诊断方法

首先建立故障与征兆之间的模糊关系矩阵 R，也叫隶属度矩阵。矩阵中的每个元素的大小表明了他们之间的相互关系的密切程度。

$R=\{\mu_R(x_i,y_i);x_i\in X;y_i\in Y\}$

式中 $Y=\{Y_i|i=1,2,\ldots\ldots,n\}$ 表示可能发生的故障集合，n 为故障的总数；$X=\{x_i|i=1,2,\ldots\ldots,m\}$ 表示由上面这些故障所引起的各种特征元素（征兆）的集合，m 为各种特征元素（征兆）总数；然后测试待诊断对象待检状态的特征参数，提取特征参数向量矩阵 X；最后求解关系矩阵方程 $Y=X\cdot R$，得到待检状态的故障向量 Y，再根据一定的判断原则，如最大隶属度原则、值原则或择近原则等，得到诊断结果。

2）神经网络诊断法

人工神经元网络是模仿人的大脑神经元结构特性而建立的一种非线性动力学网络，它由大量的简单非线性单元互联而成,具有大规模并行能力、适应性学习和处理复杂多模式的特点,在液压系统故障诊断中得到了一定的应用和发展。

目前,以非线性大规模连续时间模拟并行分布处理为主流的神经网络理论为人工智能的发展开辟了一条崭新的途径。人工神经网络是利用神经网络具有的容错能力、学习功能、联想记忆功能、分布式并行信息处理较好地解决了传统方法在知识表示、获取和并行推理等问题上的"瓶颈"。特别是人工神经网络不需要实现组织大量产生式规则,也不需要进行树搜索,使系统开发周期大大减少并提高了求解速度。

3)专家系统诊断法

计算机技术的飞速发展,使人工智能专家系统得以实现。智能诊断专家系统是诊断技术的高级形式,又称知识库咨询系统。实质上是一种具有人工智能的计算机软件系统,这是故障诊断技术的发展方向之一。

当前智能诊断中研究最活跃的分支之一是专家系统。专家系统以其知识的永久性、共享性和易于编辑等人类专家所不具有的特点得到人们的普遍重视和利用。80 年代以来,专家系统的研究和应用取得迅猛发展。特别是在产生式专家系统中,知识使用规则显式地表达。这种知识通常是系统性、理论性较强的知识,因此求解结果的可靠性较高。

专家系统用于液压系统故障诊断,不仅包括从信号检测到状态识别,而且还包括从决策到干预的全过程。它不但具有计算机辅助诊断系统的全部功能,还能将液压系统故障诊断专家的宝贵经验和思想方法同当代计算机巨大存贮、运算与分析能力结合起来,形成人工智能的计算机系统。它事先将有关专家的知识和经验加以总结分类,形成规则存入计算机构成知识库,根据数据库中自动采集或人们输入的原始数据,通过专家系统的推理机,模拟专家推理,判断思维过程来建立故障档案,解决状态识别和诊断决策中的各种复杂问题,最后对用户给出正确的咨询答案处理对策和操作指导。此外专家系统还具有学习功能,可以很方便地修改,随意增加和删除知识库中的内容,还能高度仿真各专家辨证施治解决问题的思维方法,使知识库的内容不断充实完善,诊断水平和准确度不断提高。

专家系统故障诊断方法是指计算机在采集被诊断对象的信息后,综合运用各种规则(专家经验),进行一系列的推理,必要时还可以随时调用各种应用程序,运行过程中向用户索取必要的信息后,就可快速地找到最终故障或最有可能的故障,再由用户来证实。此种方法在国内外已有不少应用。专家系统的故障诊断方法可用图 4-4 的结构来说明,它由数据库、知识库、人机接口、推理机等组成。

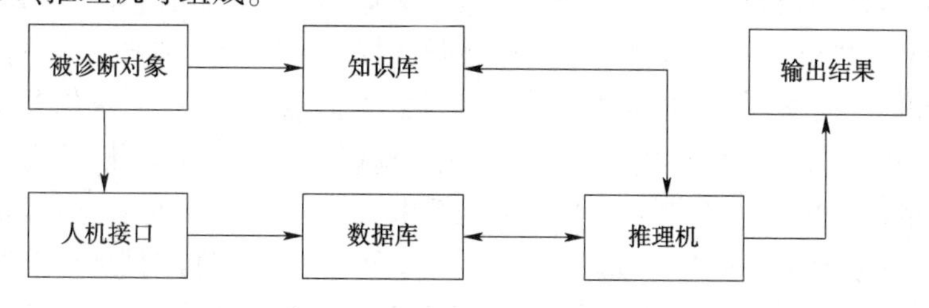

图 4-4 故障诊断专家系统结构图

(1)数据库。对于在线监视或诊断系统,数据库的内容是实时检测到的工作数据;对于离线诊断,可以是故障时检测数据的保存,也可以是人为检测的一些特征数据,即存放推理过程中所需要和产生的各种信息。

(2)知识库。存放的知识可以是系统的工作环境、系统知识(反映系统的工作机理及结构知识);规则库则存放一组组规则,反映系统的因果关系,用来故障推理。知识库是专家领域知识的集合。

(3)人机接口。人与专家系统打交道的桥梁和窗口,是人机信息的交接点。

(4)推理机。根据获取的信息综合运用各种规则进行故障诊断,输出诊断结果,这是专家系统的组织控制结构。

4)智能诊断技术的发展趋势

随着智能化技术的发展,各种复合的智能诊断法将不断涌现,如模糊专家系统诊断法、神经网络专家系统诊断法等,将使单一液压系统故障诊断方法的能力得到大大改善。如基于神经网络的专家系统在知识获取、并行处理、适应性学习、联想推理和容错能力等方面具有明显的优势,而这些方面恰好是传统专家系统的主要弱点。这些复合智能诊断系统具有诊断速度快、容错能力强和精度高的特点,将是今后长时间的发展方向之一。

人工智能与计算机技术为故障诊断提供了理论基础,从研究范围来讲,故障诊断又是人工智能的一个重要研究内容。人工智能在故障诊断领域中的应用,实现了基于人类经验知识的设备故障诊断技术,并将其提高到智能化诊断水平。因此智能诊断是故障诊断领域的前沿学科之一,正处于研究热点之中。与人工智能技术发展紧密相连的智能诊断的理论和方法除了基于知识的方法之外,还有基于模型知识的方法、基于人工神经网络的方法、基于案例的方法、基于行为的方法等。这些方法虽各有特点和优势,但也各自一定的局限性,因此不同的方法应用到具体场合时要进行合适的选择。

专家系统和神经网络是当前研究人工智能诊断的两种主要方法,这两种方法都有各自的优点和不足。基于神经网络的系统并不能完全取代专家系统的符号处理功能。从人类认识知识过程来看,符号信息处理是人类专家思维活动的重要形式,是认识事物的结果与表现。基于神经网络的专家系统方法模拟人类形象思维,是一种非逻辑、非语言、非静态、非线性信息处理方法。在故障诊断过程中,两类诊断方法是并存的。当要求快速诊断时,往往采用经验性较强的形象思维方式;但大多数情况下,人们解决问题还是逻辑推理为主,它通过症状和故障之间逻辑关系的分析和运算最终给出严密、准确的解。

专家系统存在一些局限性,人们正积极寻找解决这些局限性的方法,包括采取积极学习的方法解决知识获取的瓶颈问题;在浅层知识的基础上增加深层知识,以增强系统的适应性和强壮性;采取多种知识表示方法和分布式系统结构来改进其实时性等。神经网络的改进主要是在神经网络模型本身的改进和采用模块化的神经网络诊断策略这两方面展开。

人工智能的发展方向是实现系统的开放性、结构性、有效性、工作机构与学习机构的正反馈性、系统的相互作用性等。专家系统的知识处理模拟人的逻辑思维,人工神经网络的知识处理模拟人的经验思维机制。在人类智能活动中,最常发生的是经验思维,当经验思维解决不了问题时,通常要转向更深一层的逻辑思维。如果将各种方法相互融合、取长补短,将会取得更佳的效果。此外,由于控制系统可能发生各种各样的故障,采用控制器重构或完整性控制器设计等方法很难对故障系统实施良好的控制。同时,当故障发生时,系统经重新组织后所实施的新的控制器一般难以与故障系统动态特性相匹配,因而会导致控制失效。因此,利用人工智能的研究成果开发基于专家系统和基于神经网络的容错系统,将是未来人工智能研究的一个热点。此外,智能诊断还与系统辨识、模式辨识、模糊理论、灰色系统理论等密切相关。

随着信息技术的迅速发展,智能诊断技术不断与其他先进的信息技术结合,如多媒体技术、信息融合技术、智能传感器技术以及 Internet 技术,这将拓展诊断系统的感知空间提高其信息传递的能力,优化其结构,改进其多种性能。显然,更好地利用先进的信息技术将是智能诊断技术研究开发的一项重要任务。

4.4.3 基于油液污染检测的液压系统故障诊断技术

统计表明,液压系统 75% 以上的故障起源于液压油液的污染,液压油液中携带着有关液压系统故障的大量而又丰富的信息,因此,对油液的监测分析也是预测和诊断液压系统故障的重要手段之一。液压油污染主要表现在两个方面:油液的颗粒污染;油液理化性质(如黏度、酸碱值和氧化程度等)的劣化。这就产生了基于油液颗粒污染度检测的故障诊断方法和基于油液理化性质分析的故障诊断方法。

1)基于油液颗粒污染度检测的故障诊断法

工程机械工作时,各摩擦副表面产生的金属磨粒都要进入润滑油和液压油中。所以,对油液取样分析,了解油液中金属磨粒的成分、数量、尺寸、尺寸分布和形貌,就能够及时准确地了解机械设备中各零件的磨损程度和磨损性质,从而判断机械的技术状态和故障趋势,采取相应的措施,达到预防维修的目的。油样分析是目前基于油液分析故障诊断技术方面的一个主要方法,其过程是:根据经验或专家知识,建立基于油液颗粒污染度与液压系统及其元件状态参数间的关系库,运用专家推理机制,预测和判定系统的故障,此项技术的关键在于油液颗粒污染度的准确检测。针对油液污染度,国际上制定了专门的油液颗粒污染度标准,如美国汽车工程师学会的 SAE749D 污染度等级标准、美国航天学会提出的 NAS1638 污染度等级标准及 ISO4406 污染度国际标准等。

目前在工程机械液压系统故障诊断中采用的油样分析技术有油液光谱分析和油液铁谱分析。油液铁谱分析又可分为直读式铁谱分析和分析式铁谱分析。直读式铁谱仪价格便宜,操作简便,在现场使用方便。分析式铁谱仪和油液光谱分析仪能够更全面、更准确地实现状态监测,其投资较高,宜于在检测站或工厂使用。

油液光谱分析仪的基本原理是:任何元素在受热、电弧冲击、粒子碰撞或光照射时,其最外层电子都会在不同的轨道间跃迁,同时发射或吸收不同频率的能量。不同元素的特征频率不同,据此可以分析元素的成分和数量。

铁谱分析仪的基本原理是:不同磨损状态产生的磨粒的数量、尺寸、尺寸分布和形貌不同,利用一个高强度、高梯度磁场可以把油液中的磨粒分离出来,据此可以对机械的磨损状态作出判断。

油液颗粒污染度检测方法的发展经历了实验室取样分析检测、便携式检测仪检测、在线检测仪检测这样一个过程。

(1)实验室取样分析技术。

一种是称重法,但只能测定油液的污染物质量,无法测定颗粒大小和尺寸分布和浓度。另一种是铁谱分析法,主要针对铁磁性磨粒污染物,采用直读式铁谱仪、旋转式铁谱仪等,得到了较广范的应用。这些方法的特点是耗时长、误差大、不能进行现场在线测定，有的需要昂贵的精密仪器。

(2)便携式检测仪检测技术。

主要是一些基于颗粒的遮光性能、光散射原理、透光原理等制成的颗粒计数分析仪器，可以在工程现场对油液进行在线和离线取样、检测，检测速度快、精度高，适合工程现场测试。这种测试仪器在欧美一些国家发展较快，可对油液进行在线和离线取样分析，多通道计数，定量测出油液中污染颗粒的尺寸及分布情况，计数精度高，并设有与 PC 机进行通讯的 RS232 接口，便于油样的微机辅助分析及故障诊断。但这些仪器价格比较昂贵，不便于推广应用。

(3)在线快速检测技术。

由于油液中颗粒分布符合对数正态分布规律，因此利用光、电、超声波等在颗粒污染度不同的油液中的传导性能的差异，可以进行在线识别、分析油液中的颗粒污染度。如在油箱或油管里相隔一段距离设置超声波的发射与接收传感器，当通过两探头间的油液中杂质发生变化时，则超声波从发射端到接收端的传播时间与强度也随多发生变化，通过计算机数据处理，可测定油液的污染状况；利用计算机实时监测液压系统滤油器两端的压差及其变化，通过信号分析可得到系统油液的污染状况等。这些油液污染度在线检测方法原理简单，代表了未来实用油液快速污染检测仪的发展方向。但这种基于信号传导的油液分析技术，由于传导信号的强弱及相差与油液的温度、流态、水分及空气含量等多因素有关，需要较多的预处理过程，目前还处在实验研究阶段。

2)基于油液理化性能参数检测的故障诊断法

由于液压元件各相对运动部分的材料不同，液压油中金属、非金属元素的含量及其变化反映了液压系统中磨损及密封状态；液压油的黏度、酸碱值等理化指标的改变也是系统状态发生变化的征兆之一。因此根据经验或专家知识，建立基于液压油中理化性能变化与液压系统及其元件状态参数间的关系库，运用专家推理机制，预测和判定系统的故障。如铅、铜、铬等含量的急剧增加，这意味着含有相同元素的元件发生了剧烈磨损；硅含量的剧增，意味着外界灰分的大量侵入；黏度的变小，意味着水分侵入、系统温度过高等。此项技术的关键是对污染油液的化学成分及性能的准确测定，对油液中化学成分进行分析，目前多采用光谱分析法，如原子发射光谱法、原子入射光谱法等。

这种油液性质分析方法需要对油液的有关参数及金属含量进行细致的分析，监测周期长，不适合液压系统故障的在线检测，在重要液压系统的准确可靠故障诊断方面有较大的发展前景。

4.4.4 远程监测诊断技术

远程监测诊断技术是计算机技术、通信技术与故障诊断技术相结合的一种全新的故障诊断模式。实现远程监测诊断既可以解决企业的技术难题，又可以为研究机构提供准确的第一手资料，有利于故障诊断理论的研究和发展。

远程监测诊断系统主要有现场检测设备及信息处理系统、传输设备、传输通道和网络管理系统等组成。现场监测系统完成对设备的实时监测和监测信息的采集、存储和处理，监测信息经过处理后变成可以进行远距离传输的形式，通过网络传输到远程监测诊断中心，远程监测诊断中心根据异地传来的监测信息进行分析、处理，并将诊断结果通过网络反馈到现场，指导问题的解决。

远程诊断技术是在诊断技术、分布式技术和网络技术的基础上发展起来的，是一种全新的诊断技术，这将是未来的发展方向。

设备诊断医院是企业界与学术界一个共同的理想，专家、学者需与企业的工程技术人员共同使用第一手数据来对设备进行诊断，一起提出解决问题的方案。远程诊断的实践经验可以为建立诊断医院提供依据和技术背景。随着故障诊断领域相关标准的建立和对远程诊断的深入研究，会逐步提高远程诊断系统的性能，进而实现设备诊断医院的设想，并进一步推动液压系统故障诊断技术的发展。

第五章　液压元件常见故障的诊断与排除

液压系统在工作过程中出现的故障可分为突发性和磨损性两大类。突发性故障(例如泵的烧损、零部件的损坏、管路破裂等)常与制造装配质量以及操作是否符合规程等因素有关,它往往发生于系统工作的初期与中期。密封处漏油、执行元件的工作速度变慢等磨损性故障,在正常情况下往往发生于系统工作的后期,是由于机件的磨损引起的,但无论是突发性的还是磨损性的故障,具体地说就是液压泵、液压缸、液压马达、液压阀、管路、滤油器等构成液压系统的基本元件出现故障。因此,分析、诊断液压传动系统出现的故障,也就是判断系统中哪个元件出现故障,所以非常有必要了解各种液压元件本身经常会出现哪些故障,以便掌握规律,及时排除液压系统的故障。

5.1　液压泵的故障分析

怀疑液压泵有机械故障时,只需停掉发动机(或把液压泵与其他形式的原动机脱开)并用手转动液压泵轴即可检查。转动过紧或不平滑就说明液压泵或泵的轴承内部有机构损坏。如果液压泵转动平滑但连接起来运转时出现噪声高、不出油、建立不起压力等现象时,就要对液压泵进行具体分析、诊断。对于液压泵发生故障的具体诊断可根据不同现象按以下方法进行。

5.1.1　液压泵的噪声高

液压泵的噪声高有很多种原因,常见的原因及其解决方法汇总如下。

原因1:吸油管堵塞。这种现象对于使用了一定时间的液压系统来说经常出现,其原因可能是吸油滤油器容量不足而引起过早堵塞或者脏物进入油箱。

解决方法:检查滤油器、吸油管是否堵塞。

原因2:液压泵的安装位置过高,使泵口的吸入真空度低于额定值。

解决方法:降低液压泵的安装位置。

原因3:压力超过额定值。

解决方法:检查压力表,以低于额定压力运转。

原因4:液压泵内轴承损坏或严重磨损。

解决方法:更换轴承。

原因5:漏气。漏气可能发生在吸油侧或轴上,或者因空气被吸入油口所致。

解决方法:检查所有管接头是否漏气;检查泵的密封(在适当的场合);检查当液面最低时吸油管管端是否低于油箱液面;检查油箱容量是否太小。

原因6:油液黏度过高。

解决方法:对照液压泵样本,检查油液的牌号和工作温度。

原因7:液压泵的吸油口不成比例。可能吸油口太小或者滤油口太小。

解决方法:检查吸油口流速是否超过1.2~1.5m/s。

原因8:液压泵的转速过高。

解决方法:对照样本推荐的工作转速,检查液压泵的实际工作转速。

原因9:进气。造成进气的原因包括系统漏气,油箱中回油管布置不当,低液面时油箱中的涡流等。

解决方法:通入油箱的回油管始终放在液面以下出流,以防起泡沫。气泡过多很可能是系统设计上的过失。

原因10:排气口堵塞。

解决方法:清理或更换通气器。

原因11:传动轴不对中。

解决方法:检查发动机轴与泵轴是否对中,必要时重新找正或使用挠性联轴节。

原因12:液压泵本身出故障而导致噪声过高。

1)齿轮泵出故障

齿轮泵产生故障导致噪声过高的原因主要有以下两种。

(1)齿轮泵发生困油现象而导致噪声过高。其主要原因是卸荷槽开的位置不对。解决方法是重新调换盖板。

(2)齿轮泵的齿形精度低,在转动过程中由于啮合不良而导致噪声过高。解决方法是对研齿轮,使其达到规定值(齿厚接触65%、齿高接触达60%),对于齿形精度太低的要另换齿轮。

2)叶片泵出故障

叶片泵产生故障导致噪声过高的主要原因有以下四种。

(1)定子曲线不良而引起噪声。解决方法是在特种工具上抛光以改善状况,或者更换定子。

(2)叶片槽和叶片松紧不一致,个别叶片在槽内卡死。解决方法是检查叶片槽内叶片是否灵活,对于过松或过紧的情况可单槽配研处理,或更换叶片。

(3)配流盘产生困油现象,解决方法是修正节流开口。

(4)叶片槽歪斜或转子轴歪斜。解决方法是更换转子或转子轴。

5.1.2 液压泵不出油或输出流量不足

缺乏足够的输出流量将影响液压系统的正常工作。产生这种现象的主要原因及解决方法如下。

原因1:液压泵不吸油。可能是液压泵的转速太低。

解决方法:检查工作时是否达到最低推荐转速。

原因2:液压泵的旋向不对。

解决方法:按规定改正回转方向。

原因3:吸油管漏气。

解决方法:查出漏气并修复。液压泵的噪声也往往是这种故障的一个表现。

原因4:吸油管或滤油器可能被堵。

解决方法:清洗并更换滤芯,必要时检查油液的状态。

原因5:油箱液面低。

解决方法:必要时加油。

原因6:油液黏度太高。这将造成吸油困难从而引起执行元件动作的迟钝。

解决方法:检查油液的状态和黏度,必要时更换。

原因7:油温过高或过低。油温过高,油的黏度小,漏油增大。油温过低,油的黏度过大,使泵吸油困难。

解决方法:检查油温,采用热交换器将油温控制在适当的范围内。

原因8:液压泵停转。

解决方法:查看泵轴或驱动连接件是否损坏。另一个原因可能是轴上的键被剪断,或者有的液压泵的内部弹簧已损坏。如果换用了一个新泵,仍泵不出油,则应检查其运转方向是否正确。

原因9:液压泵本身出故障导致不出油或输出油液的流量不足。

1)齿轮泵出故障

对于齿轮泵来说,其主要原因是轴向间隙过大,压力油内泄到吸油腔。解决方法是测量齿轮与泵体的厚度,保持轴向间隙为0.025～0.04mm,如无法保持其轴向间隙时,则重新选择泵体。其次是端盖锁不紧。解决方法是重新装配泵。

2)叶片泵出故障

(1)转子槽与叶片间隙过大而导致输出流量不足。解决方法是根据槽的大小来单配叶片。

(2)径向间隙大。解决方法是换用新的配流盘。

(3)叶片泵泵体内有砂眼,使高、低压腔串通。解决方法是更换泵体。

3)轴向柱塞泵出故障

(1)中心弹簧断裂,使柱塞不能回程或回程不够,引起缸体与配流盘失去密封性。

(2)配流盘与缸体之间磨损,或柱塞和缸体之间磨损。

(3)对于变量泵则可能是以下两种情况,当低压流量不足时,可能由于泵内部磨损等原因使变量机构达不到极限位置,造成α角偏小而引起的;当高压流量不够时,可能是调整的误差,在功率允许的情况下将α角增大。

5.1.3 液压泵的压力低或无压力

液压系统的压力是由外负载决定的。如果液压泵在空载工作或很小的负载下工作时,压力自然上不去。但若液压泵在负载下不能输出正常压力就说明系统内有问题。一般情况下,主要是以下几方面的问题。

原因1:液压泵不吸油。

解决方法:检查吸油管及滤油器。

原因2:溢流阀工作不正常。这可能是阀的调定值太低或者阀漏油(如阀座损坏或弹簧折断所致)。

解决方法:检查溢流阀,清洗或更换。

原因3:内部漏油。越过密封或活塞的内部漏油,或者液压缸、阀等元件中的内部漏油。

解决方法:检查密封是否损坏,必要时更换。

原因4:外部漏油。可以看见从管接头等处漏油。

解决方法:更换密封件。

原因5:液压泵的驱动装置出故障。液压泵的驱动装置可能打滑或功率不够。

解决方法:在有载运转时检查液压泵的转速,检查液压泵与发动机的连接。

原因6:液压泵本身出故障。如铝制泵体的齿轮泵,在使用过程中,有时会出现大量铝粉或铝片,这些异常现象就是液压泵内零件损坏或磨损的典型表现。

解决方法:拆卸检查,更换有关零部件。

5.2 液压控制阀的故障分析

5.2.1 压力控制阀的故障分析

常用压力控制阀有溢流阀、减压阀、顺序阀等。这些阀类元件产生故障的原因有很多相近之处,掌握了一种压力控制阀的故障诊断方法,会对其他压力阀的故障诊断有所帮助,下面主要分析溢流阀的故障。

1)普通溢流阀常见故障及其排除方法

溢流阀在使用中常见的故障有:压力失调、噪声和振动等。

(1)压力失调。

故障1:使用中的阀或新阀的调整压力不稳定,反复不规则的变化。

原因:几乎都是由于液压油的污染引起的。不仅溢流阀,很多其他液压元件的滑动部分都会出现这种现象。为了使主阀芯运动灵活并减少阀的内部泄漏,这些滑动部分的间隙、光洁度、形状等均经过十分精密的机械加工。这种间隙内如果被杂质污染,势必形成主阀芯运动的障碍,引起不规定的压力变动。

在先导式溢流阀中,先导阀的升程仅数十微米。因此,当先导阀口被杂质污染时,同样会妨碍正常的压力控制,引起不规则的压力变化。

解决方法:将系统及油箱中的油放出,冲洗油箱及管路,阀也要拆洗干净,然后换上清洁的液压油。在油路上设置滤油器也是一种很有效的措施。

故障2:工作时阀的调定压力下降,即使旋转调压手轮,压力上升得也很慢,到一定压力后不再上升,特别在油温高时更明显。

原因1:先导式溢流阀的主阀芯上设有节流孔,通过该节流孔的流量就是先导阀的流量。当先导流量变得很小时,调定压力就会不稳定,压力响应也变慢,结果压力也调不高。假如液压油中的大颗粒杂质附着在节流孔上,使节流面积减小,则先导流量变得很小,响应也变慢。若节流孔被完全堵住,压力就完全调不上去了。

解决方法:拆开清洗先导式溢流阀,必要时更换油液。

原因2:溢流阀长期在含有大量微细杂质的液压油中工作,主阀与上盖的滑动面磨损,间隙增大,流过主阀节流孔的油从该间隙漏向回油腔,先导流量减到极小,响应也变得缓慢,再进一步磨损则压力就升不上去。

解决方法:拆开检查先导式溢流阀的主阀及上盖滑动部分,必要时更换油液或阀。

原因3:先导阀芯及先导阀座由于液压油中的污垢,液压油中的水分引起的腐蚀。由于磷酸酯基液压油的化学腐蚀等造成的磨损而使溢流阀失去控制高压的能力。

解决方法:首先拆开溢流阀,检查先导阀芯及阀座上有无有害磨损痕迹。只是先导阀芯及阀座上有磨损,可以更换零件。另外还应检查液压油的污染度、含水量等,有不妥之处应立即换油。

原因4:如果液压泵的容积效率极度下降,则随着压力的升高,液压泵的输出流量从内部漏回吸油侧。最后液压泵的输出流量为零,压力再也上不去了。像这样溢流阀正常,由于其他原因使压力上不去的场合,溢流阀不向回油腔溢流。因此,可以根据溢流阀特有的流速声及回油口管壁的温度等来判断溢流阀正常与否。

解决方法:修理或更换液压泵。

故障3:使用中的阀或新阀的压力完全调不上去。

原因1:如故障2的原因1所述。主阀芯的节流孔被大颗粒杂质堵住,先导流量几乎减到零,压力完全不上去。

原因2:先导阀芯与阀座间进入了大颗粒杂质,致使先导阀芯开度大于需要值而无法关闭,从而压力完全上不去。

解决方法:拆开溢流阀,清洗主阀节流孔、先导阀芯及阀座。

原因3:溢流阀接有远控油路,远控用电磁阀不换向,保持连通油箱的状态。

解决方法:首先听电磁阀有无特有的换向声,确定电磁阀是否动作。还可用手动使电磁阀换向。若手动也换不了向,则肯定是杂质等把电磁阀阀芯卡住了,需要拆开清洗。若手动可以换向使压力升高,则应检查电气部分(包括磁铁)是否烧坏。

故障4:溢流阀压力下不来,无法调整。

原因1:先导阀座上的小孔被大颗粒杂质堵住了,因此丧失了溢流阀的机能,压力会上升到元件和管路破坏为止。

解决方法:拆洗溢流阀,特别是先导阀座上的小孔要洗净。

原因2:管式和法兰式溢流阀在安装管路时找正不好,使阀体变形,主阀芯卡死在关闭位置上不能工作。

解决方法:重新配管,准确地找正。

(2)噪声和振动。

液压系统中容易产生噪声的元件一般是液压泵和液压阀,液压阀中又以溢流阀和电磁换向阀等为主。产生噪声的因素很多,溢流阀的噪声有流速声和机械声两种。其中,流速声主要由于振动、空穴以及液压冲击等原因产生,机械声主要由阀中零件的撞击和摩擦等原因产生。

①压力不均匀引起的噪声。先导型溢流阀的导阀部分是一个易振部位,在高压情况下

溢流时,导阀的轴向开口很小,仅0.03～0.06mm。过流面积很小,流速很高,可达200m/s,易引起压力分布不均匀,使锥阀径向力不平衡而产生振动。另外,锥阀和锥阀座加工时产生的椭圆度、导阀口的脏物及调压弹簧变形等也会引起锥阀的振动,所以一般认为导阀是发生噪声的振源部位。由于有弹性元件(弹簧)和运动质量(锥阀)的存在,构成了一个产生振荡的条件,而导阀前腔又起了一个共振腔的作用,所以锥阀发生振动后易引起整个阀的共振而发生噪声,发生噪声时一般多伴随有剧烈的压力跳动。

②空穴产生的噪声。当由于某种原因,空气被吸入油液中,或者在油液压力低于大气压时,溶解在油液中的部分空气就会析出形成气泡,这些气泡在低压区时体积较大,当随油液流到高压时,受到压缩,体积突然变小或气泡消失;反之,在高压区时体积较小,当流动到低压区时,体积突然增大;油液中气泡体积急速改变的现象,通常称为空穴现象。气泡体积的突然改变会产生噪声,又由于这一过程发生在瞬间,将引起局部液压冲击而产生振动。先导型溢流阀的导阀口和主阀口,油液流速和压力的变化很大,很容易出现空穴现象,由此产生噪声和振动。

③液压冲击产生的噪声。先导型溢流阀在卸荷时,会因液压回路的压力急骤下降而产生压力冲击噪声。越是高压大流量的工作条件,这种冲击噪声越大。这是由于溢流阀的卸荷时间很短,从而产生液压冲击所致。在卸荷时,由于油流速度急骤变化,引起压力突变,造成压力波的冲击。压力波是一个小的冲击波,本身产生的噪声很小,但随油液传到系统中,如果同任何一种机械零件发生共振,就可能加大振动和增强噪声。所以在发生液压冲击时,一般多伴有系统的振动。

④机械噪声。先导型溢液阀发出的机械噪声,一般来自零件的撞击和由于加工误差等原因产生的零件摩擦。

在先导型溢流阀发生的噪声中,有时会有机械性的高频振动声,一般称它为自激振动声。这是主阀和导阀因高频振动而发出的声音。它的发生率与回油管道的配置、流量、压力、油温(黏度)等因素有关。一般情况下,管道直径小、流量少、压力高、油液黏度低时,自激振动发生率就高。

减小或消除先导型溢阀噪声和振动的措施,一般是在导阀部分设置消振元件。

消振套一般固定在导阀前腔,即共振腔内,不能自由活动。在消振套上设有各种阻尼孔,以增加阻尼,消除振动。另外,由于共振腔中增加了零件,使共振腔的容积减小,油液在受压时刚度增加,根据刚度大的元件不易发生共振的原理,就能减少发生共振的可能性。

消振垫一般与共振腔活动配合,能自由运动。消振垫正反面都有一条节流槽,油液在流动时能产生阻尼作用,以改变原来的流动情况。由于消振垫的加入,增加了一个共振元件,扰乱了原来的共振频率。共振腔增加了消振垫,同样减小了容积,增加了油液受压时的刚度,以减少发生共振的可能性。

在消振螺栓上设有蓄气小孔和节流边,蓄气小孔中因留有空气,空气在受压时压缩,压缩空气具有吸振作用,相当于一个微型吸振器。小孔中空气压缩时,油液充入;膨胀时,油液压出,这样就增加了一个附加流动,以改变原来的流动情况。故也能减小或消除噪声和振动。

另外,如果溢流阀本身的装配或使用不当,也就会造成振动、产生噪声。如三级同心式溢流阀，装配时三级同心配合不良，使用时流量过大或过小，锥阀的不正常磨损等。在这种情况下，应认真检查、调整，或更换零件。

2）比例溢流阀的故障及其排除方法

比例溢流阀是能够按照输入电信号的大小，成比例地控制压力。它主要由作为电－力转换器的比例电磁铁、力矩马达、力马达和作为力－液压转换器的先导阀、主阀等组成。这里主要对比例电磁铁和先导阀组成的比例先导阀的故障进行分析。关于比例溢流阀主阀的故障分析，与前面普通溢流阀的故障分析基本一致。

如果控制压力发生故障，那么最好先用电流表检查电流值，判断究竟是包括电磁铁的控制电路有问题，还是阀有问题。然后根据具体情况具体分析，下面给出了各种常见故障现象、产生故障的原因和解决办法。

故障1：虽然流过电磁铁的电流为额定值，但压力完全上不去或得不到所需压力。

原因1：比例先导阀的阀口黏上大颗粒杂质，始终保持一个较大的开口量，因此压力上不去。

解决方法：拆开清洗。

原因2：进行远控的场合，普通溢流阀的调压手轮放松时压力就降低，而比例溢流阀的安全阀调整螺钉放松时，也同样会降低设定压力。若安全阀调整压力设定过低，当接近最高工作压力时，先导流量就同时从安全阀和比例先导阀两处流出，得不到所需压力。

解决方法：将安全阀调整压力设定到超过比例溢流阀最高压力2MPa左右，使其经常保持关闭状态。

故障2：流过电磁铁的电流已经过大，但压力还是不上，或得不到所要求的压力。

原因1：电磁铁线圈内部短路。

解决方法：检查电磁铁圈电阻，若远小于规定值，更换电磁铁。

原因2：接放大器的连线短路。

解决方法：检查电磁铁圈电阻，若电磁铁线圈电阻正常，就是接放大器的连线短路，更换连线。

故障3：电磁铁没有电流流过，压力也上不去。

原因1：检查电磁铁线圈电阻为无限大，这是线圈断路或电磁铁引线脱焊。

解决方法：更换电磁铁线圈或焊好电磁铁引线。

原因2：电磁铁连接件松动，接触不良。

解决方法：拧紧连接件。

原因3：放大器或设定器故障。

解决方法：检查或更换。

故障4：使压力阶跃变化时，小振幅的压力波动不断，设定压力不稳定。

原因：电磁铁的导向部分和衔铁表面附着污垢，妨碍衔铁的运动。主阀芯滑动部分黏有污垢，妨碍主阀芯的运动。由于这些污垢的影响，使得比例溢流阀的响应滞后，导致压力波动和不稳定。

解决方法：拆开并清先导阀和电磁铁。检查液压油的污染程度，如超过规定就要换油。

故障5:压力响应缓慢。

原因1:电磁铁铁芯上设置的阻尼用固定节流孔及主阀芯节流孔被污垢堵住,电磁铁铁芯及主阀芯的运动受到阻碍。

解决方法:拆开并清洗阀和电磁铁。检查液压油的污染度,如超过规定就要换油。

原因2:溢流阀正常,但液压缸、管路的容积大、有空气混入。这种现象通常发生在液压系统刚装好后开始运转时或长期停机后有空气混入的场合。

解决方法:阶跃响应时间是随着负载容积变化的。负载容积大则响应时间长,因此,在和样本值做比较时,要注意负载容积。空气容易集中在油路较高部位,液压缸中的空气不易排出,最好设置放气阀。

3)减压阀的常见故障及排除方法

减压阀的常见故障有调压失灵、阀芯径向卡紧、工作压力调定后出油口压力自行升高、噪声、压力波动及振荡等。

(1)调压失灵。

故障1:调节调压手轮,出油口压力不上升。

原因:主阀芯阻尼孔堵塞,出油口油液不能流入主阀上腔和先导阀的前腔,出油口压力传递不到先导阀上,使先导阀失去对主阀出口压力的调节作用。又因阻尼孔堵塞后,主阀上腔失去出油压力的作用,使主阀变成一个弹簧力很弱的直动型滑阀,故在出油口压力很低时就将主阀减压口关闭,使出油口建立不起压力。另外,主阀减压口关闭时,由于主芯阀卡住,先导阀未安装在阀座孔内,外控口未堵住等,也是使出油口压力不能上升的原因。

故障2:出油口压力上升后达不到额定数值。

原因:调压弹簧选用错误、永久性变形或压缩行程不够,先导阀磨损过大等。

故障3:出油口压力和进油口压力同时上升或下降。

原因1:先导阀座阻尼小孔堵塞。先导阀座阻尼小孔堵塞后,出油口压力传递不到先导阀上,使先导阀失去对主阀出油口压力调节的作用。又因阻尼小孔堵塞后,无先导流量流经主阀芯阻尼孔,使主阀上、下腔油液压力相等,主阀芯在主阀弹簧力的作用下处于最下部位置,减压口通流面积为最大,所以出油口压力就跟随进油口压力的变化而变化。

原因2:泄油口堵住。从原理上来说,相当于先导阀座阻尼小孔堵塞。这时,出油口压力虽能作用在锥阀上,但同样无先导流量流经主阀芯阻尼孔,减压口通流面积也为最大,故出油口压力也跟随进油口压力的变化而变化。

原因3:止回减压阀的止回阀部分泄漏严重。进油口压力就会通过泄漏处传递给出油口,使出油口压力也会跟随进油口压力的变化而变化。

原因4:当主阀减压口处于全开位置时,主阀芯卡住,这时出油口压力就随着进油口压力变化。

故障4:调节调压手轮时,出油口压力不下降。

原因:主闷芯卡住。

故障5:出口压力达不到最低调定压力。

原因:先导阀中“O”形密封圈与阀盖配合过紧。

(2)阀芯径向卡紧。

由于减压阀和止回减压阀的主阀弹簧力很弱,主阀芯在高压情况下容易发生径向卡紧现象,而使阀的各种性能下降,也将造成零件的过度磨损,缩短阀的使用寿命,甚至使阀不能工作。

(3)工作压力调定后出油口压力自行升高。

在某些用来向电液换向阀或外控顺序阀提供控制油的减压回路中,当电液换向阀换向或外控顺序阀工作后,减压阀出油口的流量为零,但压力还需要保持原先调定的压力。这种情况下减压阀的出油口压力往往会升高,这是由于主阀泄漏量过大所引起。

在这种工作状况中,因减压阀出口流量变为零,流经减压口的流量只有先导流量,由于先导流量很小,一般在2L/min以内,因此主阀减压口基本上处于全关位置,先导流量由三角槽或斜面流出。如果主阀芯配合过松或磨损过大,则主阀泄漏量增加。按流量连续性定理,这部分泄漏量也必须从主阀阻尼孔内流出,流经阻尼孔的流量即由原的先导流量和这部分泄漏量两部分组成。因阻尼孔面积和主阀上腔油腔油液压力未变(主阀上腔油液压力由已调整好的调压弹簧预压缩量确定),为使通过阻尼孔的流量增加,必然引起主阀下腔油液压力升高。因此,当减压阀出口压力调定好后,如果出口流量为零时,出口压力会因主阀芯配合过松或磨损过大而升高。

(4)噪声、压力波动及振荡。

由于减压阀是一个先导式的双级阀,其导阀部分和溢流阀的通用,所以引起噪声和压力波动的原因也和溢流阀基本相同。

减压阀在超流量使用时,有时会出现主阀振荡现象,使出油口压力不断地升压—卸荷—升压—卸荷。这是由于过大的流量使液动力增加所致。当流量过大时,软弱的主阀弹簧平衡不了由于过大流量所引起的液动力的增加,因此主阀芯在液动力作用下使减压口关闭,出油口压力和流量即为零,则液动力即为零,于是主阀芯在主阀弹簧力作用下,又使减压口打开,出油口压力和流量又增大,于是液动力又增加,使减压口关闭,出油口压力和流量又为零。这样就形成主阀芯振荡,使出油口压力不断地变化,因此减压阀在使用时不宜超过推荐的公称流量。

4)顺序阀的常见故障及排除方法

顺序阀在液压系统中的主要作用是控制执行元件的先后顺序动作,以实现系统的自动控制。

液压系统中常用的顺序阀和止回顺序阀的主要故障是不起顺序作用。

故障1:进油腔和出油腔压力同时上升或下降。

原因1:阀芯内的阻尼孔堵塞,使控制活塞的泄漏油无法进入调压弹簧腔流回油箱。时间一长,进油腔压力通过泄漏油传入阀的下腔,作用在阀芯下端面上,由于阀芯下端面积比控制活塞要大得多,所以阀芯在液压力作用下使阀处于全开位置,变成一个常通阀,因此进油腔和出油腔压力会同时上升或下降。

原因2:当阀芯处于全开位置时卡住。

故障2:出油腔没有流量。

原因1:泄油口安装成内部回油形式,使调压弹簧腔的油液压力等于出油腔油液压力。

因阀芯上端面积大于控制活塞端面积，阀芯在液压力作用下使阀口关闭，顺序阀变成了一个常闭阀，出油腔没有流量。

原因2：当端盖上的阻尼小孔堵塞时，控制油液就不能进入控制活塞腔，阀芯在调压弹簧的作用下使阀口关闭，出油腔同样也没有流量。

5）压力继电器的常见故障及排除方法

压力继电器是一种将油液的压力信号转变为电信号的小型液—电转换元件。当油液压力达到压力继电器的调定压力时，即发出电信号，以控制电磁铁、电磁离合器、继电器开关、电动机等电气元件动作，使油路卸压、换向、执行机构实现顺序动作，或关闭电动机，使系统停止工作，起到自动程序控制和安全保护作用。

压力继电器的常见故障是灵敏度降低和微动开关损坏等。

灵敏度降低是由于阀芯、推杆的径向卡紧，或微动开关行程过大等原因引起。当阀芯或推杆发生径向卡紧时，摩擦力增加，这个阻尼与阀芯和推杆的运动方向相反，该运动方向中的一个分力帮助调压弹簧力，使油液压力升高，另一个分力帮助油液压力克服弹簧力，使油液压力降低，因而使压力继电器的灵敏度降低。

在使用中，由于微动开关支架变形，或零位可调部分松动，都会使原来调整好或在装配后保证的微动开关最小空行程变大，使其灵敏度降低。

压力继电器的泄油腔如不直接回油箱，则由于泄油口背压过高，也会使灵敏度降低。

差动式压力继电器，因微动开关部分和泄油腔是用橡胶膜隔开，当进油腔和泄油腔安反时，压力油即冲破橡胶隔膜进入微动开关部分，从而损坏微动开关。另外，由于调压弹簧腔和泄油腔相通，调节螺纹处又无密封装置，当泄油压力过高时，在调压螺钉处会出现外泄漏现象，所以泄油腔必须直接回油箱。

5.2.2 流量控制阀的故障分析

流量控制阀简称流量阀，它是依靠改变通流面面积的大小来调节流量的。常用的流量控制阀有节流阀、调速阀、分流阀、溢流节流阀等。下面主要针对节流阀、调速阀、分流—集流阀的常见故障进行分析。

1）节流阀的常见故障及排除方法

故障1：节流失灵或调节范围不大。

流量调节失灵是指调整节流手轮后出油腔流量不发生变化（筒式节流阀无此现象）。节流失灵的主要原因有以下几种。

原因1：阀芯被径向卡住而不起作用。当阀芯在全关位置发生径向卡住时，调整调节手轮后出油腔无流量；当阀芯在全开位置或节流口调节好开度后径向卡住，调整调节手轮出油腔流量不发生变化。

解决方法：发现阀芯径向卡住后进行清洗，排除脏物或去毛刺。

原因2：节流孔阻塞。

解决方法：清洗节流口，更换油液。

原因3：节流阀阀芯和阀体的间隙过大而造成的内部泄漏，这样往往导致流量调节范围不大。

解决方法：找出泄漏大的部位，更换零件或修理。

当止回节流阀的进、出油腔接反时（接反后起单向阀作用），调整调节手轮，流经阀的流量也不会发生变化。

故障2：节流阀控制的执行元件速度不稳定，有逐渐减慢、突然增快及跳动现象。

当节流口调整好并锁紧后，节流阀和止回节流阀有时会出现流量不稳定现象，特别是在最小稳定流量时更容易发生进而引起流量不稳定，造成节流阀的控制执行元件速度不定。其主要原因包括锁紧装置松动、节流口部分堵塞、油温升高以及负载压力发生变化等。

原因1：工作油口的污物堆积黏附在节流口边上，通流载面积逐渐减小，引起流量减小，使执行元件速度减慢。当压力油将杂质冲掉后，节流口又恢复至原有过流面积、流量也恢复至原来的数值，执行元件的速度恢复到正常状态。

解决方法：清洗元件、换油、增加过滤器。

原因2：节流阀的性能较差。在低速运动时，当节流口调整好并锁紧后，由于机械振动或其他原因，使锁紧装置松动，调节位置发生变化，从而引起流量变化。

解决方法：增加节流口锁紧位置。

原因3：节流阀因内外泄漏而输出流量不稳定，造成执行元件速度不均匀。

解决方法：检查配合间隙，修理或更换零件及各连接处密封件。

原因4：当流经节流阀的油液温度发生变化时，会使油液的黏度发生变化，也会引起流量不稳定，使执行元件的速度变化。

解决方法：系统运行一段时间后重新调整节流阀。

原因5：阻尼孔堵塞。

解决方法：清洗阻尼孔，保证其通畅。

2）调速阀的常见故障及排除方法

故障1：流量调节失灵。

这是指调整节流调节部分，出油腔流量不发生变化，其主要原因是径向卡住和节流调节部分发生故障等。

原因1：减压阀芯或节流阀芯被径向卡住而不起作用。当减压阀芯或节流阀芯在全闭位置时，径向卡住会使出油腔没有流量；在全开位置（或节流口调整好）时，径向卡住会使调整节流调节部分时出油腔流量不发生变化。

解决方法：进行清洗，排除脏物或去毛刺。

原因2：由于节流调节部分出现故障而导致调节螺杆不能轴向移动，使出油腔流量不发生变化。

解决方法：进行清洗和修复。

故障2：流量不稳定。

当节流口调整好锁紧后，减压节流型调速阀有时会出现流量不稳定现象，特别在最小稳定流量时更容易发生。

原因：锁紧装置松动、节流口部分堵塞、油温升高、进油腔与出油腔最小压差过低、进油口与出油口接反等。

油液反向通过调速阀时,减压阀对节流阀不起压力补偿作用,使调速阀变成节流阀。故当进油腔与出油腔油液压力发生变化时,流经的流量就会发生变化,从而引起流量不稳定。因此在使用时要注意进油口与出油口的位置,避免接反。

故障3:内泄漏量增大。

减压节流型调速阀节流口关闭时,是靠间隙密封,因此其不可避免有一定的泄漏量,故其不能作为截止阀用。当密封面(减压阀芯、节流阀芯和止回阀芯密封面等)磨损过大后,会引起内泄漏量增加,使流量不稳定,特别会影响到最小稳定流量。

3)分流—集流阀的常见故障及排除方法

分流—集流阀亦称为同步阀,是分流阀、集流阀、止回集流阀和分流集流阀的总称。分流—集流阀的常见故障是同步失灵、同步误差大、执行元件运动终点动作异常等。

故障1:同步失灵。

所谓同步失灵是指几个执行元件的速度不同(或不成比例)或不同时运动。

原因:阀芯或换向活塞径向卡住。分流—集流阀为了减少泄漏量对速度同步精度的影响,一般阀芯与阀体及换向活塞与阀芯之间的配合间隙均较小,所以在系统油液污染或油温过高时,阀芯或换向活塞容易发生径向卡住,因此在使用时应注意油液的清洁度和油液的温度。

解决方法:在发现阀芯或换向活塞径向卡住后,应及时清洗以保证阀芯或换向活塞动作灵活性。

故障2:同步误差大。

原因:阀芯轴向卡紧、使用流量过低、进油腔与出油腔压差过小等。

解决方法:及时清洗以保证阀芯或换向活塞动作灵活性。

从固定节流孔前后油压差对速度同步精度的影响看,当通过分流—集流阀的流量过低或进油腔与出油腔压差过低时,固定节流孔前后油液压差小,同步精度就差,所以通过分流—集流阀的流量过低或进油腔与出油腔压差过低都会引起速度同步误差增大。分流—集流伐的使用流量一般不应低于公称流量的25%,进油腔与出油腔压差不低于0.8~1MPa。

故障3:执行元件运动终点动作异常。

原因:采用分流—集流阀作同步元件的同步系统,有时会出现一个执行元件运动到达终点,而另一个执行元件停止运动的现象,这是由于阀芯上常通小孔堵塞而引起的。

解决方法:当发现执行元件运动到终点后动作异常,应及时清洗,保持常通小孔畅通。

分流—集流阀在制造中,为了保证左、右两侧结构尺寸相等,在目前的工艺水平下,左、右两侧零件的装配,一般多采用选配的形式。因此,在清洗维修后,各零件要按原部位装配,否则将影响同步精度。

5.2.3 方向控制阀的故障分析

方向控制阀简称为方向阀。按用途来分类可分为止回阀和换向阀两大类。止回阀主要控制油液单方向流动;换向阀主要起改变油液方向的作用。

1)止回阀的常见故障及排除方法

故障1:当油液从反向进入止回阀时,锥阀芯(或钢球)不能将油液严格封闭而产生渗漏。这种渗漏现象更容易出现在反向油流的压力比较低的情况。

原因:阀芯锥面(或钢球)与阀座的接触有缝隙。

解决方法:检查阀芯锥面(或钢球)与阀座的接触是否紧密;检查阀座孔与阀芯是否保证所需要的同轴度要求;检查当阀座压入阀体孔时有没有压歪,如不符合要求,则要将阀芯锥面(或钢球)与阀座重新研配,或者将阀座拆出并重新压装,直到与阀芯锥面(或钢球)严密接触为止。

故障2:止回阀启闭不灵活。这种现象有可能出现在阀芯轴线沿水平方向安装使用时的正向开启压力很小的止回阀。

原因:阀芯有卡阻现象。

解决方法:检查阀体孔与阀芯的加工几何精度及二者的配合间隙。检查弹簧是否断裂或者过分弯曲而引起卡阻。这里应该注意的是,无论是直通型止回阀还是直角型止回阀,都不允许阀芯锥面向上方安装。

2)电磁换向阀的常见故障及排除方法

故障1:电磁铁通电,阀芯不换向;电磁铁断电,阀芯不复位。

原因1:电源电压太低,造成电磁铁推力不足,不能推动阀芯正常工作。

解决方法:检查电磁铁的电源电压是否符合使用要求,不符合时要改正电压(应在规定电压的 -15% ~10% 的范围内)。

原因2:阀芯卡住。

解决方法:如果电磁换向阀的各项性能指标都合格,而在使用中出现阀芯卡住故障,主要检查使用条件是否超过规定的指标,如工作压力、通过的流量、油温以及油液的过滤精度等。再检查复位弹簧是否折断或卡住。对于板式连接的电磁换向阀,应检查安装底板表面的不平度以及安装螺钉是否拧得太紧,以至引起阀体变形。另外阀芯磨削加工时的毛刺、飞边,被挤入径向平衡槽中未清洗干净,在长期工作中,被油流冲出挤入径向间隙中使阀芯卡住,这时应拆开仔细清洗。

原因3:有专用泄油口的电磁换向阀,泄油口没有接回油箱,或泄油管路背压太高,造成阀芯"闷死",不能正常工作。

解决方法:泄油口单独接回油箱。

原因4:由于垂直安装,受阀芯、衔铁等零件自重的影响,造成换向或复位的不正常。

解决方法:电磁换向阀的轴线必须按水平方向安装。

故障2:电磁铁线圈过热或烧毁。

原因1:电源电压比电磁铁规定的使用电压高而引起线圈过热。

解决方法:检查电磁铁的电源电压是否符合使用要求,不符合时要改正电压(应在规定电压的 -15% ~10% 的范围内)。

原因2:换向频率过高而造成线圈过热。

解决方法:更换高频电磁换向阀。

原因3:推杆伸出长度过长,与电磁铁的行程配合不当,电磁铁衔铁不能吸合,使电流过大,线圈过热。当第一个电磁铁因其他原因烧毁后,使用者自行更换电磁铁时更容易出现这种情况。由于电磁铁的衔铁与铁芯的吸合面到与阀体安装表面的距离误差较大,与原来电磁铁相配合的伸出长度就不一定能完全适合更换后的电磁铁。如更换后的电磁铁的安装距离比原来的短,则与阀装配后,由于推杆过长,将有可有使衔铁不能吸合,而产生噪声、抖动甚至烧毁;如果更换的电磁铁的安装距离比原来的长,则与阀装配后,由于推杆显得短了,在工作时,阀芯的更换向行程比规定的行程要小,阀的开口度也变小,使压力损失增大,油液容易发热,甚至影响执行机构的运动速度。

解决方法:使用者自行更换电磁铁时,必须认真测量推杆的伸出长度与电磁铁的配合是否合适,绝不能随意更换。

以上各项引起电磁铁烧毁的原因主要出现于交流型电磁铁,直流电磁铁一般不至于因故障而烧毁。

原因4:电磁铁线圈绝缘不良。

解决方法:更换电磁铁线圈。

故障3:干式型电磁换向阀推杆处渗漏。

原因1:推杆处的动密封“O”形密圈磨损过大。

解决方法:更换密封圈。

原因2:一般电磁阀两端的油腔是泄油腔或回油腔,如果在系统中各个电磁阀的泄油管道或回油管道串接一起,往往会造成背压过高,导致从阀推杆处漏油。

解决方法:检查电磁阀两端的油腔压力是否过高,如过高则应将那些泄油或回油管道分别单独回油箱。

故障4:板式连接电磁换向阀与底板的接合面处渗油。

原因1:安装螺钉拧得太松。

解决方法:重新拧紧。

原因2:螺钉材料不符合要求、强度不够。目前,许多板式连接电磁换向阀的安装螺钉均采用合金螺钉。如果原螺钉断裂或丢失,随意更换一般碳钢螺钉,会因受压力油作用引起拉伸变形,造成接合面的渗漏。

解决方法:更换合适的螺钉。

原因3:电磁换向阀底面“O”形密封圈老化变质,不起密封作用。

解决办法:更换密封圈。

原因4:安装底板表面光洁度差、有凹凸现象。

解决方法:安装底板表面应磨削加工,使其光洁度及不平度误差满足要求。

故障5:湿式型电磁铁吸合释放过于迟缓。

原因:电磁铁后端有个密封螺钉,在初次安装工作时,后腔存有空气。当油液进入衔铁腔内时,如后腔空气释放不掉,会受压缩而形成阻尼,造成动作迟缓。

解决方法:应在初次使用时,拧开密封螺钉,释放空气,当油液充满后,再拧紧密封。

故障6:长期使用后,执行机构出现运动速度变慢。

原因:推杆因长期撞击而磨损变短,或衔铁与推杆接触点磨损,使阀芯换向行程不足,引起阀口开度变小,通过流量减少。

解决方法：更换推杆或电磁铁。

故障7：油液流动方向不符合图形符号的标志。

这是在使用中很可能出现的问题，虽然有关部门制定颁发了液压元件的图形符合标准，但是由于许多产品结构特殊，油液实际通路情况与图形符号的标准不符合。

解决方法：在设计或安装电磁阀的油路系统时，不能单纯按照标准的液压图形符号进行，而应该根据产品的实际通路情况来确定。如果已经造成差错，那么，对于三位型阀可以采用调换电气线路的办法解决。对于二位型阀，可以采用将电磁铁及有关零件调头安装的方法解决。如仍无法更正时，只得调换管路位置，或者采用增加过渡通路板的方法弥补。总之，液压图形符号仅仅表示某一类阀，并不能表示阀的具体结构。系统的设计和安装应根据各生产厂提供的产品样本进行。

上述情况对于电液动换向阀、液动抽向阀、手动换向阀是完全类似的，而且由于这些阀的口径一般都比较大，管道较粗，一旦发生差错，更改很困难，因此在设计安装时必须加以注意。

电磁换向阀的进油腔，只要都是高压腔，则可以互换，更换后的通路形式则由具体更改的情况而定，但回油腔与高压腔不能互换，在有专门泄油腔结构的电磁阀中，如回油腔的回油背压低于泄油腔的允许背压，则回油腔与泄油腔可以串接在一起接回油箱。否则，均应单独接回油箱。

5.3 液压缸与液压马达的故障分析

5.3.1 液压缸的故障分析

在采用液压传动技术的机械中，由于液压缸出现故障而导致停机的现象是较为常见的。液压缸的故障率比较高，除了流体的因素外，主要因为液压缸还有强度等方面的要求。由于液压缸的输出力很大，因而在机械结构上受到一定的限制，所以诊断液压缸的故障必须要从流体因素和机械结构两方面进行考虑。

故障1：液压缸动作失灵。

动作失灵是指控制回路已经接通，但液压缸仍然不能动作的现象，或者液压缸有动作但是运行状态不正常，有爬行、冲击等现象。液压缸动作失灵的产生原因及排除方法见表5-1。

液压缸动作失灵的原因与排除方法　　表5-1

故障现象	产生原因	排除方法
冲击	靠间隙密封的活塞和液压缸之间的间隙过大，失去节流作用	按规定配活塞与油缸的间隙，减少泄漏现象
	端头缓冲的止回阀失灵，缓冲不起作用，致使活塞撞击缸盖，或者缓冲行程中有爬行现象	修正研配止回阀与阀座

续上表

故障现象	产生原因	排除方法
爬行	空气侵入	增设排气装置,如无排气装置,可开动液压系统以最大行程使工作部件快速运动,强制排除空气
	液压缸端盖密封圈压得太紧或过松	调整密封圈,使之紧松合适,保证活塞杆能用手平稳地拉动而无泄漏(允许微量渗油)
	活塞杆与活塞不同心	校正
	活塞杆全长或局部弯曲	校正活塞杆
	液压缸的安装位置偏移	检查液压缸与导轨的平行性并校正
	液压缸内孔直线性不良	镗磨修复、重配活塞
	液压缸内腐蚀、拉毛	轻微者修去锈蚀和毛刺,严重者必须镗磨
	双出杆活塞杆两端螺帽拧得太紧,使其同心度不良	螺帽不宜拧得太紧,一般用手旋紧即可,保持活塞杆处于自然状态
液压缸不动	安装方法不对	按正确方法重新安装
	液压缸"别劲"	找出"别劲"原因

故障2:液压缸的速度逐渐下降达不到规定数值(欠速)。

液压油的可压缩性很小,输往液压缸的油液在中途不会因为负载阻力的增加而被压缩,液压缸的速度也不会发生明显的变化。正常的情况下,液压缸的速度取决于进入液压缸的流量。所谓液压缸欠速,大多是由于压力油在输送过程中流回油箱,或者被其他油路所消耗,液压缸得不到应该供给的流量而造成的。有时也会由于漏油或液压缸的负载有问题等原因而出现这种现象。液压缸的速度逐渐下降甚至停止的原因与排除方法见表5-2。

液压缸的速度逐渐下降甚至停止的原因与排除方法 表5-2

故障现象	产生原因	排除方法
工作速度逐渐下降甚至停止	液压缸缸体和活塞配合间隙太大或O形密封圈损坏,造成高低压腔互通	单配活塞和液压缸缸体之间的间隙或更换O形密封圈
	由于工作时经常使用工作行程的某一段,造成液压缸内孔直线性不良(局部有腰鼓形),致使液压缸两端高低压油互通	镗磨修复液压缸内孔,单配活塞
	液压缸端盖密封圈压得太紧或活塞杆弯曲,使摩擦力或阻力增加	调整密封圈,使之紧松合适,以不漏油为限,校直活塞杆
	泄漏过多,无法建立压力	寻找泄漏部位
	油温太高,油液黏度太小,靠间隙密封的液压缸速度变慢,若液压缸两端高低油互通,运动速度逐渐减慢直到停止	分析发热原因,设法散热降温,如密封间隙过大则单配活塞或增装密封环
	油泵的吸油口吸进空气,造成液压缸的运动不平稳,速度下降	此种情况下油泵将有噪声,故容易察觉,排除方法可按泵的有关措施进行

续上表

故障现象	产生原因	排除方法
工作速度逐渐下降甚至停止	为提高液压缸速度所采用蓄能器的压力或容量不足	蓄能器容量不足时更换蓄能器，压力不足时可充压
	液压缸的载荷过高	所加载荷必须控制在额定载荷的80%左右
	液压缸缸壁胀大，活塞通过此部位时，活塞密封处有漏油现象，此时液压缸速度要下降或停止不动	镗磨修复液压缸孔径
	异物进入滑动部位，引起烧结现象，造成工作阻力增大	排除异物，镗磨修复液压缸孔径

故障3：液压缸缸体破损。

加工不良和超出使用条件是造成缸体破损的主要原因，见表5-3。

液压缸缸体破损的原因 表5-3

损坏现象及产生部位	故障原因
因过大压力及过大作用力产生的缸体损坏	大部分液压缸的破损，都是由此种不正常现象造成的，因此缸体破损事故中，应特别注意检查这一项
缸体本身	主要是缸体加工不良的问题
活塞杆	主要是活塞杆的加工不良以及使用中不注意的问题
缸盖	主要是缸盖加工不良

故障4：液压缸缸体内混入异物的原因。

多数缸体烧结事故的原因都属于这一类。具体混入途径和原因见表5-4。

缸体内混入异物的途径及事故原因 表5-4

混入途径	事故原因
缸体内原有的异物	大部分是由于安装，操作时不注意造成的
油缸工作时产生的异物	加工不良和使用方法不对造成的原因占多数
由管路进入的异物	操作和加工不良的原因占多数

5.3.2 液压马达的故障分析

径向柱塞式大转矩液压马达的主要故障及其排除方法见表5-5。

径向柱塞式大扭矩液压马达的主要故障及其排除方法 表5-5

故障特征	故障原因	排除方法
液压系统的压力较低时，输出轴的转动不均匀	液压系统内有空气	排除进入液压系统的空气
	液压泵供给的工作液体流量不均匀	找出工作液体流量不均匀的原因
液压系统的压力有很大的波动，输出轴的转动不均匀	配流器的安装不正确	转动配流器直至消除输出轴转动不均匀的现象
	柱塞被卡紧	拆开液压马达并进行修理
液压马达中发出激烈的撞击声，每转的冲击次数等于液压马达的作用数	柱塞被卡紧	拆开液压马达并进行并修理

续上表

故障特征	故障原因	排除方法
液压马达中有时发出撞击声	配流器错位	正确安装配流器
	凸轮环工作表面损坏	拆开液压马达并进行修理
	滚轮的轴承损坏	拆开液压马达并进行修理
在额定的流量下,液压马达的转速不能达到给定值	集流器漏油	拆开液压马达并进行修理
	配流器的间隙太大	
	柱塞和柱塞缸的间隙太大	
液压马达的输出轴不旋转	液压马达的进口压力低于额定压力	拆开液压马达并进行修理
	柱塞被卡紧	
	配流器被卡紧	
	滚轮的轴承损坏	
	主轴或者其他零件损坏	
油通过壳体或轴密封处泄漏	紧固螺栓松动	拧紧螺栓
	密封件损坏	更换密封件

HY154 型液压马达产生故障的原因及排除方法是见表 5-6。

HY154 型液压马达产生故障的原因及排除方法 表 5-6

故障特征	原因分析	解决措施
转速低(油泵供油量不足)	发动机转速过低	提高转速
	吸油口的滤油器被污染堵塞,油箱中的油液不足,油箱孔径过小等因素造成吸油不畅	清洗滤油器,加满油液,适当加大油管孔径,使吸油通畅
	系统密封不严产生泄漏,同时空气侵入	紧固各连接处,防止泄漏和空气侵入
	油液黏度太高	正确选用液压油,若因气温低而黏度增加,可调换黏度低一些的液压油
	油泵径向,轴向间隙过大,容积效率降低	修复油泵
转矩小(油泵供油压力不足)	系统管道长,通径小	尽量缩短管道,减少弯角、折角,适当增加通流面积
	油温升高,黏度降低,内部泄漏增加	调换黏度较大的油液
	压力阀失灵或调整压力过低	修复压力阀或适当提高系统压力
	压力表损坏,读数不准,泵的外泄严重,或由于内部零件磨损,而使内泄严重	调换或校验压力计,紧固各接合面螺钉,修配或更换磨损件
噪声	泵进油处的滤油器被污物阻塞	清洗滤油器
	密封不严而使大量空气侵入	紧固各连接处,检查密封件
	油液不清洁	调换清洁的油液(或换滤芯)
	联轴器碰撞或不同心	较整好同心度并避免碰撞
	油液黏度过高	调换黏度较低的油液
	泵中活塞的径向尺寸严重磨损	研磨转子孔,单配活塞
	外界振动影响	隔绝外界振源

续上表

故障特征	原因分析	解决措施
外部泄漏	传动轴端的密封圈磨损	调换密封圈
	各接合面及管接头的螺钉或螺母未旋紧	旋紧各接合面的螺钉及管接头处螺母
	管塞未旋紧	旋紧管塞
内部泄漏	弹簧疲劳、转子和配油盘端面磨损，转向间隙过大	调换弹簧，修磨转子和配油盘端面
	活塞外圈与转子孔磨损	研磨转子孔，单配活塞

由于工作现场一般比较脏，空间比较狭窄，不具备修理精密元件的条件。因此液压马达维修应在具有清洁的环境，具备相关的液压元件修理和试验设备的维修站进行。

在检查和分析液压马达的故障时，必须确定其主要零件：凸轮环的工作表面、柱塞和柱塞缸、配流轴和配流套、滚轮轴、缸的轴承、密封件和其他零件的磨损程度。在检查时，不仅要确定上述主要零件的磨损和间隙，而且应检查出划痕和擦伤的位置以及其他损伤。当精密运动副的间隙大于技术条件规定的允许值时，就会降低液压马达的容积效率，当容积效率低于0.8时，就需要换损坏的零件或者更换整个液压马达。

必须指出，如果按照有关规定要求选择参数，进行计算和设计液压马达的零件，并能遵守液压马达的运行规则，那么液压马达的主要零件实际上是在相近的时间内损坏的。在这种情况下，再修复它则在经济是不合算的，因为这时需要更换全部主要零件。

如果在检查故障时发现液压马达的零件有故障或者磨损，就必须更换或者修复这些零件。在修理时应更换并仔细地检查液压马达的所有密封件，必要时换滚轮轴承。检修以后，液压马达的所有零件要进行清洗。装配好以后要按照有关新液压马达的试验方法进行试验。

5.4 液压辅助元件的故障分析

液压辅助元件是组成液压系统必不可少的。它包括液压油箱、滤油器、蓄能器、压力表、密封装置、液压导管、管接头、冷却器、加热器等。虽然被称为液压辅助元件，但从保证完成液压系统传递力和运动的任务来看，它们却是非常重要的。因为这些辅助元件在系统中所占数量最多(如管路与管接头)、分布极广(如密封装置)、影响大(如滤油器担负整个液压系统的清洁)。如果液压辅助元件发生故障，会严重影响整个液压系统的性能、工作效率及使用寿命。因此，在设计、制造和使用液压设备时，必须认真对待液压辅助元件的有关问题。下面对有关液压辅助元件的常见故障进行分析。

5.4.1 压力表的故障分析

压力表是测定压力不可缺少的仪表。由于压力表往往在高压以及高速循环条件下使用，所以常常出现在短期内计数不准、指针不动、波登管破裂等故障。压力表故障中的大部分故障是由于压力急剧变化而产生的脉冲压力和仪表安装面或配管的振动而引起的。下面介绍保护压力表的一些措施并推荐较为合理的压力表使用方法。

1)压力表损坏的原因

(1)由于压力波动而引起的损坏。

压力表损坏的原因有70%是压力波动或管内产生急剧的脉冲压力而造成的。当因脉冲压力而引起损坏时,常发现波登管破裂;当压力超过波登管的弹性极限时,因波登管伸长而引起读数不准;在常用压力下,因长时间的压力波动,齿条和小齿轮的齿面产生磨损,从而导致读数不准。

(2)由于振动而引起的损坏。

压力表损坏的原因中有30%是机械本身的振动。大部分是当压力表安装平面与振动源处在同一平面内,而配管时振动起了传播作用。其表现有:因振动而使指针或齿轮的锥面配合松动,甚至使指针脱落;由于表芯的扇形齿轮和小齿轮的磨损、游丝缠绕等原因,造成读数不准,但波登管体本身一般不会损坏。

防止压力表指针抖动的方法见表5-7。

防止压力指针抖动的方法 表5-7

原　因	方　法	优　缺　点	市售商品
内因(压力波动)引起的损坏	利用蓄能器吸收液压系统的所有的脉冲	能吸收回路中的全部脉动压力,但整个液压系统的成本大为提高,不适用于小型设备	蓄能器
	在压力表和回路之间插入机械式节流机构	是一般最常用的方法,在价格、安装空间及维修保养方面最简单	节流阀
	在压力表和回路之间插入充有气体的橡胶袋式缓冲机械	是一种小型的调压装置,有吸收脉冲的效果,但成本高,要有氮气瓶、密封软管等附件,维修比较麻烦	小型蓄能器
	在波登管和指针之间加入缓冲体	与原压力表几乎一样大小,在安装空间与维修方面最有利,但价格比普通压力表贵	甘油(丙三醇)压力表
外因(机械振动)引起的损坏	压力表和仪表板之间增加缓冲体	用防振橡胶把仪表板及压力表完全隔开,就能吸收仪表板的振动,但安装空间必须加大,成本要尽可能降低	压力表用防振橡胶
	在波登管和指针之间加入缓冲体	对于机械振动的缓冲,在目前条件下能发挥最佳效果,而且与压力表的形状无关,价格比普通压力表贵	甘油压力表

2)防止因压力波动而引起压力表损坏的方法

防止压力表损坏经常采用的办法是增加节流机构。这在价格、安装空间及维修方面是最简单的,但是小的节流孔有时会被尘埃等杂质堵塞,从而造成读数反常。一般采用的节流机构有:利用直管部节流;利用螺旋槽节流;利用圆管间隙节流;针状方式节流(可变节流)等。把以上节流机构加以组合,可以构成缓冲器。

在节流机构中,节流通道的内径不能小,考虑到灰尘的堵塞和加工等问题,节流孔径应大于0.8mm。

3）防止因振动而引起压力表损坏的方法

这里仅介绍采用防振橡胶及使用甘油压力表两种方法。

使用防振橡胶是一种把压力表和振动源隔离开来的办法。防振橡胶外围固定在仪表板面上，内圈与压力表连接，中间呈鼓起形状，可防止仪表板面传给压力表的振动，通向压力表的管道如能用柔性软管效果更佳。在选择压力表用防振橡胶时应能满足下列条件：在静载下的橡胶挠度为 10% ~15%；避免应力集中，变形均匀；使用温度小于 50℃；橡胶硬度在 JIS45-60 的规定范围内；避免拉伸应力的作用；应选择外界振动频率的 1/3 以下的频率，起码应选择 0.7 以下的频率。

随着液压系统向高压、高速、长寿命发展，压力表在高压速循环条件下使用量增加，从寿命方面考虑，今后应采用甘油压力表，即表内充有（丙三醇）水溶液的压力表。

（1）甘油压力表的特征。

由于表内甘油的黏性阻力，可以缓冲因振动引起压力表指针的抖动；甘油的黏性阻力可以吸收流体的脉动压，缓冲波登管的振动；甘油可以润滑压力表内轴承、齿轮等磨损部位，延长部件的寿命；因压力表采用密封结构，壳体、盖等采用 SV304 材料，适合在恶劣工况下使用。

（2）甘油压力表与普通压力表的波登管的区别。

普通压力表常用 C 形波登管，而甘油压力表一般采用螺旋形波登管。这两种管子的比较如表 5-8、表 5-9 所示。

C 形与螺旋形波登管的比较 表 5-8

形　状	优　点	缺　点
C 形	由于管端扭矩大，从低压到高压均能使用，波登管体刚性大，本身具有一定的耐振性能	因波管登管的断面积变大，管端和根部钎焊处的剪切力大，钎焊焊缝开裂的危险性大。因椭圆形短轴部分产生应力集中，所以管体的安全性必须提高
螺旋形	由于管径较细，在加压时产生的最大应力较低，剪切力在钎焊部位所产生的拉伸应力较小，使弱连接部位的故障率降低，最适合于高压条件	由于圈径小，管径细，管端力较小。在 3.5MPa 的低压下，指针的摆动不灵敏。如在不充甘油的情况下使用，指针的振动比 C 形厉害。因此必须在加甘油的情况下使用

波登管的管端软钎焊部位的剪切应力、螺旋形管子大约是 C 形管子的 3/5，在同样条件下，钎焊部位的危险性较小，寿命较高，因此在高压、压力经常波动的场合，采用螺旋形波登管是较合适的。

C 形与螺旋形波登管的计算值 表 5-9

形式		C 形	螺旋形	备　注
材料		冷凝器无缝黄钢管 B_6TF_2	磷青铜（PBT）	最大应力是根据计算得出，管端力是实测值
许用应力		45kgf/mm^2	60kgf/mm^2	
管径		2.35mm	3mm	
壁厚		0.3mm	0.5mm	
最大应力 σ_{max}	（15MPa 时）	41kgf/mm^2	15kgf/mm^2	
	（25MPa 时）	67kgf/mm^2	24.7/mm^2	
管端力（25MPa 时）		4kgf	0.25Kgf	

试验也证明:采用C形波登管的甘油压力表吸收脉冲压力效果比普通压力要好多,而且同样是甘油压力表,螺旋形波登管的效果更好,其原因是螺旋形波登管的长度较长,能充分发挥甘油黏性阻力的缓冲作用。

使压力表发生故障的原因主要有如下方面。

①使用不当:由于压力超过表的容许压力而导致管体破裂或因灰尘堵塞而引起故障。

②使用条件下脉动压力引起读数不准或因机械的振动引起损坏。

③制造方面:波登管连接处漏油,波登管加工不良等引起开裂。这时故障通常发生在投入使用的一个月内。

对于第二个原因,除了加缓冲器(节流装置)或使用防振橡胶以外,改用甘油压力表是十分有效的。

5.4.2 压力表开关的故障分析

压力表开关是小型的截止阀,主要用于切断压力表和油路的连接,通过开关起阻尼作用,减轻压力表的急剧跳动,防止损坏。压力表开关直接连接和间接连接两种形式,前者压力表和开关直接连接,后者通过管道连接。除此之外,也可以按其所能测量的测点数目分为单点式和多点式两大类。下面对压力表开关的几种常见故障进行分析。

故障1:测压不准确。

压力表开关中一般都有阻尼孔,当油液中脏物将阻尼堵塞时,亦会引起压力表指针摆动缓慢和迟钝,测出的压力值也不会准确。因此使用时应注意油液的清洁,注意阻尼大小的调节。

故障2:内泄漏增大。

KF型压力表开关在长期使用后,由于阀口磨损过大,无法严格关闭,内泄漏量增大,使压力表指针随进油腔压力变化而变化;K型压力表开关由于密封面磨损增大,间隙增大,内泄漏量增大。此时应更换被磨损的零件,以保证压力表开关在正常状态下使用。

5.4.3 滤油器的故障分析

液压系统中的液压油不可避免地含有各种杂质。这些杂质随着液压油的循环,将严重妨碍液压系统的正常工作。因此,维护油液清洁,防止油液污染极其重要。

为了滤除液压油中的颗粒杂质,保证液压系统正常工作,延长系统寿命,一般都采用过滤装置,这种装置称滤油器。下面介绍几种滤油器常见的故障。

故障1:滤芯变形。

原因:油液的压力作用在滤油器的滤芯上,如果滤芯本身的强度不够,并且在工作中被严重的阻塞(通流能力减小),阻力急剧上升,就会造成滤芯变形,严重的时候会被破坏。这种故障的产生,大多数发生在网状滤油器、腐蚀板网滤油器和粉末烧结滤油器上,特别是单层金属滤网,在压力超过10MPa时,便易于冲坏,即使滤芯有刚度足够的骨架支承,由于金属网和板网的壁薄,同样会使滤芯变形,造成弯曲凹陷、冲破等故障,严重时连同骨架一起毁坏。

解决方法:选择与设计滤油器时,要使油液从滤芯的侧面或从切线方向进入避免从下面直接冲击滤芯。

故障2:滤油器脱焊。

原因：液压系统中，安装在高压柱塞泵进口的金属网和铜骨架脱离。其原因是锡铅焊料熔点为183℃，而元件进口温度已达117℃，环境温度高达130～150℃。焊接强度大大降低。加上高压油的冲击，造成脱焊。

解决方法：将锡焊料改成银焊料或银隔焊料，它们熔点分别是300～305℃与235℃，经长期使用试验，效果良好。

故障3：滤油器掉粒。

原因：多数发生在金属粉末烧结滤油器中，在额定压力21MPa试验时，液压阀的阻尼孔和节流孔堵塞，经检查发现，均是青铜粉末微粒。

解决方法：对金属粉末烧结构滤油器在装机前要进行试验，以避免阻尼孔与节流孔堵塞。试验项目和要求有：在10g的振动条件下，不允许掉粒；进行压强试验，在21MPa压力工作1h，应无金属粉末脱粒；用手摇泵做冲击载荷试验，加强速度为10MPa/s时，应无破坏现象。

5.4.4 密封件的故障分析

故障1：挤入间隙。

原因：由于压力过高，密封圈没有支承环或挡圈，沟槽间隙过大或端盖尺寸不对所致。

解决方法：减小间隙或提供挡圈的密封，通常可防止挤入间隙。密封件应始终在推荐的压力范围内使用。

故障2：皱裂。

原因：可能是由于时效硬化、自然变质、低温硬化、严重摩擦（润滑不足或配合太紧）产生的过热或磨损所致。长期停机、尤其是低温环境中停机会引起老化，磨损主要是因为相配合的金属表面太粗糙。橡胶密封件通常要求配合表面精加工到0.4μm或更高精度以延长寿命。

解决方法：提高密封件质量。

故障3：扭曲。

原因：通常仅限于“O”形圈而且往往是侧向负载所致。

解决方法：采用挡圈来消除这种情况。

故障4：表面损坏。

原因：这主要是由于配合表面粗糙或沟槽、挡圈上的锐边造成的磨蚀和磨损。如果密封表面太粗糙时，则由于摩擦造成密封件磨损加快，如果密封表面上再有凸凹不平，划伤和切伤等现象，更能促使密封件的过早损坏。

解决方法：提高与密封配合表面的加工精度。

故障5：收缩。

原因：可能是由于油液不相容所致。橡胶与某些合成液压油搭配时有一定量的收缩是正常的（例如增塑剂析出引起收缩）。时效硬化或者在闲置系统中密封件干燥也会引起收缩而造成内部漏损。

故障6：损坏。

原因：通常是由于机械负载过大或者再加上密封件变质造成的。

故障7：压缩变形。

原因：通常是由于负载过大或温度过高所致。

第六章 液压系统故障分析实例

6.1 单斗挖掘机液压系统故障分析实例

挖掘机是最常见的工程机械之一,若其液压系统出现故障时,如能在现场准确、快速地诊断出故障的所在部位和原因,并及时排除,将起到加快工程进度、减少经济损失的作用。

6.1.1 日立 UH083 型挖掘机行走故障诊断实例

(1)故障现象:一台日立 UH083 型履带式挖掘机,前进时向左跑偏,后退时向右跑偏。

(2)分析检查:该机的行走系统分别由两个液压泵向两个行走马达供油。这两个液压泵还分别担负向回转油路、铲斗油路和共同向动臂缸和斗杆缸供油的任务。而该机只是行走系统有故障,其他部分工作正常,这说明两个液压泵性能正常,故障出在行走控制阀、中心回转接头或行走马达上。虽然故障范围确定了,但是具体隔离出故障须进行系统参数的测量与分析,须做进一步的检查。

(3)参数测试:首先检测行走系统的工作压力。在两个泵的检测点分别进行压力测试,将挖掘机的铲斗落到地面,斗齿插入地下,并用枕木或石块将履带挡住,使机器不能行走,这时同时操纵左右行走操纵杆,观察与记录压力表读数,分别进行前进和后退时的测量,测得数据如表 6-1 所示。

压力测量记录表　　表 6-1

行　走　方　式	左检测点处的压力(MPa)	右检测点处的压力(MPa)
前进	16	22
后退	22	16

通过压力值分析可知,行走马达和控制阀都没有问题,可能是中心回转接头有问题。因为高、低压油经过中心接头时是靠密封圈隔开而使其互不相通的,如果密封元件失效,就会造成高压油向低压油路渗透,形成在前进时左马达的进油箱和右马达的回油道之间发生渗漏,后退时右马达的进油道和左马达的回油道之间发生渗漏。这样就形成左右压力不等及供油不足、行走较慢的现象。拆检中心回转接头,更换其中的密封圈后,故障得以排除。

6.1.2 WY80 型挖掘机工作装置故障诊断实例

(1)故障现象:一台 WY80 型液压挖掘机,在刚开始施工时铲斗挖掘速度缓慢,但其他各项动作都正常;工作一段时间以后,随着油温的升高铲斗缸逐渐变得无力,铲斗装不满直至不能正常工作。

(2)分析检查:首先检查先导压力。机器刚开始工作时,油温较低,先导压力为 3.5MPa,

铲斗进行挖掘工作时，先导压力降至2.5MPa；当油温升高至55℃以上后，先导压力为3.0MPa，若此时进行铲斗挖掘，先导压力降至2.0MPa以下。可见，是铲斗挖掘先导油路存有泄漏致使先导压力油不能完全打开主换向阀，故铲斗挖掘速度缓慢。

根据该机的液压系统工作原理可知，该机液压系统中共有两个主液压泵，分别为动臂缸和铲斗缸供油，必要时再由一个换向滑阀实现合流，使动臂和铲斗能快速动作。在铲斗缸和动臂缸的先导油路中连有一个液控换向阀，其结构如图6-1所示。图中的油口A为进油口，与铲斗缸先导操作阀相连；油口D为控制油口，与动臂缸的先导操纵阀相连；油口C为出油口，与铲斗缸、动臂缸共用的合流换向滑阀相连；油口B、E为回油口，与先导阀回油路相连。机器只进行铲斗挖掘工作时，阀芯在弹簧的作用下位于左侧，油口A与C相通，此时铲斗先导操纵阀可同时控制铲斗换向滑阀和合流换向滑阀动作，向铲斗缸的大腔供油；当动臂起升与铲斗挖掘同时工作时，由于动臂缸和铲斗缸的大腔共用一个合流阀，使此两液压缸不能同时快速动作，当油口D进油时，推动阀芯右移，堵住油口A、C通道，打开油口中B、C通道，这样，C口的压力油卸荷，使动臂缸可以快速动作，而铲斗缸只能通过一个换向滑阀供油，故不能快速动作；当铲斗进行挖掘工作时，如果阀芯磨损严重，先导油就会从油口B处泄漏，导致先导油压力降低，发生如前所述的故障。

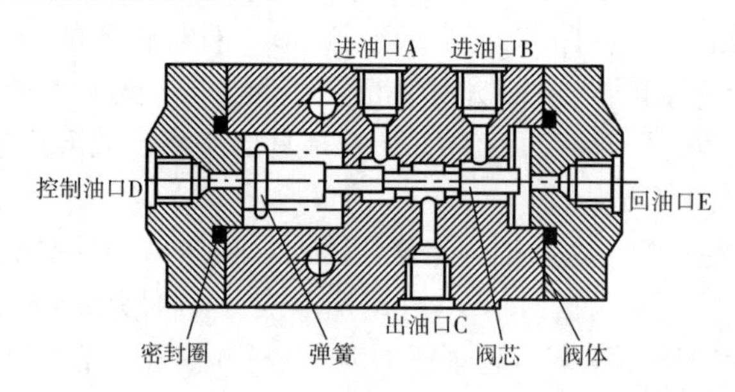

图6-1　液控换向阀结构图

(3)排除方法：现场可用一块小薄铁片堵住进油口A，此时当铲斗挖掘机工作时，先导油压力不再降低，但合流换向滑阀不能合流，铲斗缸由于只有一个液压泵供油，工作速度缓慢，但挖掘有力，铲斗能满斗，但此方法只能在应急时采用。

拆下该液控换向阀后发现其阀芯已严重磨损，与阀体的配合间隙很大。当堵住油口C，从油口A注入煤油时，煤油很快就泄漏掉，这表明阀芯和阀体的磨损量已超过了允许的极限值，导致油液泄漏量大。更换该液控换向阀后故障被排除。

6.1.3　H95型液压挖掘机故障分析实例

德国德马克公司生产的H95型液压挖掘机，液压系统原理见图6-2，分别出现下列几种故障。

故障1：分动齿轮箱内窜入液压油。

(1)故障现象：分动齿轮箱内窜入液压油，并从其呼吸器溢出。

(2)原因分析：因3个液压泵分别安装在分动齿轮箱上，根据系统工作原理分析，窜油部位可能为：一是分动齿轮箱的润滑泵处有液压油侵入，即由于长时间工作，润滑油泵的骨架油封损坏或老化，导致液压泵1内的液压油侵入润滑油泵，经循环进入分动齿轮箱，久而久之从其呼吸器溢出;二是液压泵与分动齿轮箱连接处窜油,即由于液压泵的骨架油封损坏或老化,使液压泵内的高压液压油直接侵入分动齿轮箱,并自呼吸器溢出。

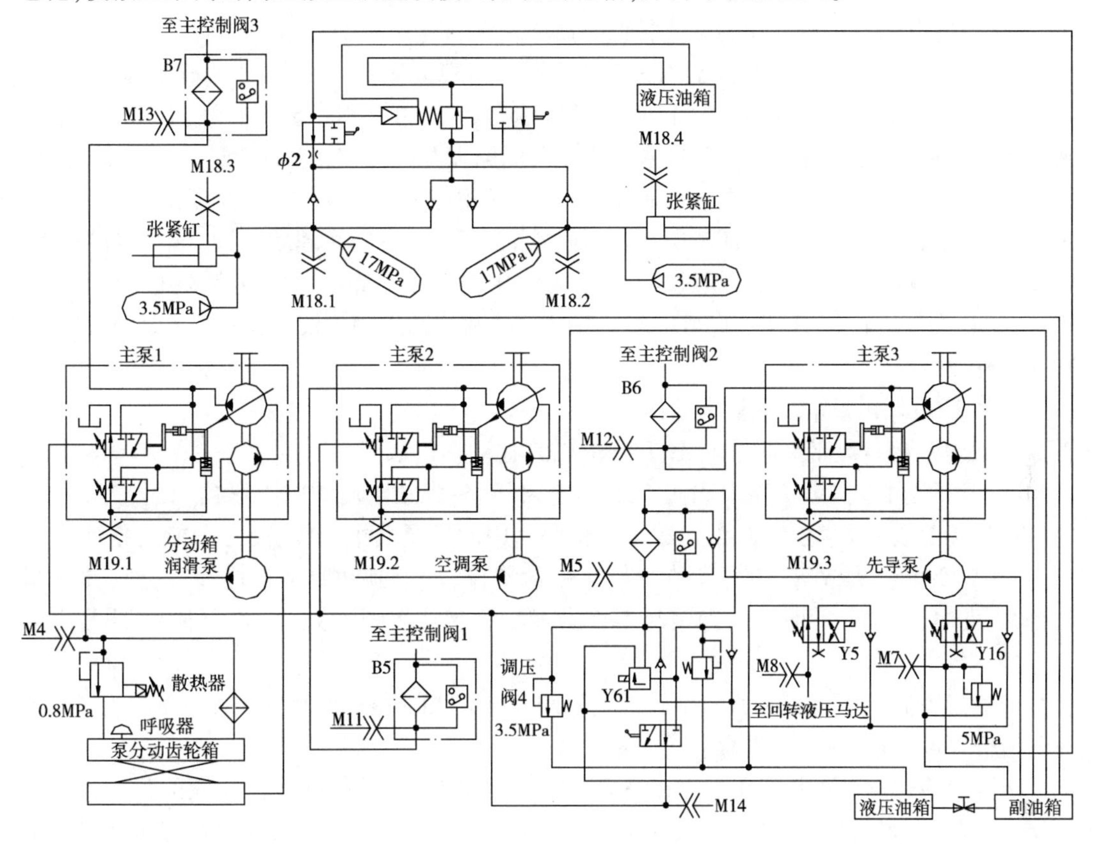

图 6-2 H95 挖掘机液压系统图

Y16-张紧油路电磁阀;Y61-电液控转换阀;M5、M7、M8、M11、M12、M13、M14、M18.1、M18.2、M18.3、M18.4、M19.2、M19.3-测压点

液压泵油封的转动或轴向移动也会导致液压油侵入润滑系统。其原因有:油封安装间隙大,在泵轴的带动下产生旋转动作;与泵连接的花键处的轴承磨损,导致泵轴的径向跳动,使油封内圈变形、外圈配合间隙增大而产生油封的转动和轴向移动;油液压力的长时间作用,使油封产生轴向移动;油封的硬化致使与其配合的轴径磨损加剧,导致配合间隙增大。

(3)故障排除:先取下并拆解分动齿轮箱润滑泵的油封,检查油封与轴的配合是否良好,有无损坏或老化现象;检查安装油封的轴径处有无明显磨损,进而判断是否为故障发生部位;然后检查液压泵油封。拆解3个液压泵,分别取出油封并检查其内缘是否老化或损坏;油封弹簧是否失效,安装油封处轴的轴向、径向有无磨损的痕迹,从而判断出是否为故障部位。解决问题的办法有:定期更换油封;定期清洗、维护液压系统的散热装置,定期检测系统压力,确保系统的散热正常;通过更换泵轴或将轴的径向磨损部位进行镀铬以修复。

故障2:发动机工作正常,但工作装置无动作。

(1)故障现象:发动机工作正常,但工作装置却无任何动作。

(2)原因分析:先导泵内泄,甚至损坏;先导回路调压阀4卡死,处于常开位置;先导回路电磁阀主电路断路;先导油路主油管爆裂;由于电路有故障导致电液控转换阀Y61的电控失灵;发动机与分动齿轮箱之间的弹性联轴器损坏。

(3)故障排除:针对故障情况,因3个液压泵不可能同时损坏,所以不必先测系统压力。应先检查液压系统的油位,不足时添加,如液压油充足,则可检查先导主油路,损坏时应修复或更换。然后,检查先导油路电磁阀主电路是否断路以及电液控转换阀Y61的电路情况;如果电控部分出现故障,应先将电液控制转换开关换到液控部分出现故障,并测试动臂动作情况。最后,检查先导泵内部损坏情况和调压阀4的清洁情况;经修理后试机。先导回路的调定压力为3.5MPa,当回路压力超过3.5MPa时调压阀4自动卸压。可以将6MPa的压力表连接在M5处,测先导回路压力,当压力不符时通过调节调压阀4使回路压力达到3.5MPa,从而排除故障。

故障3:履带无张紧或无行走动作。

(1)故障现象:履带无张紧或无行走动作,其他动作正常。

(2)原因分析:张紧油路电磁阀Y16的电路断路;张紧限压阀的阻尼孔(孔径为2mm)堵塞或压力过低;张紧控制回路中的4个止回阀中的任意两个失效,使之不能建立所需的压力;张紧蓄能器失效等,均可导致履带无张紧动作;行走制动摩擦片烧毁、变形,导致制动抱死;张紧缸漏油严重或行走液压马达损坏;行走操作阀卡死等,均可使机器无行走动作。

(3)故障排除:首先检查张紧油路的电磁阀Y16的相关线路和电磁阀本身是否正常,损坏时应修复或更换,使履带张紧动作恢复正常。

否则应通过测试张紧液压缸M18.3和M18.4处的压力,判断张紧限压阀的阻尼孔是否堵塞。同时,检查张紧回路中的4个止回阀的磨损情况(磨损严重时可导致系统压力建立不起来)和张紧蓄能器的工作情况,损坏时应修复或更换。然后,通过分解、检查张紧液压缸或行走马达也可发现故障原因,如果液压缸体无严重磨损,可更换密封件甚至更换总成件,也可拆用另一侧的液压缸或液压马达来测试。如果在踏下行走踏板的一刹那,齿圈有瞬间动作,在电路正常的情况下,即可判断是制动摩擦片因烧死变形而导致该侧制动抱死,更换摩擦片即可排除故障;否则应检查操作阀或其柱塞是否卡死。另外,制动油管或油管连接部位漏油也可导致发生该故障,只需更换油管或凸缘处密封件即可。

故障4:动臂动作缓慢。

(1)故障现象:动臂动作缓慢,其余动作正常。

(2)原因分析:向动臂供油的两个液压泵的压力过低;动臂的主控制阀的调定压力过低;动臂操作阀卡死,不能全开;动臂缸密封件损坏,内泄或外泄严重等均可能导致动臂动作缓慢。

(3)故障排除:先将两块40MPa的压力表分别接在M11、M12测压点上测试该两组主阀的压力,如果压力过低,应先检查主阀体是否松动,再通过调节主调压阀使压力表指针指在31MPa左右。在调试过程中,如果压力始终低于30MPa左右,则应测试供动臂液压油的两个主泵测压点M19.2和M19.3的压力,使其压力都达到30MPa左右,然后再调定主调压阀的压力为31MPa左右。否则,就要检查操作阀阀芯在行程内是否运动灵活,如阀芯卡死或此处油液外泄，应清洗该阀或更换该部位的密封件。如果故障仍不能排除，最后应拆检动臂液压缸，更换密封件，解决液压缸内泄或外泄的问题，故障便能得以排除。

6.2 汽车起重机液压系统故障分析实例

6.2.1 Y25 型汽车起重机起升回路故障分析实例

故障树分析方法是一种将系统故障形成的原因由总体到部分按树枝形状逐级细化的分析方法，因而对液压系统故障进行分析是非常有效的工具。下例是采用故障树分析法对某厂生产的 Y25 型全液压汽车起重机液压系统起升回路的故障进行分析排除，使查找故障的准确率及效率大大提高。

(1)起重机起升机构液压回路：液压系统原理图见图 6-3。低速大转矩马达为起升机构卷扬机的驱动马达，正常情况下，换向阀处于右位时，卷扬机构能够提起重物，正常工作。而该回路出现的故障是卷扬机不动作。

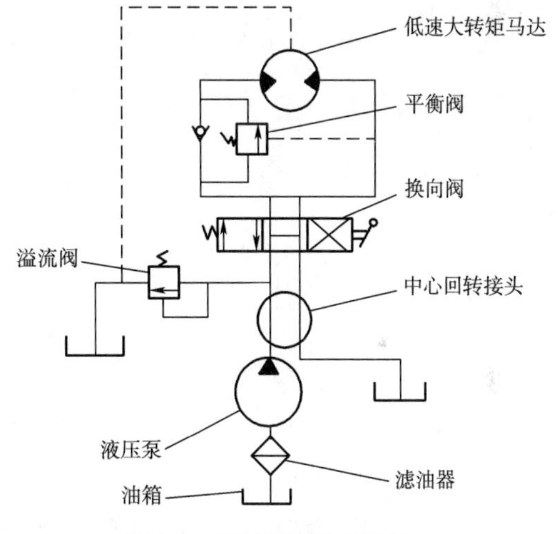

图 6-3 起升机构液压系统图

(2)起升回路故障树的建立：该故障顶事件为卷扬机不动作。起升回路故障树图见图 6-4。

(3)故障原因分析：通过建立故障树图，可以非常容易和直观地找出卷扬机不动作的原因可能有：卷扬机已损坏；液压马达先期损坏；平衡阀无法打开；滤油器堵塞；液压泵供油压力不足；溢流阀泄油；换向阀内部泄油；中心回转接头泄油；油箱中油量不足等。

(4)查找故障原因顺序的确定：根据《机械设计手册》，在百万小时内常用液压件的平均失效率为：滤油器 0.3；液压泵 13.5；溢流阀 5.7；换向阀 11.0；液压马达 0.008；油箱 1.5；平衡阀 2.14；回转接头 0.03。根据以上液压元件的故障率，确定查找元件故障的顺序为：液压泵→换向阀→溢流阀→平衡阀→油箱→滤油器→回转接头→液压马达。

(5)故障诊断及排除：根据液压元件的失效率，液压泵失效率最高(13.5)，故首先检测液压泵是否有故障，为此，拆开液压泵到中心回转接头的连接管，将液压泵的出口接到手提式液压测试器的进口，通过检测，测试器压力显示值为 14MPa，达到正常工作压力，说明液压泵无故障。再将液压泵的出口和中心回转接头连接上，将回转接头至换向阀的连接管拆开，中心回转接头出口接到测试器进口，检测后发现压力不足(1MPa)，说明溢流阀或中心回转接头出现故障。再将溢流阀断开，用堵头堵住出油口，压力仍然不足(1MPa)，至此完全可以确定中心回转接头内部泄漏严重，拆开接头发现里面的密封圈全部损坏，更换后液压系统恢复正常工作。

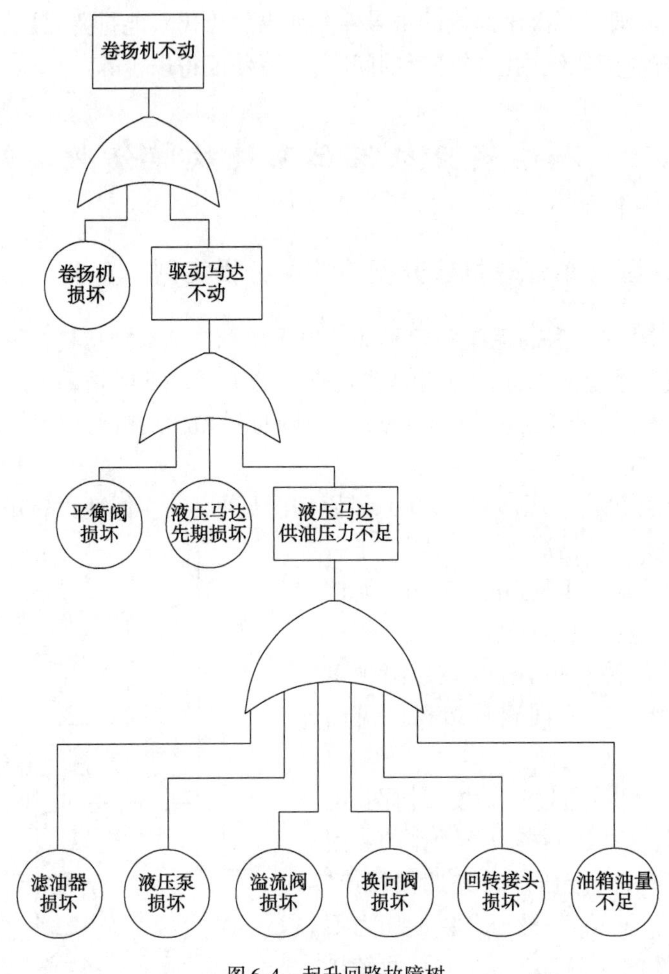

图 6-4　起升回路故障树

6.2.2　TL-252 型汽车起重机回转故障分析实例

(1)故障现象:一台日本多田野公司生产的 TL-252 型汽车起重机,经过大修后又使用了一年就出现转台不能回转的故障,同时,液压系统出现噪声,但操作系统并未报警,机器也没有其他不正常的现象。

(2)故障分析与排除:本着“先易后难”的原则,首先检查液压系统的液压油是否充足或变质,液压系统是否有节流现象。经查看液压油箱,油液充足且无变质的现象,油液黏度正常;清洗过滤器,未发现被杂质堵塞;用手触摸回转马达,未感觉有过热现象。分析回转液压系统后知,液压泵流出的油经流量分配器向回转机构供油;当蓄能器压力低于 10.0MPa 时,流量分配器向蓄能器供油充压。当拆下并清洗流量分配器和回转机构中的手控阀时,未见有堵塞现象。

进一步检查蓄能器的压力,压力表显示只有 5.0 ~ 6.0MPa。调整流量分配器后,最高回转压力也只能达到 6.0MPa,表明回转系统压力不足(回转系统的额定压力为 16.0MPa)。最后检查液压泵。该起重机采用的是三联齿轮泵,从齿轮泵外表可见,固定该三联齿轮泵的 4 个螺栓已有 1 个折断。拆下并分解泵后,发现泵腔已发生偏磨。因一时无配件更换,决定用刷镀工艺修复泵壳内腔。

修复后装机使用,系统压力已恢复到16.0MPa。重新调整流量分配器,使蓄能器充压后的压力达到规定值,再操作转台回转时,系统工作正常,故障已被排除。

6.3 ZL50装载机液压系统故障分析实例

ZL50装载机的液压系统图参见图3-1。

故障1:铲斗及动臂均无动作。

原因1:液压泵失效,可通过测量工作油泵的出口压力进一步的确定。液压泵失效的可能原因有:泵轴折断或磨损;液压泵旋转不灵或咬死;滚柱轴承锈死卡住;外泄漏严重;固定侧板的高锡合金被严重拉伤或拉毛。

原因2:滤油器堵塞。如果是由于滤油器堵塞,应该伴随有噪声出现。

原因3:吸油管破裂或吸油管与泵的管接头损坏松动。检查即可确定。

原因4:油箱油液太少,无法吸油。检查油箱液位。

原因5:油箱通气孔堵塞。检查油箱。

原因6:多路阀中的主溢流阀损坏失效。拆下检查。

故障2:铲斗翻转力不够,即轻载时能翻转,重载时不能翻转。

故障分析1:首先试验动臂升降,若动臂提升也无力,则故障原因有:多路阀中主溢流阀故障;液压泵因磨损、性能下降;吸油管破裂或吸油管与泵的管接头损坏松动;油箱油液太少,无法吸油。

故障分析2:若动臂举升正常,则故障原因有:翻斗操纵阀泄漏严重;翻斗控制油路上的过载阀出现故障,造成过载阀提前开启;斗液压缸故障;管路泄漏。

故障3:动臂起升力不够,轻载时可起升,重载时不能起升或起升慢。

故障分析1:首先检查翻斗翻转情况,若翻斗无力,则故障原因有:多路阀中主溢流阀故障;液压泵因磨损、性能下降;吸油管破裂或吸油管与泵的管接头损坏松动;油箱油液太少,无法吸油。

故障分析2:若翻转动作正常,则故障原因有:动臂操纵阀泄漏;动臂液压缸故障;管路漏油。

故障4:翻斗翻转和动臂起升运动速度都缓慢。

原因1:液压泵磨损造成的容积效率降低。

原因2:多路阀故障(主阀芯拉毛或硬物划伤;主阀弹簧失效;针阀及阀芯密封不严有泄漏;调压弹簧失效)。

原因3:双泵单路稳流阀故障(阀芯划伤拉毛造成卡死;阀芯弹簧失效;止回阀阀芯卡死未能开启)。

原因4:油箱油量少。

原因5:油温过高。

原因6:多路阀中的主溢流阀故障(主阀芯弹簧失效不能复位;针阀及阀座密封不严;主阀芯及阀座密封不严)。

故障5:动臂起升速度缓慢但铲斗翻转速度正常。

原因1:动臂液压缸泄漏。

原因2:多路阀中动臂操纵阀阀芯和阀杆之间泄漏。

原因3:动臂起升油路过载阀有泄漏。

故障6:铲斗翻转速度缓慢但动臂起升速度正常。

参阅动臂起升速度缓慢故障现象,只需检查铲斗操纵阀和铲斗液压缸。

故障7:动臂液压缸不能锁紧,即操纵中位时,液压缸下沉较大。

原因1:动臂液压缸内泄漏现象。

原因2:阀杆复位不良,未能严格到中位。

故障8:操纵阀操纵杆沉重或操纵不动。

原因1:操纵连杆机构故障。

原因2:操纵阀阀杆变弯、拉毛或产生液压卡紧操纵。

故障9:液压油油温过高。

原因1:环境温度过高或长期连续工作。

原因2:系统经常在高压下工作,溢流阀频繁打开。

原因3:溢流阀调定压力过高。

原因4:液压泵内部有摩擦。

原因5:液压油选用不当或变质。

原因6:液压油油量不足。

故障10:动臂缸动作不稳定有爬行现象。

原因1:液压泵吸入空气或系统低压管路有漏气处。

原因2:动臂液压缸的杆端或缸底的连接轴销因磨损而松动。

原因3:对动臂油路上装有止回节流阀的系统,止回节流阀中止回阀不密合,节流口时堵时通。

故障11:全液压转向器故障。

液压转向常见的故障有转向功能下降,转向系统转向不灵,转向缸运动不平衡,转向系统存在咬住现象,或铰接机架达不到规定的偏转角等,产生故障的原因主要考虑转向液压缸、转向液压泵和转向阀。

由以上可知对液压系统故障的判断、分析,应该首先将液压系统分解,才能分清故障产生的原因,尽快排除。

6.4 道路施工机械液压系统故障分析实例

6.4.1 沥青摊铺机行走系统故障分析实例

(1)故障现象:一台摊铺机在摊铺作业时向左跑偏,操作人要不断打右转向才能维持基本作业,在空载行驶时仍发生此现象。

(2)故障分析与排除:该摊铺机的行驶液压系统是由变量泵—双速马达组成左右完全相同的两套独立闭式系统。液压系统由变量泵、补油泵、补油溢流阀、止回阀、安全阀、制动缸、双速马达、变量调节机构以及行驶泵比例阀、制动阀、双速马达电磁阀等组成(图3-40,图3-43)。通过对行驶系统的工作原理分析,跑偏可能出现的原因有:左边液压系统中的行走泵或安全阀压力偏低;控制器输出端(如电磁阀)故障;控制器故障;控制器输入端(如电位器)故障。从最简单和容易检查的方面开始,用万用表检查电磁阀电阻、绝缘情况正常,检查左右两边在直线摊铺时电磁阀上的工作电压,结果发现右边工作电压为10V,左边为5.6V,那么问题就出在控制器本身和控制器输入端。断开检查左右转向电位器发现左电位器只在部分旋转角度内正常工作,更换后一切正常。

6.4.2 水泥混凝土摊铺机螺旋布料系统故障分析实例

(1)故障现象:某水泥混凝土摊铺机在作业时,左右螺旋布料器突然同时停止工作。初步检查,机械传动系统正常,电气控制系统中变量泵电磁阀的电阻、工作电压大小均正常,其他系统工作正常,初步确定系统故障为螺旋布料器液压系统故障。

(2)故障分析:左右螺旋布料器分别由各自的螺旋布料器液压马达通过减速器及链条驱动,螺旋布料器的动力传递路线是:发动机→动力连接盘→分动箱→螺旋布料器柱塞式变量泵→螺旋布料器液压马达。

左右螺旋布料器驱动液压系统是相互独立的两套变量泵—定量马达闭式液压回路。各自由变量泵、电磁阀、安全溢流阀、止回阀、定量马达组成。两个安全溢流阀的最大开启压力控制布料器正反旋向(向中央集料或向两边分料)时的最大输出转矩,两个止回阀为变量泵不同出口供油时的止回补油阀。

螺旋布料器左右控制器完全相同,通过动臂阻值的变化可以调节电压大小和改变电源极性。电压值的大小可调节布料器的转速;电源极性的改变可控制布料器的正转或反转。这种控制器结构简单,系统工作电流一般在100mA以下,死区工作电流在10mA以下。

由液压系统原理分析可以得到左右布料器均不工作的可能原因有:两个泵同时有故障;4个溢流阀或4个止回阀同时有故障;补油系统有故障;液压马达有故障。

通过拆解发现,故障原因是其中一台液压马达严重泄漏所致。对该故障处理的认识上普遍感到难以理解的是:其中一台液压马达的严重泄漏何以影响到系统的控制压力,甚至影响到两个泵的正常工作呢?实际上主要原因是对这一液压系统原理理解不够造成的。首先闭式液压系统的补油压力需要比液压马达的回油压力高一些才可补进油,一旦液压马达严重泄漏,高低压腔及泄油腔构成通路,液压马达回路几乎处于零压力状态(略去管路损失),通过补油阀进入系统的回路也接近零(实际上此时补油压力与液压马达负载有关),因此系统的补油压力就建立不起来。变量泵的控制油路由补油泵提供,没有补油压力,也就没有变量泵的控制压力,尽管电路系统工作正常,但变量泵的变量活塞由于压力低,不能推动变量泵的斜盘角度变化,实际上变量泵处于零排量位置,其结果造成一边液压马达损坏,另一边也不能正常工作的情况。

6.4.3 YZC12Z型振动压路机液压系统故障分析

该机为双驱双振,振频、振幅可调型双钢轮振动压路机。机械部分与普通双钢轮振动压路机大体相同,在液压系统中全面采用了电液控制技术,所有的操作指令由控制器发出,液压执行机构的工作情况由相应的反馈传感器传回控制器,可以对压路机的各种动作实现自动控制或遥控。因此,该机的故障诊断需要同时检查控制器对应的针脚是否有正确的电信号输出。

1)行走液压系统常见故障与排除

该机的行走液压系统图参见图 3-69,常见故障与排除方法如表 6-2 所示。

行走液压系统常见故障与排除方法 表 6-2

故障现象	产生原因	排除方法	控制器对应针脚
行走无力	1.发动机功率不够 2.泄油阀坏 3.补油泵失效 4.行驶马达中的止回阀坏 5.液压泵、液压马达内部磨损	1.进行发动机检修 2.修复或更换泄油阀 3.检修补油泵 4.修复或更换止回阀 5.由专业人士排除	控制器二 XM1.9 OR XM1.4
前进正常,后退无力	1.行驶泵旁通阀单侧失效 2.补油止回阀单侧失效 3.行驶马达中止回阀单向失效 4.泵内部控制阀失灵	1.修复或更换旁通阀 2.修复或更换止回阀 3.修复或更换行驶马达中的止回阀 4.由专业人士检修	控制器一 XM1.3
停车制动失灵	摩擦片磨损严重或损坏	调整摩擦片间隙或更换摩擦片	控制器一 XM2.15
不能前进,也不能后退	1.行驶泵旁通阀严重泄露或失效 2.泄油阀失效 3.补油止回阀失效 4.行驶泵或行驶马达泄露	1.更换旁通阀 2.修复或更换泄油阀 3.修复或更换止回阀 4.由专业人士检修	控制器一 XM2.15 控制器二 XM1.2
驱动系统响应迟缓	1.液压油箱中油量不够 2.补油止回阀失效 3.行驶马达中止回阀失效 4.行驶泵轻微泄露	1.检查油位,加注新油 2.修复或更换止回阀 3.修复或更换行驶马达中的止回阀 4.由专业人士检修	控制器一 XM1.3 控制器二 XM1.2
行走困难	1.制动电磁阀坏 2.减速机坏	1.修复或更换制动电磁阀 2.更换	控制器一 XM2.15
行走速度异常	1.发动机节气门操纵机构松脱 2.发动机转速不适	1.重新调整节气门操纵机构 2.调定合适转速	控制器一 XM1.1

2)振动液压系统常见故障与排除

该机的振动液压系统图参见参图 3-71,常见故障与排除方法见表 6-3。

振动液压系统常见故障与排除方法 表 6-3

故障现象	产生原因	排除方法	控制器对应针脚
只有单挡振动	振动开关至振动泵控制电磁阀电路断路	检查振动开关至振动泵控制电磁阀电路,将断点接好	控制器一 XM2.11
不能单挡振动	1.振动开关至振动泵控制电磁阀电路断路 2.振动开关阀坏	1.检查振动开关至振动泵控制电磁阀电路,将断点接好 2.修理振动开关阀	控制器一 XM2.11

续上表

故障现象	产生原因	排除方法	控制器对应针脚
两挡振动均无反应或只有微弱反应	1. 振动开关至振动泵控制电磁阀电路断路 2. 联轴器尼龙套损坏 3. 液压泵内部磨损严重 4. 液压马达内部磨损严重	1. 检查振动开关至振动泵控制电磁阀电路,将断点接好 2. 当确认电路正常,电磁阀工作正常时可将振动马达从振动轮上抽出,检查尼龙套是否损坏,若损坏,应进行更换 3. 检查液压泵。如其内部磨损严重,则需专业人员维修 4. 检查液压马达。如其内部磨损严重,则需专业人员维修	控制器一 XM2.11 XM2.5 XM2.6
振动压实无力	1. 发动机工作异常,功率不够 2. 液压泵内部磨损严重 3. 液压马达内部磨损严重	1. 检查发动机 2. 检查液压泵。如其内部磨损严重,则需专业人员维修 3. 检查液压马达。如其内部磨损严重,则需专业人员维修	控制器一 XM1.2 XM3.11 XM3.18
振动关不掉	1. 振动开关至振动泵控制电磁阀电路断路 2. 振动开关阀坏	1. 检查振动开关至振动泵控制电磁阀电路,将断点接好 2. 修理振动开关阀	控制器一 XM2.11
振动频率异常	1. 振动液压系统故障(如效率低、漏油、压力不适) 2. 振动偏心块油腔间油液过多或过少 3. 节气门操纵机构不适 4. 发动机转速不适 5. 油泵排量变化	1. 检查并排除振动液压系统故障 2. 检查偏心块油腔,放出多余油液或加到合适量 3. 检查并调整节气门操纵机构 4. 调定合适转速 5. 调整油泵排量限制螺钉	控制器一 XM1.11 XM1.10

3)转向液压系统常见故障与排除

该机转向液压系统图参见图3-70,常见故障与排除方法见表6-4。

转向液压系统常见故障与排除方法 表6-4

故障现象	产生原因	排除方法	控制器对应针脚
不能转向	1. 液压油箱中油量不够 2. 发动机转速不适 3. 止回阀严重泄露 4. 比例换向阀不能正常换向 5. 转向油缸泄露	1. 检查油位,加注新油 2. 调定合适转速 3. 修复或更换止回阀 4. 修复或更换比例换向阀 5. 更换	控制器二 XM1.9 XM1.3 XM3.1
单方向有转向	1. 比例换向阀失效 2. 止回阀单侧失效	1. 修复或更换比例换向阀 2. 修复或更换止回阀	控制器二 XM1.5 XM1.6

续上表

故障现象	产生原因	排除方法	控制器对应针脚
换向迟缓	1. 液压油箱中油量不够 2. 发动机转速不适 3. 比例换向阀内泄露 4. 转向油缸内泄露	1. 检查油位,加注新油 2. 调定合适转速 3. 修复或更换比例换向阀 4. 更换	控制器二 XM1.5 XM1.6 XM1.9

4)调幅液压系统常见故障与排除

该机调幅液压系统常见故障与排除方法见表6-5。

调幅液压系统常见故障与排除方法 表6-5

故障现象	产生原因	排除方法	控制器对应针脚
不能调幅	1. 液压油箱中油量不够 2. 发动机转速不适 3. 换向阀不能实现换向 4. 调幅油缸卡住	1. 检查油位,加注新油 2. 调定合适转速 3. 修复或更换换向阀 4. 检修调幅油缸	控制器一 XM3.3 XM3.5
只能单方向调幅	1. 换向阀不能实现换向 2. 一侧的节流阀堵塞 3. 止回阀单向不能打开	1. 修复或更换换向阀 2. 修复或更换节流阀 3. 修复或更换止回阀	控制器一 XM3.3 XM3.5

5)蟹行液压系统常见故障与排除

该机蟹行液压系统图参见图3-72,常见故障与排除方法见表6-6。

蟹行液压系统常见故障与排除方法 表6-6

故障现象	产生原因	排除方法	控制器对应针脚
不能蟹行	1. 液压油箱中油量不够 2. 发动机转速不适 3. 控制电磁阀部分不能工作 4. 蟹行油缸卡死	1. 检查油位,加注新油 2. 调定合适转速 3. 修复或更换控制电磁阀 4. 检修蟹行油缸	控制器二 XM2.13 XM2.14
只能单方向蟹行	1. 控制电磁阀部分不能工作 2. 组合止回阀一侧不能开启	1. 修复或更换控制电磁阀 2. 修复或更换止回阀	控制器二 XM2.13 XM2.14

6.4.4 WB25K拌和机油温过高的故障分析实例

(1)故障现象:一台WB25K稳定土拌和机,在作业过程中出现油温过高的现象。

(2)故障分析:对此类故障,一般来说应首先从液压系统内、外部原因着手分析,按照从易到难的原则,层层分解,查清故障原因后,着手解决。内部原因主要是系统设计不合理造成的,如元件匹配不合理、管路通道过细、弯头多、弯曲半径小、油箱容积不够等因素。这类问题在设计阶段已经予以充分考虑,且WB25K拌和机液压散热系统采用的独立散热系统,不存在液压系统设计上先天不足,因此,应主要从外因入手逐项排查原因。

造成WB25K拌和机液压系统油温过高的外因有：环境温度过高；风扇装反或液压马达旋向不对；液压油牌号选用不当或油质差；散热器散热性能不良；液压泵及液压系统压力阀调节不当；止回阀失灵。

按从易到难的原则逐项排查。

①环境温度过高造成油温过高：由于WB25K拌和机为全液压驱动，为保证闭式液压系统的供油，因此，对环境温度及大气压有着严格的要求。WB25K拌和机出厂所加注液压油为68号抗磨液压油，适用的环境温度为0～40℃，海拔高度在1500m以下。如在冬季更换46号抗磨液压油，其适用环境温度为－7～25℃，海拔高度仍在1500m以下。经检测，当日环境最高温度为43℃，大于所要求的环境温度，但油温（实测90℃）不应和所要求的温度（＜80℃）悬殊那么大，暂时排除环境温度是造成油温过高的主要原因。

②风扇装反或液压马达旋向不对造成油温过高：很明显，如果风扇装反或液压马达旋向不对，直接影响散热风量的大小，会使液压系统油温升高，经检查，风扇和液压马达及管路等连接正确，排除了装配问题造成的油温过高。

③液压油牌号选用不当或油质差造成油温过高：由于黏度过高的油液，引起液流压力损失过大，转化为热能，会引起温升过高；黏度过低的液压油，也会引起工作液压泵及液压元件内泄漏大，产生热量；此外，一些劣质油液，黏温性能差，易乳化和产生气蚀，析出气泡等，会在液压油高压下产生局部高温并加剧元件的磨损。经查此机械所加油料为68号抗磨液压油，符合要求，且不存在变质现象，故此原因也排除。

④散热器散热性能不良造成油温过高：外部散热翅片变形或堵塞，冷却作用差，液压油散热器内部管道阻塞等均可造成散热器散热性能不良。通过直接观察，排除了散热翅片变形、堵塞现象，对液压油散热器内部管道阻塞的判断，可通过在散热器进出口油道安装压力表，检查二者之间的压差，经检查，压差为0.12MOa，正常，故也不存在油管堵塞现象。

⑤液压泵及液压系统压力阀调节不当造成油温过高：液压泵作为液压系统的动力源，其工况好坏影响着系统发热程度。WB25K拌和机的主泵为柱塞泵，如果泵内配流盘与缸体、滑靴、斜盘及柱塞缸体间配合位磨损较大，往往造成液压泵较快发热，溢流阀压力过高或过低也会引起液压系统发热，如系统压力调节过高，会使液压泵在超过额定压力下运行，使泵过载，导致油温升高；反之，如果系统压力调节过低，会使工作机构在正常负载下，频繁出现溢流阀开启卸荷现象，造成液压系统溢流发热，在检测主泵各种压力时，各种参数均正常，也无异响，但检测齿轮泵（散热系统）压力时，发现远低于设计值，设计要求为16MPa，实测为8.5MPa，至此，原因基本查明，由于溢流压力低，大多数液压油没有经过风扇驱动马达，而是溢流回油箱，致使风扇转速低，风量不够而导致油温高，调整溢流阀压力至16MPa试车，油温达75℃，故障排除。

⑥止回阀失灵造成油温过高：此止回阀和散热器并联，若由于某种原因造成此止回阀卡死在常开位置上，于是回油散热器不起散热作用，势必引起油温过高。由于该机械油温过高的原因已查明排除，故没有再拆检止回阀。

总之，造成液压系统油温过高的原因很多，分析处理起来也较为复杂，因此，在排除故障时要充分了解系统的工作原理，掌握各零部件的功能，逐层分解，往往能达到事半功倍的效果。

6.5 全液压转向系统常见故障分析

全液压转向系统具有转向灵活轻便、性能稳定、随动转向、发动机熄火后静压转向、故障率低、布置方便等优点,广泛应用于装载机、压路机、挖掘机等各种轮式工程机械及重型卡车。如果维护不当或在拆卸后装配不当,会出现各种故障现象。

6.5.1 全液压转向系统转向沉重的原因分析及排除措施

转向沉重的主要原因有以下几种。

(1)吸油不充分。可能的原因及处理方式为:

①油箱缺油或油箱油液不足,导致液压泵吸不上油。检查油箱液面高度,添加足够的液压油。

②油液黏度过大。选用液压油牌号不合适或环境温度太低,导致油泵吸油困难。更换合适的油液;采取措施提高液压油的温度。

③滤清器堵塞,导致液压泵吸不上油或油液循环不畅。清洗或更换滤芯。

④进、出油管内孔堵塞,导致液压泵吸油困难或吸不上油。清理进、出油管线。

⑤回路中有空气,导致液压泵吸空。该故障的特点是:油中有泡沫,发出不规则的响声,转向盘转动而液压缸时动时不动。排除回路中的空气。

⑥油管接头泄漏。紧固油管接头,确保密封良好。

(2)液压泵故障,导致供油量不够。

该故障的特点是:慢转转向盘轻,快转转向盘沉。可能的原因与处理方式为:

①液压泵过度磨损,内部泄露严重。检查液压泵工作情况,修理或更换液压泵。

②液压泵驱动部分故障。驱动皮带打滑或驱动齿轮(键)磨损。检查液压泵部分,调整皮带张紧度,修理或更换驱动齿轮(键)。

③液压泵连接部分故障。液压泵连接螺栓松动或缺失,检查液压泵连接部分,确保液压泵连接牢固可靠。

(3)人力转向止回阀故障。

该故障的特点是:快转与慢转转向盘均沉重并且转向无压力。可能的原因为:

①未装人力转向止回阀。

②止回阀钢珠与阀座密封不严。

③止回阀钢珠掉入阀套与阀体环槽之间。

④止回阀弹簧损坏。

以上原因都可导致动力转向时止回阀关闭不严,进出油口连通。检查并确保止回阀安装正确;检查油液是否清洁;清洗转向器,检查止回阀钢珠与阀座密封情况,密封不严时可通过研磨修复,或换用新钢珠。

(4)转向器安全阀故障。

该故障的特点是:空负荷或轻负载转向轻,增加负载转向沉。可能的原因为:

①转向器安全阀调定压力太低。

②转向器安全阀弹簧损坏。

③转向器安全阀阀座密封不严。

④转向器安全阀阀体损坏。

以上原因都可导致转向器安全阀失灵，提前开启。清洗溢流阀，检查安全阀调定压力，阀座密封情况，弹簧是否变形或失效，若弹簧弹力不足，可在弹簧与弹簧座之间增加垫片。

(5)转向器阀芯与阀套变形，导致两者卡死。

装机前往进油口加注少量液压油，转动阀芯应灵活，若有卡滞现象应进行研磨。有时，在拧紧转向器底部螺栓时用力不均匀，也会出现阀芯卡死现象，正确的方法是分2~3次间隔均匀地拧紧螺栓。

(6)转向系统机械故障。

该类故障不属于液压系统，主要原因为：

①轮胎气压不足。

②转向节与主销配合过紧或缺油。

③转向节推力轴承缺油或损坏。

④前梁、车架变形造成前轮定位失准。

⑤纵、横拉杆球头连接调整过紧或缺油。

⑥主销后倾过大、主销内倾过大或前轮负外倾。

这些都可导致操作人员向左或向右转动转向盘时，感到沉重费力，无回正感。当车辆以低速转弯行驶或掉头时，转动转向盘非常吃力，甚至打不动。

排除措施为：

①确保轮胎气压正常。

②确保转向节与主销配合松紧合适，且润滑良好。

③确保转向节推力轴承完好，且不缺油。

④确保前梁、车架无变形。

⑤确保前轮定位良好。

6.5.2 转向轮跑偏的原因分析及排除措施

(1)转向器内阀芯与阀套间的定位弹簧片损坏或太软，使阀套不能自动回到中立位置。此时，必须更换定位弹簧。

(2)因油液脏污使阀套运动受到阻滞。清洗阀套，使阀套运动灵活。

(3)由于阀套与阀芯台阶位置偏移，使阀套不在中间位置。拆解并检修阀套与阀芯，必要时更换。

(4)流量控制阀卡住，使液压泵压力过大，造成转向缸左右腔压力差过大。拆解并检修流量控制阀。

(5)单侧转向液压缸密封件损坏。拆解并检修转向液压缸密封件。

(6)其他非液压系统的故障导致转向跑偏，可能的原因与处理方式为：

①两前轮轮胎气压不等或直径不一。检查并调整轮胎气压。

②左右两架前钢板弹簧挠度不等。检查并调整钢板弹簧挠度,必要时更换钢板。

③前后桥或车架发生水平平面内的弯曲。检查并校正变形。

④车架两边的轴距不等。调整并确保轴距相等。

⑤两前轮轮毂轴承或毂油封的松紧度不一。检查轴承或油封。

⑥前、后桥两端的车轮有单边制动或单边拖滞现象。检查并调整车轮的制动情况。

⑦两前轮外倾角、主销后倾角或主销内倾角不等。

⑧前束太大或负前束。检查并调整前束。

⑨路面拱度较大或有侧向风。

6.5.3　左右转向轻重不同的原因分析及排除措施

(1)转向器的阀芯偏离中间位置,或虽在中间位置但与阀套台肩的缝隙大小不一致。检查并确保台肩密封良好,阀芯居于中间位置。

(2)阀芯与阀套间有脏污阻滞,使左右移动时阻力不一样。拆解并清洗转向器,确保液压油清洁。

(3)调整螺母调节不当。检查并重新调整螺母。

(4)导致转向轮跑偏的原因也可导致车辆行驶中左右转向轻重不同。

6.5.4　快转时转向盘感到沉重的原因分析及排除措施

(1)液压泵驱动装置有时失效。驱动皮带打滑或驱动齿轮(键)磨损。检查液压泵部分,调整皮带张紧度,修理或更换驱动齿轮(键)。

(2)液压泵连接部分故障。液压泵连接螺栓松动或缺失,检查液压泵连接部分,确保液压泵连接牢固可靠。

(3)流量控制阀故障。流量控制阀弹簧过软或泄漏严重,导致急转向时供油不足。检查流量控制阀,必要时更换。

(4)安全阀失效或泄漏严重。检查安全阀,必要时更换。

(5)液压泵过度磨损,内部泄漏严重。检查液压泵工作情况,修理或更换液压泵。

(6)液压泵选型不对,使供油量不足。更换合适的液压泵。

6.5.5　转向时有噪声的原因分析及排除措施

(1)油箱油液不足,液压泵在工作时容易吸进空气。排除措施:检查油箱液面高度,添加足够的液压油。

(2)液压泵轴头油封损坏,液压泵在工作时容易吸进空气。更换轴头油封。

(3)液压泵驱动装置有时失效。驱动皮带打滑或驱动齿轮(键)磨损。检查液压泵部分,调整皮带张紧度,修理或更换驱动齿轮(键)。

(4)低压管路损坏或管接头松动,液压泵在工作时,系统中会进入空气。检查低压管路,确保低压管路和管接头不漏气。

(5)滤清器堵塞。检查、清洗或更换滤芯。

(6)进、出油管内孔堵塞。导致油泵吸油困难或吸不上油。清理进、出油管。

(7)液压泵过度磨损,内部泄漏严重。检查液压泵工作情况,修理或更换液压泵。

6.5.6 转向轮晃动严重原因分析及排除措施

(1)转向液压缸内有空气。把转向液压缸一边油口接头拧松,转动转向盘,使转向器向转向液压缸未拧松接头的一腔充油,直到松开的接头不冒气泡只流油液时,再拧紧接头。

(2)非液压系统的原因。主要原因与处理方式为:

①转向轮轴承损坏。更换轴承。

②连接销与连接销座之间磨损使间隙增大,检查间隙,必要时更换连接销和连接销座。

6.5.7 转向盘自转,不能回到中立位置的原因分析及排除措施

此故障可能的原因是:转向柱与阀芯不同心;转向柱轴向顶死阀芯;转向柱转动阻力太大;弹簧片折断。

此故障一般发生在修理或拆开维护转向器后重新组装时,阀芯与阀套的相对位置装错,造成转向器配油关系错乱。重新装配联动器,使联动器花键上的记号对准转子花键上的记号。

6.5.8 转向盘旋转无死点的原因分析及排除措施

(1)转向器内的双向缓冲阀失灵。检查双向缓冲阀,使阀芯与阀座接合紧密。

(2)液压缸活塞密封圈损坏。更换液压缸活塞密封圈。

6.5.9 转向盘可无限制地旋转而转向轮无动作的原因分析

主要是转向器内的双向缓冲阀失灵或是液压缸活塞密封圈损坏。应更换液压缸活塞密封圈;检查双向缓冲阀,使阀芯与阀座接合紧密。

6.5.10 无人力转向的原因分析及排除措施

动力转向时液压缸活塞到极端位置,操作人员终点感不强,人力转向时转向盘转动液压缸不动。

可能的原因是转子、定子的径向间隙与轴向间隙过大。拆解转向器,检查转子、定子的径向间隙与轴向间隙。

6.5.11 漏油的原因分析及排除措施

(1)阀体、隔盘定子及后盖接合面漏油。更换密封圈,清洗掉接合面间的脏物。如果紧固螺栓刚度不足,要更换螺栓。

(2)轴颈处密封圈损坏引起漏油。更换密封圈。

(3)溢流阀处密封圈损坏引起漏油。拆下调节螺钉,更换密封圈。

(4)限位螺栓因垫圈不平引起漏油。磨平或更换垫圈。

6.5.12 小结

综上所述,为了减少全液压转向系统故障的产生,延长其使用寿命,实际工作中应注意

以下几点。

(1)不要随意拆卸全液压转向器,否则易引起配合表面损伤。必须拆卸时,一定要注意清洁,不要划伤配合表面。

(2)安装联动器时,要注意联动器与转子的正确装配关系,即联动器外花键上的记号对准转子内花键上的记号。

(3)在转向过程中,当转动转向盘很费力时(可以听到安全阀开启的“嘶嘶”声),就不要再用力转动转向盘了,以防止油温升高,损坏零件。

(4)发动机熄火后或液压泵不工作时,转动转向盘不要过猛,转向速度要慢,避免损坏弹簧片、拔销或联动器。

(5)选择适当黏度的液压油,注意油液的清洁,防止油液高温和零件磨损。

(6)按规定检查和维护转向系各部件。

第七章　工程机械液压系统的污染控制

7.1　液压系统污染概述

由于液压传动技术有其不可比拟的优点,使其得到了迅猛发展,液压传动系统在各行各业得到广泛的应用。但同时,液压系统又有其脆弱的一面,其中抗污染能力低是突出的弱点。据有关资料记载,液压故障有70%~80%是由于油液污染导致的。要保证液压系统正常、可靠地运行,必须要保持液压系统的清洁。如何正确使用与维护液压系统与保证油液的清洁是工程机械日常维护和使用中的一项重要工作。液压系统的污染问题直接影响着工程机械的使用寿命。如何有效地控制液压系统的污染是确保工程机械安全可靠运行和提高经济效益的关键。

7.1.1　液压系统污染物的种类

液压污染物分为固体污染物、液体污染物和气体污染物三种。

(1)固体污染物:主要有金属切屑、毛刺、硅砂、磨料、焊渣、锈片、添加剂、粉尘、沙粒、纤维物、氧化生成物和灰尘等固体颗粒。

(2)液体污染物:一般包括不符合系统要求的油液(新旧油及异种油的交叉污染)、水、涂料、氯及其卤化物等。

(3)气体污染物:主要是混入系统中的空气。

在众多污染之中,系统残留的金属颗粒(如铁屑、铁锈、焊渣以及金属磨损粉末等固体颗粒)是液压油液的主要污染物。一般情况下,油液使用时间越长,油液污染度越高。

7.1.2　液压系统的污染原因

液压系统的污染有两个方面的因素:一是液压油本身的变质产生的黏度变化和酸值变化;二是外界污物混入液压油内。

液压系统污染的原因很多,从污染产生机理来看可分为:液压系统在制作、安装过程中潜伏在系统内部的污染物;液压系统工作过程中产生的污染。

显然,液压系统在制作、安装过程中潜伏的污染物多为切屑、毛刺、型砂、涂料、磨料、焊渣、锈片和灰尘等固体颗粒,它们对系统的危害比较大,必须在这一阶段加强管理,控制污染,确保安装后的液压系统能够安全可靠地运行。

7.1.3　液压系统污染带来的危害

液压元件可能由于油液污染而经常发生故障,甚至失效。由于液压污染使液压元件的实际使用寿命往往比设计的寿命短得多。污染物混入液压系统后会加速液压元件的磨损、研损、烧伤甚至破坏或者引起阀的动作失灵或者引起噪声。具体的危害为：

(1)污染物常使节流阀和压力阀阻尼孔时堵时通，引起系统工作的压力和速度变化，影响液压系统工作性能或产生故障。

(2)使得液压泵及马达、阀组等元件的运动副磨损加剧，引起内泄漏的增加，造成液压系统效率降低，元件寿命缩短。

(3)混入液压油中的水分会导致液压油变质老化(如添加剂析出及油的氧化)，腐蚀并加速金属表面疲劳失效，低温产生冷却、淤塞运动元件。

(4)杂质若将吸油过滤器严重阻塞，导致液压泵吸油不足，产生气穴现象，进而使运动密封件的磨损加快、提前损坏、密封失效，会引起噪声、振动、爬行、气蚀和冲击现象，从而降低液压系统的工作性能。若将进油或回油滤油器堵塞，会使滤油器失效，堵塞严重时会因阻力过大而将滤网击穿，使已附在滤芯上的污染物再次进入液压系统中，造成液压系统污染的恶性循环。

(5)污染物颗粒进入滑阀间隙，可能使滑阀卡住，导致执行机构动作失控或其他故障。如果电磁阀的阀芯卡死，有可能导致烧毁电磁线圈。

(6)污染物颗粒在液压缸内会加速密封件的损坏，缸筒内表面的拉伤，使泄漏增大，推力不足或者动作不稳定、爬行、速度下降，产生异常的声响与振动。

(7)液压油由于使用与管理的不当，常使可继续使用的油视为废油，不但造成无谓的浪费，增加了维护成本，更造成环境的污染。液压油长期在高温高压中使用，本身会因为氧化作用产生积炭与油泥，并且因机械运转产生具有磨损性的颗粒杂质，再加上周遭环境尘埃污染及水分的侵入等原因，使油质逐渐污染而劣化，而污染劣化的液压油在系统中运转，会产生故障，造成漏油，减少机械使用的寿命，从而增加了维修费用及机械运行成本。

(8)污染影响润滑性能。对元件滑动表面产生直接阻力、摩擦阻力、间隙增大，使液压系统的压力下降，故障次数增加。污染固体颗粒不仅会破坏油膜的润滑性能(精密元件滑动表面间隙的油膜厚度为0.5～5μm，按ISO标准，每毫升含大于5～15μm以上的固体污染颗粒占总数的95%)，还会加快油品的劣化速度。由此可见，污染物是引起油液劣化的主要根源之一。

(9)污染影响环保效益。由于液压系统污染和油液污染等原因，将使用过的液压油更换出来弃置处理，造成液压油的利用率低，大大缩短了液压油的使用寿命。高油耗既浪费资源，又污染环境。

7.2 液压系统污染物的来源

据统计，液压系统的故障原因70%以上是由于油液中的杂质所造成的。对液压系统而言，油液中污染物的控制是一个主要工作，污染物的来源主要有：随新添加的液压油进入的；在装配过程中系统内部已经有的；随周围空气进入的；液压元件内部磨损产生的；通过泄漏或损坏的密封进入的；在检修液压系统时带入的。

7.2.1 按照污染物产生的地点分类

(1)固有污染物。来自液压系统的管道、液压元件如液压缸，胶管、泵、马达、阀、液压油箱等；主要是液压系统或元件在制造、安装、运输仓储等环节中产生、残留的污染物。在系统使用前未冲洗干净，在液压系统工作时，污染物就进入到液压油中。

(2)外界侵入的污染物。外界的空气、水、灰尘、固体颗粒,在液压系统工作过程中,通过液压缸活塞杆、胶管接头、液压油箱、空气滤清器等进入液压油中。

(3)内部生成污染物。液压系统组装、运转、调试及液压油变质也不断产生污染,直接进入液压油中。例如金属和密封材料的磨损颗粒;吸油、回油滤芯脱落的颗粒和纤维;液压油因油温升高、氧化变质而生成胶状物;吸油管路密封不严造成吸入空气等。

(4)维护中造成的污染。在工程机械正常维护中更换滤芯和液压油、清洗油箱;维修拆装液压缸、阀等等也会使固体颗粒、水、空气、纤维等进入液压油中。

7.2.2 按照污染物产生的时间分类

按照污染物产生的时间,液压系统及油液的污染源主要是在生产、物流、使用三个阶段产生的污染物。

(1)在生产阶段产生的污染物。

液压油是由基础油和添加剂调和而成的。液压油在生产的过程中,它有基础油的质量问题,有添加剂的质量问题、也有调和生产油过程中的质量问题。比如:基础油不好、添加剂不好、添加剂在油中调合不够均匀、溶解不充分都会变成为一种污染物。在生产过程中液压油所产生的污染物,实际上,它的污染度已经超过了液压系统及元件污染耐受度的要求。因此,液压油在生产过程中产生污染物不容忽视。

另一方面,工程机械是通过设计、生产、安装而成的。工程机械在生产过程中有设计污染(如选材、工艺设计),有制造、安装、调试过程中残留在液压系统、元件、管道的污染物(如铁、铜等金属颗粒及纤维物等)。由此而造成的污染,实际上已经超过了液压系统及元件的污染耐受度。

(2)在物流阶段产生污染物。

液压油在物流过程中会产生污染物。比如,有输送油管道问题,有仓储问题,有包装问题,有装运作业过程中的污染物入侵问题。因此,新油不一定是最洁净的油。因此在使用新油时,首先要进行超滤提纯、净化处理。

(3)在使用阶段产生的污染物。

在使用液压油过程中,有残留在液压系统(元件、管道、油箱等)中的污染物和机械磨损的金属粉末、氧化生成物等有害物质及旧油没有彻底清除干净,新的液压油在液压传动系统运行时会立即引起交叉污染,产生所谓“链式反应”,导致液压元件产生磨损而造成更大的污染。

另一方面,经过长时间高速、高压下运行,必然会有污染物(如粉尘、空气、水分)入侵;由于外界环境的影响,会加快在用油液的劣化速度,使密封件受损,滤芯堵塞,吸气孔的空气呼吸口过滤器不良;入侵污染物的情况还包括液压泵、油管、接头和滤芯未清洗干净;在修理过程中带进粉尘、纤维物等。

7.3 液压系统的污染控制

7.3.1 液压油的污染控制

液压油是液压系统的血液,具有传递动力、减少元件间的摩擦、隔离磨损表面、虚浮污染物、控制元件表面氧化、冷却液压元件等功能。因此液压油是否清洁，不仅影响液压系统的工作性能和液压元件的使用寿命，而且直接关系工程机械能否正常工作。工程机械的故障直接与液压油的污染度有关，因此控制液压油污染是十分重要的。

早在1965年，美国国家流体协会就做出了“液压系统的故障至少有75%是由于油液的污染所造成”的结论。液压油中混入过多的颗粒物会堵塞油滤、擦伤密封件、堵塞或磨损元件。但液压油在生产及使用过程中不可能做到没有颗粒物。对于液压油中颗粒物的分级，国际标准化组织制定了ISO/DIS 4406标准。我国国家标准（GB/T 14039—93）等效采用ISO/DIS 4406污染度等级标准，它采用两个数码代表油液的污染等级，前面的数码代表每毫升油液中尺寸大于5μm的颗粒数等级，后面的数码代表每毫升油液中大于15μm的颗粒数等级，两个数码间用斜线分隔。如污染度等级ISO 18/13表示油液中大于5μm的颗粒数等级为18（该等级代表每毫升油液中的颗粒数在1300～2500之间），大于15μm的颗粒数等级为13（该等级表示每毫升油液中的颗粒数在40～80之间）。目前，ISO/DIS 4406污染度等级标准已为世界各国所普遍采用。

国外也有采用美国宇航局（NAS）的液压油清洁度等级标准NAS1638，该标准按照每毫升油液中含有不同尺寸的固体颗粒物的数目，将液压油的污染度分为从NAS00至NAS12，共14个等级。例如NAS10级代表每毫升油液中的5～15μm的固体颗粒物数目为2560，15～25μm的固体颗粒物数目为456，25～50μm的固体颗粒物数目为81。

一般液压系统对油清洁度的要求如下。

（1）在大间隙、低压液压系统中，采用NAS10—NAS12，大约相当于ISO 19/16—ISO21/18。这表示每毫升油液中≥5μm的颗粒数大约为2500～20000；每毫升油液中≥15μm的颗粒数大约为320～2500。

（2）在普通中、高压液压系统中，采用NAS7—NAS9，大约相当于ISO 16/13—ISO18/15。这表示每毫升油液中≥5μm的颗粒数大约为320～2500；每毫升油液中≥15μm的颗粒数大约为40～320。

（3）在敏感及伺服、高压液压系统中，采用NAS4—NAS6，大约相当于ISO 13/10—ISO15/12。这表示每毫升油液中≥5μm的颗粒数大约为40～320；每毫升油液中≥15μm的颗粒数大约为5～40。

从污染对液压系统的危害中可以看出，合理地选择、使用、维护、保管液压油是关系到液压系统工作的可靠性、耐久性和工作性能好坏的重要问题。必须加强对液压油污染的控制，保证液压系统正常工作。主要有如下措施。

（1）液压系统要有污染控制的目标。首先要掌握液压系统设定的目标清洁度等级标准要求，并要根据系统设定的标准要求进行规范管理。没有目标清洁度的规范管理，就是一种盲目的管理。

（2）液压油要有污染控制的标准。液压油的清洁度必须根据不同的液压系统要求进行定位。不管采用哪个国家的什么品牌、什么型号的液压油，都必须依照液压系统（元件）清洁度ISO或NAS标准要求，进行定位和管理。

（3）液压油要有更换的指标。掌握《液压油的更换指标》，并严格按照更换指标（如黏度、酸值、污染度、水分等）更换液压油。这是衡量液压油是不是“废油”的科学管理依据。

(4)对工作油液要实行动态监测制度。通过定期油检,科学分析,可预知、预警、预报设备润滑与污染、磨损、故障的状况。比如,黏度、酸值、污染度、水分有什么变化等。只要定期抽取油样进行诊断,就能够及早发现潜伏的故障隐患,以便及时处理。这是预防污染、磨损故障的一种最先进的科学管理方法。

(5)对液压系统的在用油液要合理超滤提纯。油滤有普通过滤、精滤和超精滤的多种选择。实践经验表明:只有合理运用超滤技术,定期超滤液压油,才能真正确保油液的清洁度符合系统设定的ISO标准要求,可比新油的清洁度提升6个等级(ISO或NAS)。这是高压系统循环利用油液及清洗液压油路系统的最佳选择。

(6)对液压系统要实行彻底清洗制度。依照ISO标准,控制液压污染一定要彻底清洗液压系统,消除后患。比如,将更换的液压油超滤净化—清洗系统—再超滤—再清洗—再超滤应用。既可节约能源,又能防治液压故障、保障设备良好润滑,使设备提高效能,免除后顾之忧。这是一举多得、行之有效的好方法。

7.3.2 液压系统在制作、安装过程中的污染控制

(1)液压零件加工时的污染控制。

液压零件的加工一般要求采用"湿加工"法,即所有加工工序都要滴加润滑液或清洗液,以确保表面加工质量。

(2)液压元件、零件清洗时的污染控制。

液压件在组装前,旧的液压件受到污染后都必须经过清洗方可使用,清洗过程中应做到以下几点。

①液压件拆装、清洗应在符合国家标准的净化室中进行,如有条件操作室最好能充压,使室内压力高于室外,防止大气灰尘污染。若受条件限制,也应将操作间单独隔离,一般不允许液压件的装配间和机械加工间或钳工间处于同一室内,绝对禁止在露天、棚子、杂物间或仓库中分解和装配液压件。拆装液压件时,操作人员应穿戴纤维不易脱落的工作服、工作帽,以防纤维、灰尘、头发、皮屑等散落入液压系统造成人为污染。严禁在操作间内吸烟、进食。

②液压件清洗应在专用清洗台上进行,若受条件限制,也要确保临时工作台的清洁度。

③清洗液允许使用煤油、汽油以及和液压系统工作用油牌号相同的液压油。

④清洗后的零件不准用棉、麻、丝和化纤织品擦拭,防止脱落的纤维污染系统。也不准用皮老虎向零件鼓风(因皮老虎内部带有灰尘颗粒),必要时可以用洁净干燥的压缩空气吹干零件。

⑤清洗后的零件不准直接放在土地、水泥地、地板、钳工台和装配工作台上,而应该放入带盖子的容器内,并注入液压油。

⑥已清洗过但暂不装配的零件应放入防锈油中保存,潮湿的地区和季节尤其要注意防锈。

(3)液压件装配时的污染控制。

①液压件装配应采用"干装配"法,即清洗后的零件,为了不使清洗液留在零件表面而影

响装配质量，应待零件表面干燥后再进行装配。

②液压件装配时，如需打击，禁止使用铁制锤头敲打，可以使用木槌、橡皮锤、铜锤和铜棒。

③装配时不准戴手套，不准用纤维织品擦拭安装面，防止纤维类脏物侵入阀内。

④已装配完的液压元件、组件暂不进行组装时，应将它们的所有油口用塑料塞子堵住。

(4)液压件运输时的污染控制。

在运输液压元件、组件过程中，应注意防尘、防雨，对往井下运输的液压件，一定要用防雨纸或塑料包装纸打好包装，不允许水、其他杂质接触液压件。装箱前和开箱后，应仔细检查所有油口是否用塞子堵住、堵牢，对受到轻度污染的油口及时采取补救措施，对污染严重的液压件必须再次分解、清洗。

(5)液压系统总装时的污染控制。

①软管必须在安装前要用洁净的压缩空气吹净。中途若拆卸软管，要及时包扎好软管接头。

②接头体安装前要清洗干净，并用洁净压缩空气吹干。对需要生料带密封的接头体，缠生料带时要注意两点：一是顺螺纹方向缠绕；二是生料带不宜超过螺纹端部，否则，超出部分在拧紧过程中会被螺纹切断进入系统。

③液压管道安装的污染控制。液压油管是液压系统的重要组成部分，也是工作量较大的现场工作项目，各种油管数量多，而且油管安装又是较易受到灰尘、砂土、泥水污染的工作，因此，液压管道污染控制是液压系统保洁的一个重要内容。

油管安装前要清理头部盖帽、绝对禁止管内有石块、破布等杂物。油管安装过程中若有较长时间的中断，须及时封好管口防止杂物侵入。为防止焊渣、氧化铁皮侵入系统，建议管道焊接采用气体保护焊，如氩弧焊。

油管安装完毕后，必须经过系统试运行，将油管中的气体排除后方可正式运转。在运行中要检查过滤器内的情况。

系统在投入使用之前已存在的污染，主要是由于液压元件、管路、新油等出厂之前没有严格控制污染度指标，这一污染属先天条件造成，只有对液压滤油器的滤芯加强检查，如发现污染物，应及时更换滤芯及液压油。

7.3.3 液压系统在使用过程中的污染控制

液压系统污染控制贯穿于整个日常的使用、维护过程，要求操作者和修理人员在每一步都要考虑到保洁措施，最大限度降低系统污染，确保施工后的液压系统能够安全、可靠地运行。

(1)控制液压系统的过滤精度。

控制和减轻固体颗粒污染，过滤是保持液压油清洁行之有效的方法，根据液压元件对污染的敏感度，选择不同精度的过滤器，定期更换滤芯，保持液压油的清洁。

过滤是控制油液污染的重要手段，是一种强迫滤去油中杂质颗粒的方法。油液经过多次强迫过滤，能使杂质颗粒控制在要求的等级范围内，所以对各类液压设备需制订出强迫过滤油液的精度,以确保油液的清洁度。

为了控制油液的污染度,要根据系统和元件的不同要求,分别在吸油口、压力管路、伺服阀的进油口等处,按照要求的过滤精度设置滤油器,以控制油液中的颗粒污染物,使液压系统性能可靠、工作稳定。滤油器过滤精度一般按系统中对过滤精度敏感性最大的元件来选择。

(2)强化现场维护管理。

强化现场维护管理是防止液压系统在使用过程中外界污染物侵入系统和滤除系统中污染物的有效措施。

①定时检查系统油液、油箱和滤油器的清洁度。

②建立液压系统维护制度。液压系统中胶管密封必须安全可靠;油箱的空气滤清器必须定期更换;滤芯加防尘装置,严防灰尘、水分进入液压油中。

③定期对油液取样化验,并作定性定量分析,以便确定油液是否需要更换。

(3)定期清洗系统。

控制油液污染的另一个有效方法是,定期清除滤网、滤芯、油箱、油管及元件内部的污垢。在拆装元件、油管时也要注意清洁,对所有油口都要加堵头或塑料布密封,防止脏物侵入系统。

(4)根据油液被污染的程度及时更换失效的油液。

油液的使用寿命或更换周期取决于很多因素,其中包括工程机械的环境条件与维护、液压系统油液的过滤精度和允许污染等级等因素。由于油液使用时间过长,油、水、灰尘、金属磨损物等会使油液变成含有多种污染物的混合液,若不及时更换,将会影响系统正常工作,并导致事故。

定期对油液进行取样化验,测定必要的项目(如黏度、酸值、水分、颗粒大小和含量以及腐蚀等),按油质的实际测量值与规定的油液劣化指标进行对比,确定油液是否应该换。换油时,要注意清洁,防止脏物侵入液压系统,不可混用和换错,主要有下列要求。

①换用的新油或补加的新油必须是本系统所规定使用的油,经过化验确认其油质已达到规定的性能指标后才能加入。

②为保持新油的清洁,换油时要将油箱内部及主要管道内的旧油放尽,并把油箱、过滤网、软管清洗干净。加油时油液必须经过过滤,对已疲劳损坏的滤网应更换。

(5)及时更换液压缸等元器件的防尘圈。

及时更换液压油缸等元器件的防尘圈,避免外界的污染物随着元器件的运动而侵入,这些颗粒以及装配颗粒、铸件上脱落下来的砂粒等内部颗粒会擦伤元件运动副表面并产生更多的新污染颗粒,及时更换是避免这些污染颗粒进入液压系统的最好方法。

(6)采用正确的加油方法。

油箱注油前必须检查其内部的清洁度,不合格的要进行清理;油液加入前要检验其清洁度;注油时必须经过加油机过滤,不允许将油直接注入油箱。

加入的油量要达到油箱的油标位置,加油方法是:先加油至油箱最高油标线,开动液压泵,把油供至系统各管道;再加油至油箱油标线,再开动液压泵;这样多次进行,直至油液保持在油标线内为止。

(7)在系统运行过程中使用超微过滤装置。

即使抽光液压系统油箱的油,仍然会有大约30%的旧油存在液压系统中,当新油注入后,必然受到系统里残留旧油污染,从而大大降低液压油清洁度,因此光靠换油是解决不了提高油液清洁度的问题,只有在液压系统运行的同时选择超微过滤装置,进行循环过滤,随时将油中污染物清除,才能从根本上提高液压油的清洁度。

长期保持液压油在液压系统中高清洁度地运转,自然就减少了由于油液污染所造成的各种弊害,产生预防的效果,增长了液压系统及液压元件的使用寿命,降低了工程机械故障率,从而达到节约能源,降低成本之目的。

过去,液压界主要致力于控制固体颗粒的污染,而对水、空气等的污染控制往往不够重视。今后应重视解决:严格控制产品生产过程中的污染,发展封闭式系统,防止外部污染物侵入系统;应改进元件和系统设计,使之具有更大的耐污染能力。同时开发耐污染能力强的高效滤材和过滤器。研究对污染的在线测量;开发油水分离净化装置和排湿元件,以及开发能清除油中的气体、水分、化学物质和微生物的过滤及检测装置。

利用各种油液分析技术对液压系统的工作介质进行污染监测,是实现液压系统故障诊断和预知性维修的重要手段。目标清洁度的设定是油液污染控制需要解决的首要问题,油液样本提取决定监测结果能否反映液压系统内部的真实情况,而有效的判别方法则是正确判断液压系统实际运行状态,实现故障诊断和预知维修的关键。

7.4　液压油目标清洁度的设定

7.4.1　设定目标清洁度应考虑的因素

大量研究表明,油液中颗粒污染物引起的污染磨损是引起液压元件失效的主要原因,因此,油液污染度的确定应该以污染磨损理论为主要依据。研究理论认为,污染磨损存在一种链式反应,即临界尺寸颗粒进入液压元件运动副间隙后,将引起磨损使间隙逐渐扩大,更大尺寸的颗粒得以进入运动副间隙,以致引起更为严重的磨损。由此可见,污染磨损存在由正常微量磨损阶段转向严重的崩溃磨损阶段的转折点,这个转折点与油液中颗粒污染度有直接关系。一般把发生链式反应所对应的油液污染度称为临界污染度。合理的清洁度应该能够保证液压系统或元件在正常的工作期间内不发生链式反应或崩溃磨损。

临界污染度是在实验条件下提出来的,在实际工程当中则难以确定,通常在综合考虑液压元件的污染敏感度以及液压系统的工作强度、工作温度、暂载率、油液质量、停机代价和安全问题之后确定系统的目标清洁度。目标清洁度订得过高,增加了系统成本费用,过低则对降低故障率的作用不大,使维修费用增加。

7.4.2　设定目标清洁度的方法

由于对液压元件和液压系统清洁度等级要求决定于各方面因素,故目标清洁度的拟定应该建立在对实际液压系统污染状况和使用情况进行广泛的调查研究和测试分析的基础上。图 7-1 为美国 Vickers 公司根据调研分析结果提出的液压元件清洁度等级建议，设定系统目标清洁度时可作为参考。

具体方法是：先根据推荐的清洁度等级确定系统中所有液压元件的目标清洁度，选定对油液清洁度要求最高的液压元件的清洁度作为系统的目标清洁度，然后再根据工作性质和工作环境等因素进行适当修正。

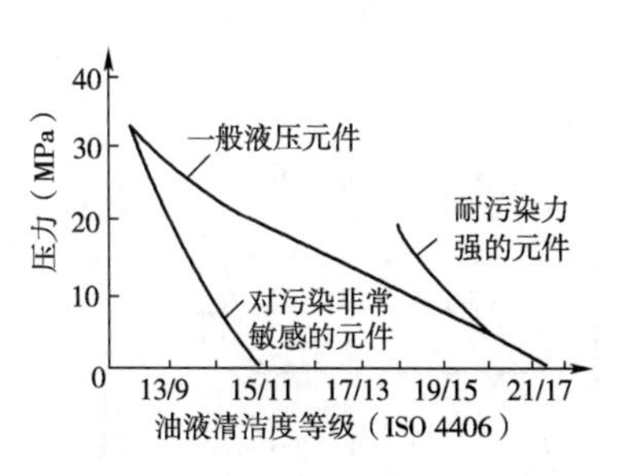

图 7-1　液压元件清洁度等级

7.5　液压油污染监测与故障诊断

统计表明，液压系统 75% 以上的故障起源于其工作介质（液压油）的污染，液压油中携带着有关液压系统故障的大量而又丰富的信息，因此，对液压油的监测分析是预测和诊断液压系统故障的重要手段之一。液压油污染主要表现在两个方面：油液的颗粒污染；油液理化性质（如黏度、酸碱值和氧化程度等）的劣化。这就产生了基于油液颗粒污染度检测的故障诊断方法和基于油液理化性质分析的故障诊断方法。

7.5.1　液压油的污染监测取样

（1）取样点的设定。

设定取样点时要考虑两个因素：一是必须使所取油样具有代表性，即测量结果能够代表整个系统油液的污染状况；二是要考虑取样装置的安装方便。通常应该在系统内污染最严重且容易发生故障的部位附近设立取样点，如回油管滤油器的上游、主油泵下游等。如果从油箱直接取样，要确保取样管的末端进入油液深度的一半左右，否则，由于油液分层可能使油样没有代表性。而通过管路从系统内取样时则需验算取样点的雷诺数，为了使管中液流呈紊流状态，必须保证雷诺数 $Re > 2000$。

取油样时，首先要把装油容器清洗干净，以确保数据准确，具体取油样的方法为：当液压系统不工作时（即在静止状态下），可分别在油箱的上部、中部和下部各取相同数量的油样，搅拌后进行化验；液压系统正在工作时，可在系统的总回油管口取油样；化验所需要的油样数量，一般为 300 ~ 500mL/次；按油料化验规程进行化验，将化验结果填入油料化验单，并存入设备档案。

（2）取样间隔。

在进行油液污染监测和故障诊断过程中，一般以运行时间确定取样时间，取样间隔由设备工作性质和系统压力而定，并根据运行时间长短和技术状态随时调整。表 7-1 为 Vickers 公司推荐的取样频率表，仅作参考，在实际工作时随时调整。工作初期（500h 以内），系统元件处于磨合状态，为了及时掌握系统的内部运行情况，取样间隔要小，特别要注意设备初始安装运行或大修后的第 1 天或运行 1 周、1 个月后进行采样分析。快到维修期限时，同样要缩短取样周期。而在正常工作期间，一旦出现异常现象，如系统过热、工作不稳定、噪声和振动加大，则应立即进行采样分析。

取样频率表 表7-1

目标清洁度	日工作时间	系统压力		
		<14MPa	14~21MPa	>21MPa
等于或低于ISO15/12	≤8h	4个月	3个月	3个月
	>8h	3个月	2个月	2个月
等于或高于ISO16/13	≤8h	6个月	4个月	4个月
	>8h	4个月	3个月	2个月

在工程实践中常用的取油样时间为:对已规定了换油周期的液压设备,可在换油前一周对正在使用的油液进行取样化验;对新换的油液,经过1000h连续工作后,应对其取样化验;对于大型精密液压设备使用的油液,在使用600h后,应取样化验。

(3)注意事项。

必须保证取样过程中样液不被污染;为了使分析结果真正代表实际情况,应在系统正在运行或刚刚停止工作时进行取样。

7.5.2 根据液压油的污染监测结果进行液压系统故障判别

(1)故障判别的复杂性。

油液污染监测和油料分析(光谱、铁谱分析等)的结果是油液的污染度或油样中所含各种金属元素的浓度值。它虽然包含有反映系统内部磨损状态的丰富信息,但一般来说并不能直接回答故障情况。因此,必须根据监测和分析结果,采用信息处理和诊断数学方法去揭示和预报故障情况。从诊断学本身的内容上讲,包含以下几个方面。

①诊断物理——即利用各种仪器检测状态参数,采集设备各部位故障最原始、最基本的信息,为进一步明确失效机理提供条件。

②诊断数学——即根据设备的特点及故障类型,从采集到的信息做出快速的、科学的数学处理,以获得定量的故障判别。

③诊断知识和经验——即根据维修和使用人员对故障现象长期积累的知识和经验做出诊断和预报,包括利用听、看、摸等手段以及检测到的信息进行判断。从液压故障本身的特点来讲,故障的因果关系也并非完全单值的逻辑结构,一种原因可能引起多种结果,一种结果也可能由多种原因造成。因此,故障判别也是一个复杂的过程。

(2)临界值的建立。

在油液污染监测和油料分析过程中,除了污染物和各种金属元素的浓度外,还可记录到取样的间隔、取样频率以及每次取样所对应的机器运行时间,此外还可以换算出相邻两个油样之间的浓度变化值(即浓度梯度)。这些参数都是标志液压系统工作过程中内部磨损状态变化和时序规律的重要信息。如果以f、p、G、t分别表示取样频率、分析元素的浓度、浓度梯度和取样时相应运行时间,则可以得到$f=F(p)$、$f=F(G)$、$G=F(t)$和$p=F(t)$四条图线,分别称为浓度值方图、梯度值方图、梯度控制图和线性回归图。再根据统计学和概率论原理,就可以建立各种分析元素的正常区、警界区和异常区。需要指出的是,即使同一型号的多台机器,在不同环境、不同载荷和不同的管理方式下,由于测量数据的动态性、离散性和渐变性,各种元素的临界值并非固定不变,应根据具体情况及时修正。

(3)灰色模型预测浓度变化趋势。

油液分析一般采用离散取样和离线分析,相邻两个油样之间的浓度突变,只有对下个油样采集分析后方可发现。对于精密液压系统或取样间隔较长的机器来说,等发现浓度突变以后可能为时已晚,而早期故障诊断才具有重要意义。因此,利用灰色模型(GM)预测浓度的变化趋势十分必要。即通过对动态信息的开发、利用和加工,对离散数据建立微分方程,然后通过求解,了解系统的动态行为和发展趋势。如图7-2所示,第1~4次取样分析结果,某元素的浓度及浓度梯度均在正常区,但在第4次和第5次取样之间,浓度值可能发生突变进入警告区或异常区。建立灰色模型,就可以预测出第4次与第5次取样之间浓度或浓度梯度发生突变的时间,从而及早采取措施防患于未然。

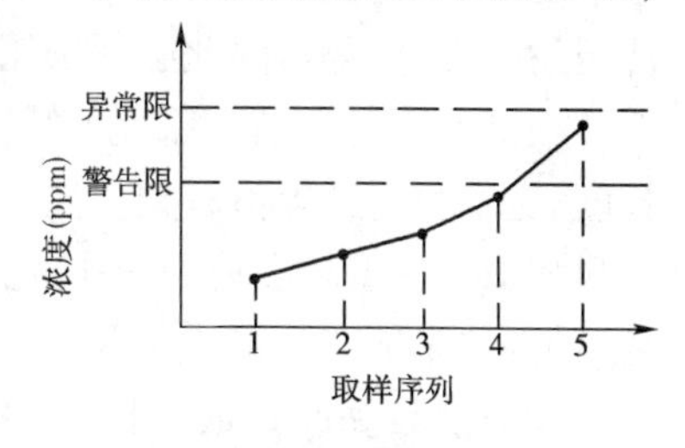

图7-2 浓度变化趋势

(4)磨损元素的聚类分析。

在事先不了解各摩擦副性质的情况下,可以通过数学方法定量地比较各变量之间的差异,把性质特征相近的变量归为一类,再以当前的故障征兆与历史上本系统各次诊断记录中的故障征兆相对比,看本次检测结果与历史上哪一次已确诊的故障征兆最为接近,借此判断故障类型和故障部位。聚类分析的前提是掌握各种故障的历史记录。

(5)非数值判别。

故障预报正确与否,最终要靠实际维修情况来检验,预报的科学价值在于指导视情维修。应该看到,液压系统故障并非都能依赖于诊断数学来发现,有些故障难于用数学方法来描述。因此,故障预报除了应用诊断数学外,还要利用或依靠维修经验和维修知识来处理难于用数值判别的问题,这样才能构成故障预报的统一整体。

7.6 液压系统的泄漏控制

液压系统的泄漏控制包括了防止液体泄漏到外部造成环境污染及外部环境对系统的侵害两个方面。因此,液压系统的泄漏与液压系统的污染关系非常密切,控制泄漏有助于减少污染,而污染的有效控制反过来能够明显地减少泄漏的发生。

7.6.1 泄漏的分类

液压系统的泄漏主要分为固定密封处泄漏和运动密封处泄漏。固定密封处泄漏的部位主要包括各液压元件端盖的连接处、各管接头的连接处等;运动密封处主要包括液压泵、马达伸出轴,液压缸活塞杆,多路阀阀杆等部位。

从油液的泄漏上也可分为外泄漏和内泄漏两种。外泄漏主要是指液压油从系统泄漏到环境中;内泄漏是指由于高低压侧压力差的存在以及密封件失效等原因,使液压油在系统内部由高压侧流向低压侧。

7.6.2 泄漏的原因及其影响因素

1)泄漏产生的原因

为了减少零件的磨损，两个有相对运动的零件表面之间必须有间隙，因此会产生液体的泄漏，而间隙密封是一种最简单而应用最广泛的密封方法。液压系统中存在着很多的间隙密封，由于设计、制造和装配误差、磨损不均以及元件在工作中的变形等而产生缝隙，它们因摩擦磨损而逐渐增大。当油液流经这些缝隙时，必然引起泄漏量加大，直接影响工程机械的正常运用，并造成工程机械操作失灵、运转异常、效率降低、寿命缩短等，带来经济上的损失，甚至发生安全事故，因此必须采用有效的方法来防止。

根据流体力学基本原理可知：通过缝隙的泄漏量与缝隙两端压力差，液体黏度，缝隙的长度、宽度和高度等值有关。泄漏量和缝隙高度的三次方成正比，说明间隙稍有增加就会造成泄漏量大幅度增多说明液压元件的配合尺寸要求高精度的原因说明可用减少缝隙（磨损量）的办法来减少泄漏。因此，在要求密封的地方应尽量减少间隙量。

泄漏量与黏度 μ 成反比，当黏度下降（油的黏度往往随工作温度变化）时，泄漏量将增加。同时，泄漏量与缝隙长度成反比，与压力差成正比；而缝隙长度与压力差是固有尺寸和工作性能指标，不得随意改变。所以，只能在缝隙高度与黏度上研究分析泄漏原因及其影响因素。

2）泄漏的影响因素

（1）设计因素。

①密封件的选择。在很大程度上，液压系统的可靠性取决于液压系统密封的设计和密封件的选择。由于设计中密封结构选用不合理，密封件的选用不合乎规范，在设计中没有考虑到液压油与密封材料的相容性、负载情况、极限压力、工作速度大小、环境温度的变化等，都在不同程度上直接或间接造成液压系统泄漏。另外，由于工程机械的使用环境中具有尘埃和杂质，所以在设计中要选用合适的防尘密封，避免尘埃等污物进入系统破坏密封、污染油液，从而产生泄漏。

②其他设计原因。设计中考虑运动表面的几何精度和粗糙度不够全面以及在设计中没有进行连接部位的强度校核等，这些都会在工程机械的工作中引起泄漏。

（2）制造和装配因素。

①制造因素。所有的液压元件及密封部件都有严格的尺寸公差、表面处理、表面光洁度及形位公差等要求。如果在制造过程中超差，例如：油缸的活塞半径、密封槽深度或宽度、装密封圈的孔尺寸超差或因加工问题而造成失圆、本身有毛刺或有洼点、镀铬脱落等，密封件就会有变形、划伤、压死或压不实等现象发生使其失去密封功能，使零件本身具有先天性的渗漏点，在装配后或使用过程中发生渗漏。

②装配因素。液压元件在装配中应杜绝野蛮操作，如果过度用力将使零件产生变形，特别是用铜棒等敲打缸体、密封凸等；装配前应对零件进行仔细检查，装配时应将零件蘸少许液压油，轻轻压入；清洗时应用柴油，特别是密封圈、防尘圈、O 形圈等橡胶元件，如果用汽油则使其易老化失去原有弹性，从而失去密封机能。

（3）油液污染及零部件的损伤。

①气体污染。在大气压下，液压油中可溶解 10% 左右的空气，在液压系统的高压下，在油液中会溶解更多的空气或气体。空气在油液中形成气泡，如果工作过程中在极短的时间内压力在高低压之间迅速变换就会使气泡在高压侧产生高温在低压侧发生爆裂，如果液压

系统的元件表面有凹点和损伤时，液压油就会高速冲向元件表面加速表面的磨损，引起泄漏。

②颗粒污染。液压缸作为工程机械液压系统的主要执行元件，由于工作过程中活塞杆裸露在外，直接和环境相接触，虽然在导向套上装有防尘圈及密封件等，但也难免将尘埃、污物带入液压系统，加速密封件和活塞杆等的划伤和磨损，从而引起泄漏。颗粒污染是液压元件损坏最快的因素之一。

③水污染。由于工作环境潮湿等因素的影响，可能会使水进入液压系统，水会与液压油反应，形成酸性物质和油泥，降低液压油的润滑性能，加速部件的磨损，水还会造成控制阀的阀杆发生黏结，使控制阀操纵困难划伤密封件，造成泄漏。

④零件损伤。密封件是由耐油橡胶等材料制成，由于长时间的使用发生老化、龟裂、损伤等都会引起系统泄漏。如果零件在工作过程中受碰撞而损伤，会划伤密封元件，从而造成泄漏。

从泄漏量公式与技术设计角度及现场观察来看，造成泄漏的主要原因是缝隙控制问题和液压油使用及其温升发热，液压油变质、密封圈硬化膨胀；缝隙控制必须从设计、制造、装配与分析使用条件及其管理等多方面加以综合控制，这是解决泄漏的关键。在实际工作中产生泄漏的原因有设计、制造、装配方面的问题，如配合间隙选择不当、几何尺寸精度差、表面粗糙度低、加工粗糙、装配不良、有污物等；也有设备维护、修理、使用条件等管理方面的问题。而前者对使用单位来说，只能从设备的购置上去预防，如购置性能、设计优良、质量可靠的产品；而对后者必须加强管理力度，并采取有效的对策、措施来防止。至此，可以得出结论，与使用有关的，影响液压系统泄漏的因素是：因润滑不良，油液污染（主要是磨屑等颗粒污染物）使硬颗粒嵌入缝隙并使零件腐蚀、磨损，导致缝隙尺寸超差或产生不必要的缝隙；液压油选用牌号不当或油温过高使液压油黏度 μ 下降、油液变质、磨损加剧等，其中非正常磨损造成的缝隙尺寸超差与液压油使用密切相关。

7.6.3 泄漏的主要防治对策

造成工程机械液压系统泄漏的因素是多方面综合影响的结果，以现有的技术和材料，要想从根本上消除工程机械液压系统的泄漏是很难做到的。只有从以上影响液压系统泄漏因素出发，采取合理的措施尽量减少液压系统泄漏。在设计和加工环节中要充分考虑影响泄漏的重要因素。另外，密封件的选择也是非常重要的，如果不在最初全面考虑泄漏的影响因素，将会给以后的使用中带来无法估量的损失。选择正确的装配和修理方法，如在密封圈的装配中尽量采用专用工具，并且在密封圈上涂一些润滑脂。在液压油的污染控制上，要从污染的源头入手，加强污染源的控制，还要采取有效的过滤措施和定期的油液质量检查。为有效地切断外界因素（水、尘埃、颗粒等）对液压缸的污染，可加一些防护措施等。总之，泄漏的防治要全面入手，综合考虑才能做到行之有效。

为了预防与控制液压系统泄漏的产生，在实际工作中必须加强三方面的管理。

第一，在液压元件加工与维修、装配过程中，必须严格控制加工精度、表面粗糙度和减小其配合间隙与装配误差。

第二，在液压油、液压元件储运管理方面应做到以下几点。

①要有合理的管理组织机构和规章制度，加强对液压油及液压元件的清洁度管理，并严格按照规定进行、落实、检查，液压油出入库要注明品名、产地、牌号、使用工程机械名称、数量等。

②液压油入库前应取样化验，化验合格后才准入库。

③库存液压油应定期取样化验，如不符合性能指标，则不准使用。

④要有符合要求的贮存场所和贮存器具，仓库应具备良好的通风、清洁、干燥、消防安全等条件，并避免强光直接照射。

⑤液压油应分类存放，杜绝混装、混放，以防止混用。

⑥定期开展储油器及液压油的质量检查，符合规定要求的液压油方可出库。

⑦液压油出库、使用前要坚持过滤，保证液压油杂质含量符合规定要求。

第三，在使用管理方面应做到以下几点。

①建立登记卡和液压设备档案，每台机械均建立一个液压油登记本，记录需用液压油品名及牌号并注明每次加油或换油日期及数量，并由专人负责检查，有利于了解系统的密封性能，也可避免在工作中误用异种油品。

②应根据使用说明书规定，结合实际使用情况定期清洗或更换液压油滤芯，并每日检查液压油油位，不足时应及时补充。因油量不够或换油时造成系统中有空气，应根据机械使用说明书规定，怠速运转一定时间，操纵换向手柄，使液压缸往复运动数次或使液压马达运转一定时间，排除液压系统内空气。

③根据使用条件定期对液压油进行油样分析，发现油液污染严重时应立即查明原因，及时消除。其原因可能是外界污垢大量侵入或系统内部出现异常污染源，应采取相应的措施处理。液压油必须合理更换，以达到保证使用和节约开支的目的。

④控制液压油的工作温度（系统最高温度不超过80℃，液压油箱内温度不超过60℃），油温升高会加速液压油的氧化变质，油的寿命会大大缩短，油氧化变质生成的酸性物质对泵、马达等起腐蚀作用，密封件老化变形，配合表面产生热变形，增加磨损，造成泄漏增加。

⑤在液压系统故障排除时应遵守规范，保持清洁，禁止乱拆乱放，防止污染物进入液压系统。在修理装配时防止环境污染，液压元件装配前各零件必须退磁并清洗干净。装配后必须进行清洗和性能试验，一方面可以检测修理质量，另一方面也可清洗杂质，所有液压管道要注意保护与密封。

⑥定期检测液压系统各检测点压力、流量、温度、防止液压系统长期在不正常压力、温度下工作，可减少液压系统磨损，防止泄漏，并保证液压系统正常工作。

液压系统的泄漏问题是当前一个重要的研究课题，不能单纯地、消极地加强密封，而要系统性地去消除泄漏的根源，并采取有效措施予以治理。

今后，将发展无泄漏液压元件和系统，例如发展集成化和复合化的液压元件和系统，实现无管连接，研制新型密封和无泄漏管接头等。无泄漏将是液压界今后努力的重要方向之一。

参 考 文 献

[1] 王积伟,章宏甲,黄谊.液压传动[M].2版.北京:机械工业出版社,2010.

[2] 左键民.液压与气压传动[M].4版.北京:机械工业出版社,2008.

[3] 张奕.液压与气压传动[M].北京:电子工业出版社,2011.

[4] 史青录.液压挖掘机[M].北京:机械工业出版社,2012.

[5] 周士昌.液压气动系统设计运行禁忌470例[M].北京: 机械工业出版社,2003.

[6] 刘忠,杨国平.工程机械液压传动原理、故障诊断与排除[M].北京:机械工业出版社,2005.

[7] 何挺继,展朝勇.现代公路施工机械[M].北京:人民交通出版社,1999.

[8] 李壮云.液压元件与系统[M].3版.北京:机械工业出版社,2012.

[9] 李冰,焦生杰.振动压路机与振动压实技术[M].北京:人民交通出版社,2001.

[10] 马恩,李素敏,高佩川.液压与气压传动[M].北京:清华大学出版社,2013.

[11] 陈宜通. 混凝土机械[M].北京:中国建材工业出版社,2002.

[12] 赖仲平,姚丽娜.水泥混凝土摊铺机液压系统[J].西安:筑路机械与施工机械化,2000.

[13] 张奕,龙水根.振动压路机振动频率恒定控制[J].上海:中国工程机械学报,2003.

[14] 张奕, 刘桦, 龙水根.智能压路机行走控制系统设计[J].西安:筑路机械与施工机械化,2006.

[15]中华人民共和国国家标准 GB/T14039—2002 液压传动油液固体颗粒污染等级代号.北京:中国标准出版社,2003.